Peggy Daume

Finanzmathematik im Unterricht

Peggy Daume

Finanzmathematik im Unterricht

Aktien und Optionen: Mathematische und
didaktische Grundlagen mit Unterrichtsmaterialien

STUDIUM

**VIEWEG+
TEUBNER**

Bibliografische Information der Deutschen Nationalbibliothek
Die Deutsche Nationalbibliothek verzeichnet diese Publikation in der
Deutschen Nationalbibliografie; detaillierte bibliografische Daten sind im Internet über
<http://dnb.d-nb.de> abrufbar.

1. Auflage 2009

Alle Rechte vorbehalten
© Vieweg+Teubner | GWV Fachverlage GmbH, Wiesbaden 2009

Lektorat: Ulrike Schmickler-Hirzebruch | Nastassja Vanselow

Vieweg+Teubner ist Teil der Fachverlagsgruppe Springer Science+Business Media.
www.viewegteubner.de

Umschlaggestaltung: KünkelLopka Medienentwicklung, Heidelberg
Druck und buchbinderische Verarbeitung: MercedesDruck, Berlin
Gedruckt auf säurefreiem und chlorfrei gebleichtem Papier.
Printed in Germany

ISBN 978-3-8348-0628-4

Vorwort

Dieses Buch ist aus meiner Dissertation mit dem Titel „Aktien und Optionen: Zur Integration von Inhalten der stochastischen Finanzmathematik in einen allgemeinbildenden und anwendungsorientierten Stochastikunterricht" hervorgegangen. Mein Ziel dabei war es, Unterrichtsvorschläge mit Inhalten der stochastischen Finanzmathematik zu entwickeln und schulpraktisch zu erproben. Bei der Konzeption der Unterrichtseinheiten legte ich besonderen Wert auf eine Verzahnung von fachwissenschaftlichen und fachdidaktischen Aspekten, so dass ein kompakter Unterrichtslehrgang zur stochastischen Finanzmathematik entwickelt wurde, der aus drei aufeinander aufbauenden Unterrichtseinheiten besteht. Entsprechend dieser Entstehungsgeschichte richtet sich das vorliegende Buch primär an Studentinnen und Studenten, an Lehrerinnen und Lehrer, sowie an Fachdidaktikerinnen und Fachdidaktiker.

Ohne die Unterstützung vieler Kollegen und Freunde wäre dieses Buch kaum möglich gewesen. Daher möchte ich an dieser Stelle all denjenigen meinen Dank aussprechen, deren Mitwirkung und konstruktive Kritik zum Gelingen meiner Dissertation und damit zum Gelingen dieses Buches beitrugen. Dazu zählt Herr Prof. Dr. Jürg Kramer, dem ich für die Aufnahme in seinen Arbeitskreis, für seine Förderung während meiner Zeit als Doktorandin an der Humboldt-Universität zu Berlin und für sein Vertrauen in mich, das Projekt „Current mathematics at schools" im DFG-Forschungszentrum MATHEON mit Inhalten zu füllen, danke. Meinen ganz besonderen Dank richte ich an Frau Dr. Elke Warmuth, die mir einst die spannende Welt der Finanzmathematik aufzeigte und meiner Forschungsarbeit die entscheidende Richtung gab. Sie unterstützte mich in allen Phasen mit Vorschlägen, sehr wertvollen konzeptionellen Ideen sowie anregenden inhaltlichen und methodischen Diskussionen. Für die sorgfältige Korrektur des Manuskripts und die anregenden Rückmeldungen danke ich meinen Freunden und Kollegen, wobei Robert Melzer und Christian Storl besonders viele Stunden ihrer Freizeit opferten. Für jedes technische Problem, das sich bei der Arbeit mit TeX ergab, hatte Tobias Hahn stets die passende Lösung – Danke. Ein besonderer Dank geht auch an die Schüler und Lehrer der Berliner Schulen, in denen erste Erfahrungen mit finanzmathematischen Themen im Unterricht gesammelt werden konnten. Schließlich möchte ich Ulrike Schmickler-Hirzebruch für die Betreuung seitens des Vieweg+Teubner Verlages danken.

Hamburg im Oktober 2008 Peggy Daume

Hinweis zur Arbeit im Unterricht

Das Buch ist zu einem Zeitpunkt fertig gestellt worden, als die Aktienmärkte der Welt massive Kursschwankungen aufwiesen. So sank z. B. der Deutsche Aktienindex innerhalb der zwei Wochen vom 29. September 2008 bis zum 10. Oktober 2008 um fast 26%, um dann innerhalb eines Börsentages um 11% zu steigen. Dieses Börsenchaos möchte ich zum Anlass nehmen, nochmals einen wichtigen Hinweis zur Arbeit im Unterricht zu geben: An vielen Stellen im Buch nutze ich reale Daten, die statistisch untersucht werden. Aufgrund des relativ ruhigen Aktienmarktes innerhalb der gewählten Zeiträume verhalten sich die untersuchten Aktienrenditen meist „ideal" im Rahmen der angenommenen mathematischen Modelle. Dies ist gerade in Zeiten von turbulenten Aktienmärkten jedoch nicht zu erwarten. Große Kursschwankungen innerhalb kürzester Zeit (wie im Oktober 2008) können schnell dazu führen, dass die Verteilung der Aktienrenditen vom Idealverhalten abweicht und damit die in diesem Buch vorgestellten mathematische Modelle an ihre Grenzen stoßen. Dies gilt es bei der Unterrichtsplanung zu berücksichtigen. Möchten Sie in Ihrem Unterricht mit zeitnahen Daten arbeiten, ist es äußerst wichtig, die Daten vor dem Einsatz im Unterricht zu überprüfen, um unangenehme Überraschungen zu vermeiden. Verhalten sich die Aktienrenditen tatsächlich wie gewünscht, spricht nichts gegen die Verwendung im Unterricht.

Generell empfehle ich das folgende Vorgehen, auch um den eigenen Arbeitsaufwand möglichst gering zu halten: Zur Einführung in die Thematik wird das jeweils im Buch vorgestellte Datenmaterial untersucht. Mit diesem möglicherweise (zum Zeitpunkt des Unterrichtseinsatzes) älteren Datenmaterial ist jedoch sichergestellt, dass eine Weiterarbeit im Unterricht ohne größere Probleme möglich ist. Möchte man auf aktuelles Datenmaterial nicht verzichten, können zum Abschluss eines Themas zeitnahe Daten dahingehend untersucht werden, inwieweit sich diese im Rahmen der erarbeiteten Modelle verhalten. Weichen die Verteilungen der neu untersuchten Daten zu stark vom Idealverhalten ab, können mögliche Ursachen hierfür diskutiert werden. Ebenso ist eine kritische Auseinandersetzung mit den zugrunde liegenden Modellen in diesen Fällen unumgänglich.

Alle im Buch vorgeschlagenen Unterrichtsmaterialien sind auf der beiliegenden CD zu finden.

Inhaltsverzeichnis

IV   Praktische Erprobungen   231

9   Schulpraktische Erprobungen   233

10   Außerschulische Erprobungen   243

11   Zusammenfassung   249

Literatur   253

Stichwortverzeichnis   263

Tabelle zur Normalverteilung   267

Einleitung

Die schulische Ausbildung ist in den letzten Jahren aufgrund des enttäuschenden Abschneidens deutscher Schüler[1] bei internationalen Vergleichsstudien wie TIMSS und PISA mehrfach massiv in die Kritik geraten. Im Bereich der mathematischen Grundbildung bezog sich diese Kritik insbesondere auf das fehlende Verständnis dafür, wie Mathematik als Werkzeug zur Modellierung von realen Problemen eingesetzt werden kann. Aus diesem Grund wird an einen zeitgemäßen Mathematikunterricht die Forderung gestellt, dass er nicht nur mathematisches Faktenwissen und schematische Lösungsverfahren vermittelt, sondern auch die Ausbildung der Fähigkeit des funktionalen, flexiblen Einsatzes von mathematischem Wissen in kontextbezogenen Problemfeldern zum Ziel hat (vgl. BAUMERT et al. 2001, S. 245). Um dieses Ziel zu erreichen, – und diese Erkenntnis ist nicht neu – genügt es nicht, die „reine Mathematik" als Gegenstand des Mathematikunterrichts zu erachten, vielmehr muss der Unterricht durch verschiedene anwendungbezogene Problemfelder bereichert werden. Die Probleme sollten dabei derart gestaltet sein, dass sie den Schülern die Bedeutung der Mathematik in unserem Leben aufzeigen, einen Bezug zur Lebenswelt der Schüler herstellen und gezielt das eigenständige Denken schulen. Die als verändert wahrgenommene Sicht auf die Unterrichtsziele hat nicht nur Auswirkungen auf die Unterrichtsmethoden, sondern erfordert auch neue Unterrichtsinhalte. Die stochastische Finanzmathematik, die in den vergangenen Jahren nicht zuletzt aufgrund der Arbeiten von Black, Merton und Scholes zur mathematischen Bewertung von Finanzderivaten eine rasante Entwicklung durchlaufen hat, scheint in diesem Zusammenhang ein interessantes, spannendes Problemfeld der angewandten Mathematik zu sein. Ziel der vorliegenden Arbeit ist es, Unterrichtseinheiten mit finanzmathematischen Inhalten zu entwickeln und methodisch zu erproben. Diese sollen einerseits die Forderungen, die im Zusammenhang mit einem zeitgemäßen anwendungsorientierten Mathematikunterricht stehen, andererseits weitere Forderungen der aktuellen didaktischen Diskussion berücksichtigen.

Das vorliegende Buch ist in vier Teile gegliedert und spiralförmig aufgebaut. Einzelne Themen werden in den unterschiedlichen Teilen erneut aufgegriffen und unter verschiedenen Aspekten betrachtet.

---

[1]Aus Gründen der Lesbarkeit wird nur die männliche Form verwendet. Sie gilt dann entsprechend für das weibliche und männliche Geschlecht.

Im ersten Teil wird die stochastische Finanzmathematik exemplarisch als Teilgebiet der angewandten Mathematik vorgestellt. Dabei werden insbesondere die beiden Fragen aufgegriffen, wie künftige Aktienkursentwicklungen mit Mitteln der Stochastik modelliert werden können (Kapitel 1) und wie Optionen aus mathematischer Sicht zu bewerten sind (Kapitel 2). Die in diesen Kapiteln vorgestellten Inhalte stellen die mathematischen und ökonomischen Grundlagen zur Verfügung, die zum Verständnis der weiteren Arbeit notwendig sind.

Der zweite Teil bildet den didaktischen Theorie- sowie Begründungsrahmen und verbindet damit den ersten und dritten Teil dieses Buches. Hierbei wird unter verschiedenen Aspekten die Relevanz der stochastischen Finanzmathematik für den Mathematikunterricht der Sekundarstufen I und II diskutiert. Die Kapitel 3 und 4 zeigen auf, welchen Beitrag finanzmathematische Themen zu einem allgemeinbildenden und anwendungsbezogenen Mathematikunterricht leisten können. Kapitel 5 geht einigen allgemeinen Fragen der Didaktik der Stochastik nach, die in Hinblick auf die Bedeutung für die Entwicklung der Unterrichtseinheiten erörtert werden.

Im dritten Teil werden Unterrichtsvorschläge für einen anwendungsorientierten Stochastikunterricht mit finanzmathematischen Inhalten vorgestellt, in denen die im zweiten Teil aus den theoretischen Überlegungen gezogenen Konsequenzen berücksichtigt werden. Diese Unterrichtsvorschläge sind für den Unterricht der Sekundarstufen I und II konzipiert und widmen sich im Einzelnen den folgenden Themen:

– **„Statistik der Aktienmärkte"**: Statistische Analyse historischer Aktienrenditen und Modellierung künftiger Aktienkurse mittels Random-Walk-Modell (Kapitel 6),

– **„Die zufällige Irrfahrt einer Aktie"**: Statistische Analyse historischer Aktienrenditen und Modellierung künftiger Aktienkurse mittels Normalverteilung (Kapitel 7),

– **„Optionen aus mathematischer Sicht"**: Mathematische Bewertung von Optionspreisen mittels Binomial- und Black-Scholes-Modell (Kapitel 8).

Die Unterrichtsvorschläge zeigen sehr detailliert einen möglichen Unterrichtsgang zu den vorgestellten Themen. Ergänzt werden diese durch konkrete Unterrichtsmaterialien. Die Unterrichtseinheiten bieten einen problemorientierten und realitätsbezogenen Einstieg in viele Themen gängiger Rahmenpläne.[2]

---

[2]Der Terminus „Rahmenplan" steht stellvertretend für die auch gebräuchlichen Begriffe „Rahmenlehrplan", „Kernplan", „Bildungsplan" und „Verbindliche curriculare Vorgaben".

Um die Realisierbarkeit der vorgestellten Unterrichtseinheiten zu prüfen, wurden diese vollständig oder in Teilen an verschiedenen Berliner Gymnasien erprobt. Über diese Erprobungen berichtet der vierte Teil der vorliegenden Arbeit. Bei der Analyse der fünf Unterrichtsversuche in den Sekundarstufen I und II wird insbesondere auf die zu berücksichtigenden Rahmenbedingungen und auf die organisatorische sowie inhaltliche Umsetzung der Unterrichtsvorschläge eingegangen (Kapitel 9).

Die Unterrichtsversuche haben mehrheitlich gezeigt, dass die Unterrichtsvorschläge prinzipiell realisierbar sind und dass die Unterrichtsinhalte auf ein sehr großes Interesse bei Schülern und Lehrern stoßen. Die positiven Erfahrungen der Unterrichtsversuche wurden in zwei weiteren Erprobungen in außerunterrichtlichen Projekten bestätigt (Kapitel 10).

Kapitel 11 fasst abschließend die Ergebnisse der vorangegangenen Kapitel in Form eines Plädoyers für einen Stochastikunterricht zusammen, der finanzmathematische Fragestellungen berücksichtigt. Auf diese Weise könnte man einerseits den Ansprüchen gerecht werden, die nach der PISA-Studie an einen zeitgemäßen Mathematikunterricht gestellt werden. Andererseits kann dazu beigetragen werden, dem häufig beklagten Desinteresse sowie dem nicht nur von Schülerseite aus zunehmenden Infragestellen unseres Faches entgegenzutreten.

Für einen schnellen Unterrichtseinstieg reicht es aus, sich zunächst mit dem dritten Teil des Buches zu beschäftigen. Die anderen drei Teile können zur Vertiefung später studiert werden.

Teil I

Stochastische Finanzmathematik als Teil einer Fachwissenschaft

Kapitel 1

Aktien

Dieses Kapitel fasst aus fachwissenschaftlicher Sicht die wichtigsten ökonomischen und mathematischen Grundlagen derjenigen Inhalte zum Thema Aktien zusammen, die Gegenstand der im Teil III vorgestellten Unterrichtseinheiten sind. Im ökonomischen Teil wird dabei insbesondere auf wichtige Begriffe im Zusammenhang mit Aktien, auf Darstellungsmöglichkeiten von Aktienkursen in so genannten Charts, auf den Handel mit Aktien und den damit verbundenen Preisbildungsprozess, Aktienindizes und auf Aktienrenditen eingegangen. Im mathematischen Teil erfolgt zunächst eine statistische Untersuchung von Aktienrenditen, bevor das Kapitel mit der Beschreibung ausgewählter Modelle für Aktienkursentwicklungen schließt. Wir setzen beim Leser grundlegende Kenntnisse aus dem Bereich der beschreibenden Statistik voraus. Die Ausführungen der ökonomischen Inhalte beziehen sich im Wesentlichen auf BEIKE/SCHLÜTZ 2001, die mathematischen Inhalte auf ADELMEYER/WARMUTH 2003, FÖLLMER/SCHIED 2004, KRENGEL 2000, MÜLLER 1975 und PLISKA 1997.

1.1 Aktien und Aktiengesellschaften

Aktien repräsentieren Eigentumsanteile an einem Unternehmen, der so genannten **Aktiengesellschaft**. Sie dokumentieren, dass der Inhaber von Aktien Geld in die Firma eingebracht hat. Der Erlös aus dem Verkauf von Aktien kommt in vollem Umfang der Aktiengesellschaft zugute, so dass diese ihren Kapitalbedarf decken kann, ohne Kredite aufnehmen zu müssen. Die Gesamtheit aller Aktien bildet das Grundkapital der Aktiengesellschaft. Die Inhaber von Aktien, auch **Aktionäre** genannt, haben Anspruch auf eine Gewinnbeteiligung, die in Form einer **Dividende** ausgezahlt wird. Die Höhe der Dividendenzahlung ist von der Ertragslage des Unternehmens abhängig und an keine zeitlichen Vorgaben gebunden. Die wichtigsten Gremien einer Aktiengesellschaft sind die Hauptversammlung, der Aufsichtsrat und der Vorstand. Der **Vorstand** leitet die Geschäfte der Firma und trägt damit die Hauptverantwortung für wirtschaftliche Erfolge und Misserfolge. Schwerwiegende

Entscheidungen wie der Verkauf von Unternehmensanteilen muss der Vorstand mit dem **Aufsichtsrat** absprechen. Dieser überwacht die Geschäftstätigkeit der Firma und setzt den Vorstand ein. Die **Hauptversammlung** setzt sich aus allen Aktionären zusammen und findet in der Regel einmal jährlich statt. Sie entscheidet über die Verwendung der erzielten Gewinne, legt die Höhe der Dividende fest und wählt den Aufsichtsrat. Aktiengesellschaften sind zu jährlichen Geschäftsberichten verpflichtet, in denen die Umsatz- und Gewinnbeteiligung der zurückliegenden Monate und die aktuelle Vermögenssituation dokumentiert sind.

1.2   Arten von Aktien

Historisch bedingt sind nicht alle Aktien einheitlich ausgestattet. Beim Kauf von Aktien ist daher darauf zu achten, welche Merkmale diese umfassen. In den letzten Jahren ist ein Trend zu gleich gearteten Aktien zu erkennen, nicht zuletzt auch, weil Aktionärsvertreter den Druck auf die Gesellschaften erhöhen, um insbesondere die Vergleichbarkeit untereinander zu verbessern. Aktuell können sich Aktien hinsichtlich des Mitspracherechts (Stammaktien, Vorzugsaktien) und der Möglichkeit zur Eigentumsübertragung (Inhaberaktien, Namensaktien) voneinander unterscheiden.

Stammaktien stellen die Urform von Aktien dar. Sie sind mit dem Recht auf Beteiligung am Bilanzgewinn, auf Teilnahme an der Hauptversammlung, auf Auskunftserteilung und Stimmrecht in der Hauptversammlung, auf Anfechtung von Hauptversammlungsbeschlüssen und auf Bezug von jungen, also neu ausgegebenen Aktien ausgestattet. Gegenüber Stammaktien besitzen Inhaber von **Vorzugsaktien**, die in ihren Ausstattungen von Unternehmen zu Unternehmen verschieden sein können, bestimmte Vorrechte. Meist bestehen die Vorzüge in einer im Vergleich zu Stammaktien höheren Dividendenauszahlung. Im Gegenzug verzichten Vorzugsaktienbesitzer in der Regel auf ihr Stimmrecht in der Hauptversammlung.

Inhaberaktien sind nicht auf bestimmte Personen ausgeschrieben, so dass diese ohne großen Aufwand und ohne Einhaltung bestimmter Formalitäten weiterverkauft werden können. Der Eigentümerwechsel erfolgt durch den Abschluss eines Vertrages und anschließende Übergabe der Aktie. Inhaberaktien werden bevorzugt an der Börse gehandelt. **Namensaktien** sind auf den Namen des Eigentümers ausgestellt, der ins Aktienbuch der Aktiengesellschaft eingetragen ist und bei einem Wechsel des Eigentümers gelöscht werden muss. Damit ist die Übertragung einer Namensaktie im Vergleich zum Wechsel von Inhaberaktien aufwendiger, aber dennoch von Bedeutung, da lediglich namentlich registrierte Aktionäre einen Anspruch auf Dividendenzahlung und das Recht zur Teilnahme an der Hauptversammlung haben. Bei der Übertragung von **vinkulierten Namensaktien** ist neben der Änderung im Aktienbuch eine Zustimmung der Aktiengesellschaft zum Besitzerwechsel notwendig. Dadurch können die Besitzverhältnisse exakt gesteuert und Übernahmeabsichten durch andere Unternehmen frühzeitig erkannt werden.

1.3 Der Handel mit Aktien

Aktien großer Unternehmen werden auf organisierten Aktienmärkten, den **Börsen**, unter den Aktionären gehandelt. Hier treffen Anbieter von Aktien und Interessenten an Aktien aufeinander. Die gesetzliche Grundlage für den Börsenhandel bildet das Börsengesetz von 1896, in dem die allgemeinen Bestimmungen über den Aufbau einer Börse, den Ablauf des Börsengeschäftes und die Börsenaufsicht festgehalten sind. Der wichtigste Aktienmarkt in Deutschland ist die Frankfurter Börse, an der Aktien nationaler und internationaler Firmen gehandelt werden. Neben Frankfurt am Main gibt es noch die folgenden weiteren Börsenplätze in Deutschland: Berlin, Bremen, Düsseldorf, Hamburg, Hannover, München und Stuttgart. Diese Börsen sind so genannte **Präsenzbörsen**. Hier treten sich die Händler im Börsensaal direkt gegenüber. Neben den Präsenzbörsen gibt es **Computerbörsen** (z. B. die XETRA), bei denen die Kauf- und Verkaufsanträge automatisch durch ein elektronisches Handelssystem zusammengeführt und zum Abschluss gebracht werden. In der Regel können an Computerbörsen Aufträge schneller und meist kostengünstiger aufgegeben und abgewickelt werden. Sie bilden im Vergleich zu den Präsenzbörsen einen eigenen Markt, so dass Preisunterschiede zwischen den beiden Handelsplätzen vorübergehend möglich sind. Diese Differenzen können auch bei verschiedenen Präsenzbörsenplätzen auftreten. Sie sind allerdings immer nur von kurzer Dauer, da der Preis über Angebot und Nachfrage geregelt wird.

Am Börsenparkett dürfen nur registrierte Börsenmitglieder wie Banken und Wertpapierhändler Geschäfte abschließen, so dass jeder, der in Deutschland Aktien beziehen möchte, Kaufaufträge bei den entsprechenden Institutionen einreichen muss. An der Börse treten Handelsmittler, die so genannten **Skontroführer**, als Vermittler zwischen die Händler der verschiedenen Banken und versuchen, innerhalb kürzester Zeit so viele Geschäfte wie möglich zu vermitteln. Die Aufgabe des Skontroführers ist es dabei, nach Eingang aller Aufträge einen marktgerechten Preis (siehe Kapitel 1.5) für die Aktie festzulegen. Dabei ist jeder Skontroführer ausschließlich für die Betreuung eines Wertpapiers zuständig.

Nicht alle deutschen Aktiengesellschaften sind an der Börse notiert. Viele Unternehmen vermeiden den Gang zur Börse, auch „**Going Public**" genannt, da damit ein erheblicher zeitlicher Aufwand verbunden ist und bestimmte formale Auflagen zu erfüllen sind. Entschließt sich ein Unternehmen zum Gang an die Börse, interessieren insbesondere der **Ausgabekurs** und das Verfahren zur Aktienzuteilung am Markt. Unter dem Ausgabekurs einer Aktie versteht man den Preis des neuen Papiers beim Börsengang. Um diesen festzulegen, haben sich insgesamt drei Verfahren in der Praxis etabliert. Beim **Festpreisverfahren** einigen sich die betreuenden Banken und der Vorstand der Aktiengesellschaft vor dem Gang an die Börse auf einen Ausgabepreis. Dieser wird dann bei Veröffentlichung des Verkaufsangebotes bekannt gegeben. Das Festpreisverfahren – in früheren Jahren dominierend – spielt heute nur noch eine untergeordnete Rolle. Das **Bookbuilding-Verfahren** wird in

Deutschland am häufigsten verwendet und berücksichtigt die Preisvorstellungen der
Anleger. Für neue Papiere wird kein fester Preis, sondern eine feste Preisspanne
vorgeschlagen. Innerhalb dieser Bookbuilding-Spanne geben Kaufinteressenten ihre
Gebote ab. Aufgrund der vorliegenden Orderlage wird der tatsächliche Ausgabekurs
festgelegt. Nur Anleger, die mindestens diesen Preis geboten haben, werden bei der
Ausgabe der Aktien berücksichtigt. Die **Auktion** ist das am meisten verwendete
Verfahren in den USA. Hier reichen Anleger ihre Gebote ein, ohne dass vorher eine feste Preisspanne vorgegeben wird. Nach Ende der so genannten Zeichnungsfrist
sortiert man die Gebote vom höchsten zum niedrigsten Gebot und zwar so lange,
bis die vorhandenen Aktien verteilt sind. Der endgültige einheitliche Ausgabekurs
wird beim niedrigsten noch zu bedienenden Kaufgebot festgelegt.

1.4   Aktiencharts

Die graphische Darstellung des Kursverlaufs von Aktien erfolgt in Form von **Charts**.
Dazu werden in einem Diagramm die Kurse zu bestimmten Zeitpunkten über der
Zeit abgetragen. Am bekanntesten sind **Liniencharts** (siehe Abbildung 1.1(a)).[1]
In Liniencharts werden die Kursdaten durch Linien miteinander verbunden. Mehr
Informationen stecken im **Candlestickchart** (siehe Abbildung 1.1(b)).

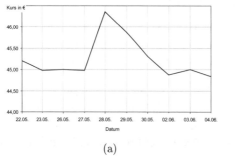
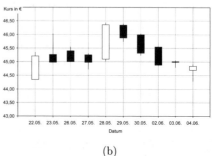

(a)   (b)

Abb. 1.1: (a) Linienchart und (b) Candlestickchart der Adidas-Aktie im Zeitraum vom
22.05.08 bis 04.06.08. Quelle: www.consors.de

Die Enden der Rechtecke geben die Eröffnungs- und Schlusskurse wieder. Liegt der
Eröffnungskurs über dem Schlusskurs, wie dies zum Beispiel am 23.05.08 der Fall
war, so ist das Rechteck farbig gefüllt. Liegt hingegen der Schlusskurs über dem
Eröffnungskurs, wie z. B. am 28.05.08, dann bleibt das Rechteck weiß. Die Höchst-
und Tiefstkurse sind an den Endpunkten der Linien oberhalb und unterhalb der
Rechtecke ablesbar.

---

[1]Dieses und die weiteren unter www.consors.de und www.quoteline.de verfügbaren Aktiencharts
wurden der besseren Lesbarkeit wegen mit Excel neu erstellt.

1.5 Der Preis einer Aktie

Der Preis bzw. **Kurs** einer Aktie wird u. a. durch das Prinzip „Angebot und Nachfrage" bestimmt. Dazu sammelt der Skontroführer – bis zur Änderung des Börsen-
gesetzes 2002 als Aktienmakler bezeichnet – in seinem Order- bzw. Skontrobuch alle
eingehenden Kauf- und Verkaufsanträge. Das **Orderbuch** wird im Börsenverlauf regelmäßig – bei regem Handel alle paar Sekunden – geschlossen. Aus den vorliegenden
Werten wird der Aktienkurs bestimmt, bei dem die meisten Aktien umgesetzt werden. Steht beispielsweise einem Angebot von 200 Aktien zu einem bestimmten Preis
eine Nachfrage von nur 150 Aktien gegenüber, können lediglich 150 Aktien umgesetzt werden, für 50 Aktien gibt es keinen Käufer. Der vom Skontroführer festgelegte
Preis wird anschließend als aktueller Kurs der betreffenden Aktie veröffentlicht. Wir
betrachten dazu folgendes Beispiel.

Beispiel 1.5.1 (Preisbildung). *Tabelle 1.1 stellt einen fiktiven, aber durchaus möglichen Auszug aus einem Orderbuch dar.*

Kurs in €	Käufer		Verkäufer	
	Anzahl	Summe	Anzahl	Summe
28,00	350	2.080	550	550
28,50	400	1.730	330	880
29,00	250	1.330	450	1.330
29,50	300	1.080	400	1.730
30,00	280	780	320	2.050
30,50	250	500	210	2.260
31,00	100	250	270	2.530
31,50	150	150	150	2.680

Tab. 1.1: Auszug aus dem Orderbuch

*Die erste Zeile der Tabelle beispielsweise ist wie folgt zu lesen: 350 Aktien finden
einen Abnehmer für einen Preis von höchstens €28,00. Demgegenüber stehen 550
Aktien bei einem Kurs von mindestens €28,00 zum Verkauf. Es gilt, einen Kurs
festzulegen, bei dem die meisten Orders bedient werden können. Wer seine Aktie
für einen Preis von mindestens €28,00 verkauft, verkauft sie aber auch zu dem
höheren Preis von €28,50. Damit gibt es insgesamt 880 Aktionäre, die ihre Aktie
bei einem Preis von €28,50 abgeben würden. Wer für eine Aktie €31,50 zahlen
möchte, ist auch bereit, zu einem niedrigeren Preis von €31,00 zu kaufen. Damit
sind insgesamt 250 Anleger bereit, die Aktie bei einem Preis von €31,00 zu kaufen.
Die Spalten „Summe" repräsentieren die gesamte Anzahl der Interessenten, die ihre
Aktie zu einem bestimmten Preis verkaufen oder kaufen würden. Der Skontroführer
wird den Preis der Aktie bei €29,00 festlegen, da bei diesem Preis die meisten Aktien
ihren Besitzer wechseln.*

Anders als im Beispiel besteht selten ein Gleichgewicht zwischen Angebot und Nachfrage. Um die Differenz zwischen Anzahl der Käufer und Verkäufer auszugleichen, verkauft der Skontroführer Aktien aus seinem Depot oder kauft Aktien hinzu. Dabei gilt jedoch, dass nur die minimale Anzahl von Aktien vom Skontroführer ausgeglichen werden darf. Allgemein gilt für die Bestimmung des Aktienkurses:

Definition 1.5.2 (Aktienkurs). *Der Aktienkurs bzw. Preis einer Aktie AK wird bei gegebener Summe aller Käufer $k(x)$ zu einem bestimmten Preis x und bei gegebener Summe aller Verkäufer $v(x)$ zu einem bestimmten Preis x gemäß der folgenden Formel bestimmt:*

$$AK = \max_x \{\min\{k(x), v(x)\}\}.$$

Der nach dem Prinzip „Angebot und Nachfrage" bestimmte Preis einer Aktie spiegelt die Wahrnehmung der Aktionäre bezüglich zukünftiger Gewinnaussichten eines Unternehmens wider. Bei einer positiven Beurteilung der künftigen Entwicklung wird die Nachfrage besonders groß sein. Dies führt zu einem Kursanstieg der entsprechenden Aktie. Im Gegensatz dazu führen negative Prognosen zu einem durch eine sinkende Nachfrage verursachten Kursabfall. Der oben beschriebene Prozess zur Bestimmung eines Aktienkurses ist nur eine Möglichkeit. Weitere Informationen können interessierte Leser BEIKE/SCHLÜTZ 2001 entnehmen.

1.6   Der Aktienindex

Der **Aktienindex** gibt an, wie sich der Wert einer ganzen Gruppe von Aktien im Vergleich zu einem früheren Zeitpunkt verändert hat. Es gibt zwei verschiedene Arten der Berechnung von Aktienindizes. In die Berechnung des **Kursindexes** fließen lediglich reine Kursveränderungen der Aktien ein. Zu den Kursindizes gehört beispielsweise der Dow Jones.

Beispiel 1.6.1 (Kursindex). *Im Aktienkorb eines Anlegers befanden sich am 04.06.07 die in der Tabelle 1.2 angegebenen Aktien.*

Aktie	Kurs am 04.06.07 in €	Anzahl	Anlagebetrag in €
Adidas	46,78	20	935,60
Volkswagen	115,20	35	4.032,00
Bayer-Schering	102,90	20	2.058,00
Gesamtwert			**7.025,60**

Tab. 1.2: Aktienkorbzusammensetzung am 04.06.07

Ein Jahr später soll geprüft werden, wie sich der Aktienbestand entwickelt hat. Dazu werden die Aktienkurse vom 04.06.08 betrachtet und der Gesamtwert des Aktienkorbes bestimmt. Diese sind in der Tabelle 1.3 angegeben.

Aktie	Kurs am 04.06.08 in €	Anzahl	Wert in €
Adidas	44,81	20	896,20
Volkswagen	172,57	35	6.039,95
Bayer-Schering	104,17	20	2.083,40
Gesamtwert			**9.019,55**

Tab. 1.3: Aktienkorbzusammensetzung am 04.06.08

Das Aktiendepot hatte am 04.06.08 einen Wert, der das

$$\frac{€9.019,55}{€7.025,60} = 1,284\text{-fache}$$

des Ausgangswertes vom 04.06.07 betrug. Legt man den Ausgangswert wie bei der Einführung des Deutschen Aktienindexes (DAX) auf 1.000 Punkte fest, so ist der Aktienbestand bis zum 04.06.08 auf einen Wert von 1.284 Punkte gestiegen.

In die Berechnung des **Performanceindexes** fließen neben den Kursänderungen auch die Dividendenzahlungen ein. Es wird angenommen, dass gezahlte Dividenden umgehend von den Aktionären wieder in Unternehmensanteile angelegt werden und dass der Kauf von Aktienanteilen möglich ist. Der DAX ist ein Beispiel für einen Performanceindex.

Beispiel 1.6.2 (Performanceindex). *Es wird erneut der Aktienkorb aus Beispiel 1.6.1 untersucht. Neben der Betrachtung der Kursentwicklungen sind Angaben zur Dividendenzahlung notwendig. Diese sind in der Tabelle 1.4 angegeben.*

Aktie	Dividendentermin	Dividendenhöhe in €	Aktienkurs in €
Adidas	09.05.08	0,50	44,50
Volkswagen	24.04.08	1,80	184,01
Bayer-Schering	–	–	–

Tab. 1.4: Dividendenzahlungen und Aktienkurse zum Zeitpunkt der Dividendenzahlungen

Für die Volkswagen-Aktie wurde eine Dividende von €1,80 pro Aktie und somit insgesamt €63,00 gezahlt. Es wird angenommen, dass diese Zahlungen sofort wieder in Volkswagen-Aktien investiert wurden. Da der Aktienkurs am 24.04.08 bei €184,01 lag, konnten 0,34 dieser Aktien gekauft werden.

Das Depot erhöhte sich außerdem um 0,22 Adidas-Aktien. Für die Bayer-Schering-Aktie gab es keine Dividendenzahlung, es kommen also keine Bayer-Schering-Aktien hinzu. Tabelle 1.5 fasst den Aktienkorb am 04.06.07 und 04.06.08 zusammen.

Aktie	Anzahl am 04.06.07	Wert in € am 04.06.07	Anzahl am 04.06.08	Wert in € am 04.06.08
Adidas	20	935,60	20,22	960,06
Volkswagen	35	4.032,00	35,34	6.098,62
Bayer-Schering	20	2.058,00	20	2.083,40
Gesamtwert		**7.025,60**		**9.142,08**

Tab. 1.5: Aktienkorb am 04.06.07 und 04.06.08 unter Beachtung der Dividendenzahlung

Nun wird erneut das Verhältnis zwischen Gesamtwert am 04.06.08 und Anfangswert am 04.06.07 bestimmt und das Ergebnis mit 1.000 multipliziert. Damit ergibt sich ein Indexwert von 1.301 Indexpunkten am 04.06.08, nachdem er am 04.06.07 mit 1.000 Indexpunkten gestartet war.

Aus den vorangegangenen Ausführungen lässt sich die allgemeine Formel zur Bestimmung des Aktienindexes ableiten.

Definition 1.6.3 (Aktienindex). *Für die Berechnung eines Aktienindexes I_2 zum Zeitpunkt t_2 bei gegebenem Aktienindex I_1 zur Zeit t_1 und Gesamtwerten des Aktienkorbes G_1 zur Zeit t_1 und G_2 zur Zeit t_2 gilt:*

$$I_2 = \frac{G_2}{G_1} \cdot I_1.$$

Der bekannteste Index des deutschen Aktienmarktes ist der Deutsche Aktienindex (DAX). Er umfasst die 30 Aktienwerte mit dem größten Börsenumsatz. Die Deutsche Börse führte den DAX Ende 1987 mit einem Anfangsstand von 1.000 Punkten ein. Die Zusammensetzung veränderte sich im zeitlichen Ablauf. Einmal jährlich im September werden die Aktien geprüft und bei gegebenem Anlass gegen andere Aktien ausgetauscht. Zuletzt geschah dies im September 2008, als die TUI-Aktie durch die E.ON-Aktie ersetzt wurde. Die Deutsche Börse berechnet den DAX während der Börsenphase in Abständen von 15 Sekunden neu und veröffentlicht den aktuellen Stand sofort. Der DAX ist somit auch ein so genannter Lauf- oder Real-Time-Index.

1.7 Die Rendite einer Aktie

Für die Analyse von Aktienentwicklungen sind die Renditen geeignetere Größen als die Kurse selbst. Sie erlauben es, Aussagen zur Ertragskraft einer Aktie zu machen und die Erträge verschiedener Aktien miteinander zu vergleichen. Aus diesem Grund ist die Rendite eine wichtige Kenngröße auf dem Aktienmarkt. Beim Handel mit Wertpapieren jeglicher Art wird das Verhältnis zwischen Gewinn und Einsatz bzw. Verlust und Einsatz als einfache Rendite bezeichnet. Renditen beziehen sich immer auf einen bestimmten Zeitraum (Tag, Woche, Monat, Jahr). Neben der einfachen Rendite gibt es die logarithmische Rendite.

Definition 1.7.1 (Rendite). *Die einfache Rendite E_a^b im Zeitraum $[t_a; t_b]$ wird aus den Kursen S_a am Anfang und S_b am Ende des Zeitraumes gemäß der folgenden Formel berechnet:*

$$E_a^b = \frac{S_b - S_a}{S_a}.$$

Die logarithmische Rendite L_a^b im Zeitraum $[t_a; t_b]$ wird aus den Kursen S_a und S_b wie folgt berechnet:

$$L_a^b = \ln\left(\frac{S_b}{S_a}\right).$$

Im Gegensatz zu den logarithmischen Renditen liefern einfache Renditen eine anschauliche Vorstellung vom Aktienkursverlauf, da unmittelbar der prozentuale Gewinn bzw. Verlust angegeben wird. Für Renditen mit $|E_a^b| \leq 5\%$ stimmen jedoch E_a^b und L_a^b annähernd überein, so dass in diesem Bereich auch die logarithmische Rendite eine gute Vorstellung über die Entwicklung der Aktie liefert. Finanzmathematiker bevorzugen die logarithmischen Renditen gegenüber den einfachen Renditen aufgrund der folgenden entscheidenden Vorteile:

Symmetrieeigenschaft logarithmischer Renditen:
Betrachtet man die logarithmische Rendite bei gegebenem festem Anfangskurs S_a als Funktion des Endkurses $S_b = n \cdot S_a$ mit $n \in \mathbb{R}$, so erkennt man die Gesetzmäßigkeit

$$L_a^b(n \cdot S_b) = -L_a^b\left(\frac{1}{n}S_b\right).$$

Beträgt also beispielsweise im ersten Zeitraum die logarithmische Rendite $-0,45$, dann wird der Verlust durch eine Rendite von $0,45$ im darauf folgenden Zeitraum kompensiert. Bei den einfachen Renditen hingegen wird ein Verlust von -50% im ersten Zeitraum durch eine Rendite von 100% im nächsten Zeitraum ausgeglichen.

Additivitätseigenschaft logarithmischer Renditen:
Die Additivität logarithmischer Renditen kann als Hauptgrund für den Einsatz logarithmischer Renditen angesehen werden. Sie ist in Satz 1.7.2 zusammengefasst.

Satz 1.7.2. *Die logarithmische Rendite über einen Gesamtzeitraum ist gleich der Summe der logarithmischen Renditen über Teilzeiträume des Gesamtzeitraums.*

Beweis. Es seien $S_1, S_2, \ldots, S_{n-1}, S_n$ die Aktienkurse zu den n aufeinander folgenden Zeitpunkten $t_1, t_2, t_3, \ldots, t_{n-1}, t_n$. Für die Summe der logarithmischen Renditen in den $n-1$ aufeinander folgenden Zeiträumen $[t_1; t_2], [t_2; t_3], \ldots, [t_{n-1}; t_n]$ gilt dann:

$$
\begin{aligned}
L_1^2 + L_2^3 + \ldots + L_{n-1}^n &= \ln\left(\frac{S_2}{S_1}\right) + \ln\left(\frac{S_3}{S_2}\right) + \ldots + \ln\left(\frac{S_n}{S_{n-1}}\right) \\
&= \ln\left(\frac{S_2}{S_1} \cdot \frac{S_3}{S_2} \cdot \ldots \cdot \frac{S_n}{S_{n-1}}\right) \\
&= \ln\left(\frac{S_n}{S_1}\right) = L_1^n.
\end{aligned}
$$

Dabei ist L_1^n die logarithmische Rendite im Gesamtzeitraum $[t_1; t_n]$. $\qquad\square$

Im Folgenden ist mit Rendite die logarithmische Rendite gemeint, sofern nichts anderes festgelegt wird. Falls die Zeiträume nicht fest sind, werden dabei die einfache Rendite mit E, die logarithmische Rendite mit L bezeichnet.

1.8   Statistik der Aktienmärkte

1.8.1   Drift und Volatilität einer Aktie

Zwei der wichtigsten Kenngrößen von Aktien sind die Drift und die Volatilität einer Aktie. Sie ermöglichen es, statistische Aussagen über das Verhalten von Aktienkursen zu treffen. Betrachten wir zunächst die Definition der Begriffe.

Definition 1.8.1 (Drift). *Es seien $L_0^1, L_1^2, \ldots, L_{n-1}^n$ die letzten n logarithmischen Renditen einer Aktie bezogen auf den gleichen Zeitraum (z. B. die letzten n Monatsrenditen). Das arithmetische Mittel*

$$
\overline{L} = \frac{L_0^1 + L_1^2 + \ldots + L_{n-1}^n}{n}
$$

bezeichnet man als Drift dieser Aktie für diesen Zeitraum.

Definition 1.8.2 (Volatilität). *Es seien* $L_0^1, L_1^2, \ldots, L_{n-1}^n$ *die letzten n logarithmischen Renditen einer Aktie bezogen auf den gleichen Zeitraum (z. B. die letzten n Monatsrenditen). Die empirische Standardabweichung*

$$s = \sqrt{\frac{(L_0^1 - \overline{L})^2 + (L_1^2 - \overline{L})^2 + \ldots + (L_{n-1}^n - \overline{L})^2}{n}}$$

heißt Volatilität der Aktie für diesen Zeitraum.

Das arithmetische Mittel der Renditen gibt die durchschnittliche Kursänderung pro Zeitraum an. Es stellt somit ein Trendmaß für die Aktienkursentwicklung dar. Die Standardabweichung der Renditen ist ein Streuungsmaß und gibt die durchschnittliche Abweichung der einzelnen Kursänderungen vom Mittelwert der Kursänderung an. Je größer die Standardabweichung ist, desto mehr schlägt der Kurs nach oben oder unten aus. Damit steigt die Chance auf Gewinne. Im gleichen Maß steigt das Risiko von Kursverlusten. Die Standardabweichung stellt in diesem Kontext betrachtet ein Chancen- bzw. Risikomaß dar.

Die Renditen und damit verbunden auch deren arithmetische Mittel und die Standardabweichungen hängen vom zugrunde gelegten Zeitraum ab. Um die Kenngrößen bezogen auf einen Zeitraum in die Kenngrößen bezogen auf einen anderen Zeitraum umzurechnen, machen wir uns folgende Gesetzmäßigkeit zu Nutze:

Satz 1.8.3. *Bezeichnen* $\overline{L}_1$ *und* s_1 *die Drift bzw. die Volatilität einer Aktie bezogen auf den Zeitraum der Dauer* T_1 *sowie* $\overline{L}_2$ *und* s_2 *die Drift bzw. die Volatilität einer Aktie bezogen auf einen anderen Zeitraum der Dauer* T_2, *so gilt:*

$$\overline{L}_2 = \frac{T_2}{T_1} \cdot \overline{L}_1.$$

Wenn zudem die Korrelation zwischen den Renditen annähernd null ist, gilt näherungsweise:

$$s_2 \approx \sqrt{\frac{T_2}{T_1}} \cdot s_1.$$

Was Korrelation im Zusammenhang mit Renditen bedeutet, wird im Abschnitt 1.8.3 erläutert.

Im Folgenden werden wir die erste Gleichung beweisen, für eine Herleitung der zweiten Gleichung verweisen wir auf ADELMEYER/WARMUTH 2003 (S. 64).

Beweis. Es sei $T = n \cdot T_1 = m \cdot T_2$ die Dauer des gesamten Zeitraumes der zurückliegenden betrachteten Renditen. Daraus folgt

$$\frac{n}{m} = \frac{T_2}{T_1}. \tag{1.1}$$

Wir bezeichnen zudem mit $(L_0^1)_1, (L_1^2)_1, \ldots, (L_{n-1}^n)_1$ die n aufeinanderfolgenden Renditen bezogen auf einen Zeitraum der Dauer T_1 und $(L_0^1)_2, (L_1^2)_2, \ldots, (L_{m-1}^m)_2$ die m aufeinanderfolgenden Renditen bezogen auf einen Zeitraum der Dauer T_2. Dann gilt aufgrund der Addidivität der logarithmischen Renditen

$$(L_0^1)_1 + (L_1^2)_1 + \ldots + (L_{n-1}^n)_1 = (L_0^1)_2 + (L_1^2)_2 + \ldots + (L_{m-1}^m)_2. \tag{1.2}$$

Weiterhin gilt:

$$
\begin{aligned}
\overline{L}_2 &= \frac{(L_0^1)_2 + (L_1^2)_2 + \ldots + (L_{m-1}^m)_2}{m} \stackrel{(1.2)}{=} \frac{(L_0^1)_1 + (L_1^2)_1 + \ldots + (L_{n-1}^n)_1}{m} \\[2mm]
&= \frac{n}{m} \cdot \frac{(L_0^1)_1 + (L_1^2)_1 + \ldots + (L_{n-1}^n)_1}{n} = \frac{n}{m} \cdot \overline{L}_1 \\[2mm]
&\stackrel{(1.1)}{=} \frac{T_2}{T_1} \cdot \overline{L}_1.
\end{aligned}
$$

$\square$

Aus dem Beweis, in dem wir die Additivität der logarithmischen Renditen ausgenutzt haben, wird deutlich, dass die gegebenen Formeln nur für Kenngrößen, die aus den logarithmischen Renditen berechnet wurden, gelten. Mit diesen Formeln lassen sich insbesondere die Jahreskenngrößen einer Aktie schätzen.

1.8.2   Statistische Verteilung von Aktienrenditen

Statistische Untersuchungen von Aktienrenditen können einen Aufschluss über das Verhalten einzelner Aktien geben. Im Folgenden soll die statistische Verteilung von Aktienrenditen an einem Beispiel untersucht werden.

Beispiel 1.8.4 (Statistik der Adidas-Aktie). *In der Tabelle 1.6 sind die logarithmischen Wochenrenditen der Adidas-Aktie im Zeitraum vom 04.06.07 bis 19.05.08 aufgelistet. Diese sollen im Folgenden statistisch untersucht werden, d. h. gefragt ist nach der Häufigkeitsverteilung.*

Datum	Rendite	Datum	Rendite	Datum	Rendite
04.06.07	$-0,0008$	01.10.07	$-0,0032$	28.01.08	$-0,0361$
11.06.07	$0,0398$	08.10.07	$-0,0374$	04.02.08	$0,0008$
18.06.07	$-0,0509$	15.10.07	$0,0436$	11.02.08	$0,0394$
25.06.07	$0,0200$	22.10.07	$0,0590$	18.02.08	$0,0209$
02.07.07	$-0,0161$	29.10.07	$-0,0218$	25.02.08	$-0,0023$
09.07.07	$0,0105$	05.11.07	$0,0237$	03.03.08	$-0,0015$
16.07.07	$-0,0220$	12.11.07	$0,0177$	10.03.08	$0,0055$
23.07.07	$0,0326$	19.11.07	$-0,0140$	17.03.08	$-0,0019$
30.07.07	$-0,0315$	26.11.07	$0,0247$	24.03.08	$-0,0011$
06.08.07	$0,0475$	03.12.07	$0,0323$	31.03.08	$0,0356$
13.08.07	$-0,0230$	10.12.07	$0,0222$	07.04.08	$0,0284$
20.08.07	$0,0437$	17.12.07	$0,0070$	14.04.08	$0,0055$
27.08.07	$0,0116$	24.12.07	$0,0081$	21.04.08	$0,0112$
03.09.07	$0,0189$	31.12.07	$-0,0163$	28.04.08	$-0,0222$
10.09.07	$-0,0064$	07.01.08	$-0,0206$	05.05.08	$0,0236$
17.09.07	$-0,0309$	14.01.08	$-0,0186$	12.05.08	$-0,0077$
24.09.07	$-0,0015$	21.01.08	$0,0123$	19.05.08	$-0,0060$

Tab. 1.6: Logarithmische Wochenrenditen der Adidas-Aktie im Zeitraum vom 04.06.07 bis 19.05.08

Die Tabelle 1.7 zeigt die Häufigkeitsverteilung der logarithmischen Wochenrenditen der Adidas-Aktie von Juni 07 bis Juni 08 nach Klasseneinteilung. Für die Bestimmung der Anzahl der Klassen und der Breite einer Klasse bei einer Datenmenge vom Umfang n gibt es keine verbindlichen Regeln. Es gibt einige Empfehlungen für die Wahl der Klassenanzahl k und Klassenbreite Δx, z. B. $k \approx 5 \cdot \log_{10} n$ und $\Delta x \approx \frac{1}{k}(x_{max} - x_{min})$. Hierbei ist x_{max} der größte Wert und x_{min} der kleinste Wert der Datenmenge. Mit diesen vorgestellten Faustregeln ergeben sich 9 Klassen mit einer Intervallbreite von je 0,0123.

Renditebereich	Abs. Häufigkeit	Rel. Häufigkeit[2]
$[-0,0509 \ ; \ -0,0386)$	1	0,02
$[-0,0386 \ ; \ -0,0263)$	4	0,08
$[-0,0263 \ ; \ -0,0140)$	8	0,16
$[-0,0140 \ ; \ -0,0017)$	7	0,14
$[-0,0017 \ ; \ \ \ 0,0106)$	10	0,20
$[\ \ \ 0,0106 \ ; \ \ \ 0,0229)$	8	0,16
$[\ \ \ 0,0229 \ ; \ \ \ 0,0352)$	6	0,12
$[\ \ \ 0,0352 \ ; \ \ \ 0,0475)$	5	0,10
$[\ \ \ 0,0475 \ ; \ \ \ 0,0598)$	2	0,04

Tab. 1.7: Absolute und relative Häufigkeiten der logarithmischen Wochenrenditen der Adidas-Aktie vom 04.06.07 bis 19.05.08

---

[2]Die relativen Häufigkeiten sind auf zwei Nachkommastellen gerundet und ergeben in der Summe daher nicht exakt 1.

Die Abbildung 1.2 zeigt das zur Häufigkeitsverteilung der logarithmischen Wochen-rinditen der Adidas-Aktie gehörige Säulendiagramm.

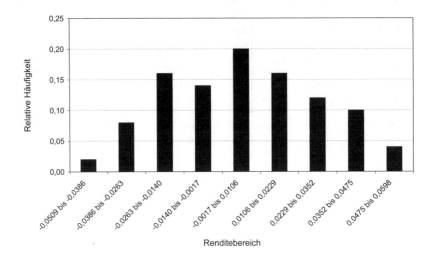

Abb. 1.2: Säulendiagramm der logarithmischen Wochenrenditen der Adidas-Aktie vom 04.06.07 bis 19.05.08

Das arithmetische Mittel $\overline{L}$ der logarithmischen Wochenrenditen beträgt 0,0049, die Standardabweichung s_L beträgt rund 0,0246. Die Verteilung der 51 logarithmischen Wochenrenditen der Adidas-Aktie kann als typische Verteilung von Aktienrenditen aufgefasst werden. Sie hat eine annähernd glockenförmige Gestalt. Die Renditen liegen fast symmetrisch um das arithmetische Mittel $\overline{L}$. Rund $\frac{2}{3}$ aller Renditen[3] liegen im Intervall $[\overline{L} - s_L; \overline{L} + s_L]$, etwa 96% der Renditen[4] liegen im Intervall $[\overline{L} - 2s_L; \overline{L} + 2s_L]$.

Die statistische Verteilung der Adidas-Aktie kann durchaus als typisch für die Verteilung von Aktienrenditen angesehen werden. Sie erinnert an die Normalverteilung. Und tatsächlich: In vielen Fällen kann für die Beschreibung der Verteilung der Renditen eine Normalverteilung als Näherung verwendet werden. Genaueres zur Normalverteilung und deren Verwendung bei der Modellierung von Aktienkursen ist im Kapitel 1.10 zusammengefasst.

Hinweis: Für Excel gut aufbereitete historische Aktienkurse sind unter http://de.finance.yahoo.com/ (Stand: 10.10.08) zu finden. Dabei ist zu beachten, dass das Herunterladen der Daten leider nur im Explorer funktioniert.

---

[3]32 von 51 Wochenrenditen liegen im angegebenen Intervall.
[4]49 von 51 Wochenrenditen liegen im angegebenen Intervall.

1.8.3 Korrelationsanalyse

Mithilfe der Korrelationsanalyse können Aussagen über Abhängigkeiten zwischen Renditen gleicher Zeiträume verschiedener Aktien oder Renditen aufeinanderfolgender Zeiträume einer Aktie getroffen werden. Es stellt sich z. B. die Frage, ob ein Kursanstieg der Münchener-Rück-Aktie in der Regel begleitet wird durch den Kursanstieg der Allianz-Aktie. Um Korrelationen aufzudecken, werden beispielsweise die gleichzeitigen Renditen zweier Aktien zu einem Renditepaar zusammengefasst und als Punkte in ein Koordinatensystem eingetragen. Sind alle Renditepaare mehr oder weniger gleichmäßig auf die vier Quadranten verteilt, so sind die gleichzeitigen Renditen **unkorreliert**. Alle vier Kombinationen „beide Aktienkurse steigen", „beide Aktienkurse sinken", „Aktienkurs 1 steigt, Aktienkurs 2 sinkt" und „Aktienkurs 1 sinkt, Aktienkurs 2 steigt" sind möglich. Erhalten wir hingegen eine Punktewolke, die einen linearen Trend aufweist und somit in der Nähe einer Geraden liegt, bezeichnet man die Renditen als korreliert. Wir sprechen von **positiver Korrelation**, wenn der Anstieg der so genannten Regressionsgeraden positiv ist. Im anderen Fall sprechen wir von **negativer Korrelation**. Die Abbildung 1.3 verdeutlicht die graphische Darstellung von Korrelationen. Der statistische Zusammenhang wird durch den empirischen Korrelationskoeffizienten quantifiziert. Wir betrachten zunächst die Korrelation zwischen gleichzeitigen Renditen verschiedener Aktien.

Definition 1.8.5 (Korrelationskoeffizient). *Sind $X_0^1, X_1^2, \ldots, X_{n-1}^n$ die Renditen einer Aktie in n aufeinanderfolgenden Zeiträumen und $Y_0^1, Y_1^2, \ldots, Y_{n-1}^n$ die Renditen einer anderen Aktie in denselben Zeiträumen, dann wird der Korrelationskoeffizient ρ der Renditen der beiden Aktien berechnet gemäß der Formel:*

$$\rho = \frac{1}{n} \sum_{i=0}^{n-1} \frac{X_i^{i+1} - \overline{X}}{s_X} \cdot \frac{Y_i^{i+1} - \overline{Y}}{s_Y}.$$

Dabei bezeichnen $\overline{X}$ und s_X bzw. $\overline{Y}$ und s_Y das arithmetische Mittel und die Standardabweichung der Renditen $X_0^1, X_1^2, \ldots, X_{n-1}^n$ bzw. $Y_0^1, Y_1^2, \ldots, Y_{n-1}^n$.

Der Korrelationskoeffizient misst somit die durchschnittliche Korrelation der Datenpaare. Korrelationskoeffizienten haben stets einen Wert zwischen -1 und $+1$. Liegt der Korrelationskoeffizient nahe $+1$, so sind die Datenpaare überwiegend positiv korreliert. In diesem Fall erhalten wir eine Punktewolke, die in der Nähe einer Regressionsgeraden mit positivem Anstieg liegt. Ist der Korrelationskoeffizient nahe -1, so sind die Datenpaare überwiegend negativ korreliert. Wir erhalten eine Punktewolke, die in der Nähe einer Regressionsgeraden mit negativem Anstieg liegt. Liegt der Korrelationskoeffizient in der Nähe von 0, so sind positiv und negativ korrelierte Datenpaare gleichmäßig verteilt. Die Punktewolke lässt keinen linearen Trend erkennen, die Datenpaare sind unkorreliert. Betrachten wir ein Beispiel.

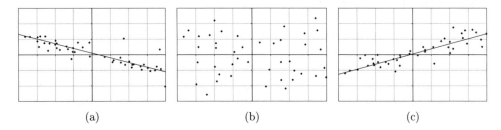

(a)   (b)   (c)

Abb. 1.3: (a) Negativ korrelierte, (b) unkorrelierte, (c) positiv korrelierte Datenpaare

Beispiel 1.8.6 (Korrelation zwischen Renditen verschiedener Aktien). *Abbildung 1.4 zeigt die Renditepaare gleicher Zeiträume der Allianz-Aktie und der Münchener-Rück-Aktie vom 04.06.07 bis 11.06.08.*

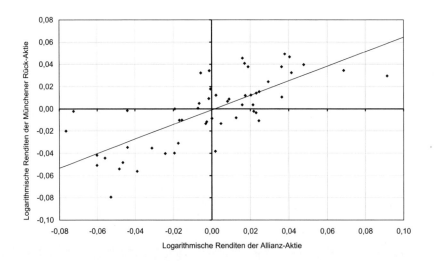

Abb. 1.4: Darstellung der Renditepaare der Allianz-Aktie und der Münchener-Rück-Aktie im Zeitraum vom 04.06.07 bis 11.06.08

Die Renditen gleicher Zeiträume der Allianz-Aktie und der Münchener-Rück-Aktie lassen einen positiven Zusammenhang vermuten, sie sind positiv korreliert. Es gilt: Steigt der Kurs der Allianz-Aktie, steigt in der Regel ebenfalls der Kurs der Münchener Rück. Analog gilt: Bei sinkendem Kurs der Allianz-Aktie fällt für gewöhnlich auch der Kurs der Münchener Rück. Die positive Korrelation lässt sich mit dem Korrelationskoeffizienten bestätigen, der 0,751 beträgt.

Das Beispiel 1.8.6 zeigt, dass Renditen verschiedener Aktien korrelieren können. Dies ist insbesondere bei Aktien einer Branche oder Aktien, die den DAX bestimmen, der Fall. Dennoch kann bei positiver Korrelation nicht auf einen kausalen Zusammenhang zwischen den Geschäften der einzelnen Aktiengesellschaften geschlossen werden. Ein ursächlicher Zusammenhang kann, muss aber nicht vorliegen.

Ein Spezialfall der Korrelation ist die so genannte Autokorrelation. Hier wird die Korrelation von Renditen aufeinanderfolgender Zeiträume einer Aktie untersucht. Der Korrelationskoeffizient berechnet sich nach Definition 1.8.5 aus den n aufeinanderfolgenden Renditen $X_0^1, X_1^2, \ldots, X_{n-1}^n$ gemäß der Formel

$$\rho = \frac{1}{n-1} \sum_{i=0}^{n-2} \frac{X_i^{i+1} - \overline{X}}{s_X} \cdot \frac{X_{i+1}^{i+2} - \overline{X}}{s_X}.$$

Dabei sind $\overline{X}$ das arithmetische Mittel und s_X die Standardabweichung der n aufeinanderfolgenden Renditen $X_0^1, X_1^2, \ldots, X_{n-1}^n$. Betrachten wir im Folgenden ein Beispiel für die Autokorrelation.

Beispiel 1.8.7 (Autokorrelation). *Wir betrachten erneut die Renditen aus Beispiel 1.8.4. Die Abbildung 1.5 stellt die Renditepaare aufeinanderfolgender Zeiträume der Adidas-Aktie vom 04.06.07 bis 19.05.08 dar.*

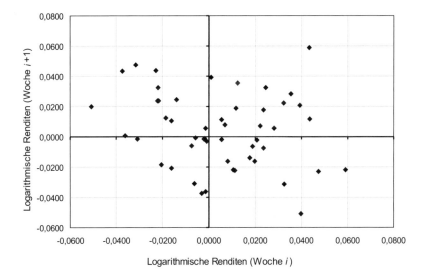

Abb. 1.5: Renditepaare aufeinanderfolgender Zeiträume der Adidas-Aktie vom 04.06.07 bis 19.05.08

Die Renditepaare sind relativ gleichmäßig über die vier Quadranten verteilt. Daher sind im Fall der Adidas-Aktie die aufeinanderfolgenden Renditen unkorreliert. Alle vier Kombinationen „positive Rendite gefolgt von positiver Rendite", „positive Rendite gefolgt von negativer Rendite", „negative Rendite gefolgt von positiver Rendite" und „negative Rendite gefolgt von negativer Rendite" sind möglich. Bezogen auf die Aktienkursentwicklungen bedeutet dies: „Kursanstieg gefolgt von Kursanstieg", „Kursanstieg gefolgt von Kursabfall", „Kursabfall gefolgt von Kursanstieg" und „Kursabfall gefolgt von Kursabfall". Der Korrelationskoeffizient beträgt 0,218 und bestätigt somit die vermutete Unkorreliertheit.

1.9   Random-Walk-Modell

Aktienkurse sind nicht sicher prognostizierbar. Dies zeigte bereits die statistische Analyse der Renditen. Positive und negative Renditen wechseln sich in unvorhersehbarer Reihenfolge ab. Gleichermaßen wechseln steigende und sinkende Aktienkurse. Die Kursänderungen folgen keinem deterministischen Muster. Sie vollführen eine zufällige Irrfahrt (engl. einen Random Walk). Dennoch ist es möglich, im Rahmen von Modellannahmen Aussagen darüber zu treffen, mit welcher Wahrscheinlichkeit der Aktienkurs in welchem Bereich liegt. Mit dem Random-Walk-Modell soll ein erstes einfaches Modell vorgestellt werden.

Im Random-Walk-Modell werden folgende Modellannahmen für das tatsächliche Kursgeschehen getroffen:

M1 Die betrachtete Zeit der Dauer T wird in n Perioden (z. B. Tage, Wochen oder Monate) der Länge $\frac{T}{n}$ unterteilt. Der Aktienkurs ändert sich nur am Ende einer Periode, d. h. zu den Zeitpunkten $\frac{T}{n}, 2 \cdot \frac{T}{n}, \ldots, (n-1)\frac{T}{n}, T$.

M2 Nach jeder Kursänderung kann der Kurs S nur jeweils zwei Werte annehmen: Er ist entweder auf uS gestiegen oder auf dS gesunken. Die Aufwärtsbewegung (engl. up) tritt dabei immer mit einer Wahrscheinlichkeit von p, die Abwärtsbewegung (engl. down) mit einer Wahrscheinlichkeit von $1-p$ ein. Dabei seien $0 < d < u$ und der Aktienkurs S_0 zum Zeitpunkt $t = 0$ größer null.

Anmerkung: Die im Zusammenhang mit dem Random-Walk-Modell gebräuchlichen Begriffe „Sinken" und „Steigen" meinen im Fall, dass $1 < d < u$ ist, auch ein geringeres bzw. größeres Wachstum. Gemeint ist also nicht nur ein „echter Kursabfall" bzw. ein „echter Kursanstieg".

M3 In jedem Teilintervall steigt bzw. sinkt der Aktienkurs unabhängig vom bisherigen Kursverlauf.

Die Abbildung 1.6 fasst diese Überlegungen zusammen und zeigt den allgemeinen Baum für ein Random-Walk-Modell mit 3 Perioden.

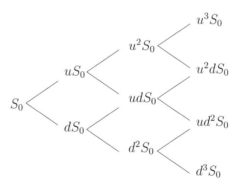

Abb. 1.6: Allgemeiner Baum für die Kursentwicklung einer Aktie im Random-Walk-Modell mit 3 Perioden

Zur Zeit $t = 0$ beträgt der Aktienkurs S_0. Nach drei Perioden der Länge $\frac{T}{3}$ nimmt der Aktienkurs in diesem Modell zum Zeitpunkt $t = T$ einen der vier möglichen Werte $u^3 S_0$, $u^2 d S_0$, $ud^2 S_0$ oder $d^3 S_0$ an, für die sich mithilfe der Pfadregeln für mehrstufige Zufallsexperimente die in der folgenden Tabelle angegebenen Wahrscheinlichkeiten ergeben.

Wert für S_T	$u^3 S_0$	$u^2 d S_0$	$ud^2 S_0$	$d^3 S_0$
Wahrscheinlichkeit	p^3	$3p^2(1-p)$	$3p(1-p)^2$	$(1-p)^3$

Dies sind die Wahrscheinlichkeiten einer Binomialverteilung mit den Parametern $n = 3$ und p. Der Aktienkurs im Random-Walk-Modell zum Zeitpunkt $t = T$ ist eindeutig bestimmt durch die Anzahl der Aufwärtsbewegungen. Diese Anzahl ist binomialverteilt mit der Erfolgswahrscheinlichkeit p, da die einzelnen Bewegungen laut Modellannahme M3 unabhängig voneinander sind. Im Random-Walk-Modell mit n Perioden gilt demnach

$$P\big(S_T = u^k d^{n-k} S_0\big) = \binom{n}{k} p^k (1-p)^{n-k}. \tag{1.3}$$

Aufgrund der symmetrischen Verteilung von Aktienrenditen um ihren Mittelwert ist es sinnvoll, $p = q = \frac{1}{2}$ zu wählen. Somit ergibt sich im n-Periodenmodell:

$$P\big(S_T = u^k d^{n-k} S_0\big) = \binom{n}{k} \left(\frac{1}{2}\right)^n. \tag{1.4}$$

Doch wie sind u und d zu wählen? Diesbezüglich gibt uns die Statistik folgende Anhaltspunkte: Der Mittelwert der vergangenen logarithmischen Renditen betrage $\overline{L}$. Da wir uns auf zwei Werte festlegen müssen, setzen wir eine Standardabweichung

s_L als „typische" Abweichung vom Mittelwert an. Mit unseren Festlegungen gilt: Sinkt der Aktienkurs in einer Woche, so beträgt die „typische" Rendite $\overline{L} - s_L$. Steigt der Aktienkurs dagegen, dann beträgt die „typische" Rendite $\overline{L} + s_L$. Damit erhalten wir für $u = e^{\overline{L}+s_L}$ und $d = e^{\overline{L}-s_L}$. Mit analogen Überlegungen erhalten wir aus den einfachen Renditen für $u = 1 + \overline{E} + s_E$ und $d = 1 + \overline{E} - s_E$.

Beispiel 1.9.1 (Random-Walk-Modell). *Für die Adidas-Aktie aus Beispiel 1.8.4 soll am 19.05.08 die Aktienkursentwicklung für die nächsten drei Wochen „prognostiziert" werden. Der Mittelwert der vergangenen logarithmischen Wochenrenditen betrug 0,0049, die Standardabweichung 0,0246. Damit beträgt im Random-Walk-Modell die logarithmische Rendite bei einem Kursanstieg 0,0049+0,0246=0,0295, bei einem Kursabfall 0,0049 − 0,0246 = −0,0197. Der Kurs der Adidas-Aktie stand am 19.05.08 bei €45,95. Mit einer Wahrscheinlichkeit von $\frac{1}{2}$ steigt der Kurs auf*

$$e^{0,0295} \cdot €45,95 = €47,33,$$

mit einer Wahrscheinlichkeit von $\frac{1}{2}$ sinkt der Aktienkurs auf

$$e^{-0,0197} \cdot €45,95 = €45,05.$$

Für die darauffolgenden Wochen sind weitere „Prognosen" möglich. Die Abbildung 1.7 zeigt den entsprechenden Baum für das Random-Walk-Modell der künftigen Kursentwicklungen der Adidas-Aktie.

Aktienkurs am

19.05.08	26.05.08	02.06.08	09.06.08
			€ 50,21
		€ 48,75	
	€ 47,33		€ 47,80
€ 45,95		€ 46,41	
	€ 45,05		€ 45,50
		€ 44,18	
			€ 43,32

Abb. 1.7: Random-Walk-Modell mit 3 Perioden für die Adidas-Aktie zur „Prognose" der künftigen Aktienkursentwicklung

Laut unseres Modells kann der Aktienkurs der Adidas-Aktie am 09.06.08 vier Werte annehmen: €50,21 bzw. €43,32 mit jeweils einer Wahrscheinlichkeit von $\frac{1}{8}$ und €47,80 bzw. €45,50 mit einer Wahrscheinlichkeit von jeweils $\frac{3}{8}$. Der reale Kurs der Adidas-Aktie lag am 26.05.08 bei €45,15, am 02.06.08 bei €45,05 und am 09.06.08 bei €44,32.

Das Random-Walk-Modell ist vergleichbar mit der Beschreibung einer Aktienkurs-entwicklung durch das Werfen einer Münze für jede einzelne Periode. Erscheint Kopf, steigt der Aktienkurs in der betreffenden Periode auf uS_0, fällt hingegen Zahl, sinkt der Kurs auf dS_0. Die Wahrscheinlichkeit für Kopf bzw. Zahl beträgt je $\frac{1}{2}$, damit steigt bzw. sinkt der Aktienkurs ebenfalls mit einer Wahrscheinlichkeit von $\frac{1}{2}$. Da die Münze darüber hinaus gedächtnislos ist, treten Zahl und Kopf immer mit der-selben Wahrscheinlichkeit auf, unabhängig davon, was die Münze einen Wurf vorher anzeigte. Ähnlich verhält es sich mit dem Aktienkurs. Unabhängig davon, ob der Aktienkurs in der vorherigen Periode stieg oder sank, steigt bzw. sinkt der Akti-enkurs in der darauffolgenden Periode mit derselben Wahrscheinlichkeit von $\frac{1}{2}$. Mit dem Random-Walk-Modell haben wir ein erstes einfaches Modell kennen gelernt, mit dem es möglich ist, im Rahmen der erläuterten Modellannahmen Wahrscheinlich-keitsaussagen über künftige Aktienkurse zu treffen. Im Rahmen dieses Modells ist es dennoch wichtig, die Modellannahmen zu hinterfragen. Kritisch zu sehen ist zum Beispiel, dass aus Daten der Vergangenheit Prognosen für die Zukunft getätigt wer-den. Darüber hinaus bleiben u und d über sämtliche Prognosen konstant, d. h., die Modellparameter sind statisch. Dies ist insofern problematisch, dass in Prognosen über einen längeren Zeitraum neue Informationen nicht in die Bewertung einflie-ßen. So bleiben beispielsweise unvorhersehbare Ereignisse (z. B. Anlegermentalität, wirtschaftliche Änderungen in der AG) unberücksichtigt. Generell wird das Aktien-kursgeschehen stark vereinfacht modelliert. Die Eigenschaft des Modells, dass der Aktienkurs nach einer Periode nur zwei Werte annehmen kann, ist unrealistisch.

1.10 Normalverteilung und Aktienkurse

1.10.1 Normalverteilung

Die Normalverteilung stellt eine grundlegende Verteilung der Wahrscheinlichkeits-rechnung dar. Sie findet bei zahlreichen praktischen Problemen Anwendung. Be-trachten wir zunächst die Definition.

Definition 1.10.1 (Normalverteilte Zufallsgröße). *Eine stetige Zufallsgröße* X *heißt normalverteilt mit den Parametern* μ *und* σ^2 *(*$\mu \in \mathbb{R}$*,* $\sigma > 0$*), wenn sie für alle* $x \in \mathbb{R}$ *folgende Dichte besitzt:*

$$\varphi_{\mu,\sigma^2}(x) = \frac{1}{\sigma\sqrt{2\pi}} \cdot e^{-\frac{1}{2}\left(\frac{x-\mu}{\sigma}\right)^2}.$$

Man schreibt: $X \sim \mathrm{N}(\mu, \sigma^2)$*.*

Die Normalverteilung besitzt die folgenden Eigenschaften:

1. Die Dichtefunktion ist symmetrisch bezüglich μ, d. h., es gilt:

$$\varphi_{\mu,\sigma^2}(\mu - x) = \varphi_{\mu,\sigma^2}(\mu + x).$$

   Damit fallen die Werte von X mit gleicher Wahrscheinlichkeit in Intervalle, die symmetrisch bezüglich der Geraden $x = \mu$ liegen.

2. Die Dichtefunktion besitzt die Grenzwerte

$$\lim_{x \to \infty} \varphi_{\mu,\sigma^2}(x) = 0 \quad \text{und} \quad \lim_{x \to -\infty} \varphi_{\mu,\sigma^2}(x) = 0.$$

3. Die Funktion φ_{μ,σ^2} besitzt ein Maximum bei $x_m = \mu$ und Wendestellen in $x_1 = \mu - \sigma$ und $x_2 = \mu + \sigma$.

4. Eine mit den Parametern μ und σ^2 normalverteilte Zufallsgröße X hat den folgenden Erwartungswert $E(X)$ und die folgende Varianz $\text{Var}(X)$:

$$E(X) = \int\limits_{-\infty}^{\infty} x \varphi_{\mu,\sigma^2}(x)dx = \mu, \quad \text{Var}(X) = \int\limits_{-\infty}^{\infty} (x - \mu)^2 \varphi_{\mu,\sigma^2}(x)dx = \sigma^2.$$

Mit der Dichte der Normalverteilung lässt sich die Wahrscheinlichkeit dafür, dass die Werte von X in einem beliebigen Intervall $[a; b]$ mit $a, b \in \mathbb{R}$ liegen, bestimmen:

$$P(a \leq X \leq b) = \int\limits_{a}^{b} \varphi_{\mu,\sigma^2}(x)dx.$$

Da für die Dichtefunktion der Normalverteilung keine elementare Stammfunktion existiert, werden derartige Wahrscheinlichkeitsberechnungen auf die tabellierte Standardnormalverteilung zurückgeführt oder mit dem Computer berechnet.

Definition 1.10.2 (Standardnormalverteilung). *Die Normalverteilung einer Zufallsgröße X mit den Parametern $\mu = 0$ und $\sigma^2 = 1$ heißt Standardnormalverteilung. Ihre Dichtefunktion wird mit φ bezeichnet. Es ist $\varphi(x) = \frac{1}{\sqrt{2\pi}} \cdot e^{-\frac{x^2}{2}}$.*

Für die standardnormalverteilte Zufallsgröße X ist die folgende Funktion tabelliert

$$\Phi(x) = P(X \leq x) = \int\limits_{-\infty}^{x} \varphi(t)dt.$$

Auf diese Tabellenwerte im Anhang 11 kann jede Wahrscheinlichkeitsaussage über beliebige normalverteilte Zufallsgrößen mithilfe des folgenden Satzes zurückgeführt werden.

Satz 1.10.3. *Ist die Zufallsgröße X normalverteilt mit den Parametern μ und σ^2, dann ist die Zufallsgröße $Y = \frac{X-\mu}{\sigma}$ standardnormalverteilt.*

Beweis. Die Gestalt der Parameter ergibt sich unmittelbar aus den Eigenschaften von Erwartungswert und Varianz:

$$\mathrm{E}(Y) = \mathrm{E}\left(\frac{X-\mu}{\sigma}\right) = \frac{1}{\sigma}\,\mathrm{E}(X) - \frac{\mu}{\sigma} = \frac{\mu}{\sigma} - \frac{\mu}{\sigma} = 0,$$

$$\mathrm{Var}(Y) = \mathrm{Var}\left(\frac{X-\mu}{\sigma}\right) = \frac{1}{\sigma^2}\,\mathrm{Var}(X) = \frac{1}{\sigma^2}\cdot\sigma^2 = 1.$$

Es bleibt zu zeigen, dass Y eine normalverteilte Zufallsgröße ist. Es gilt:

$$\mathrm{P}(a \leq Y \leq b) = \mathrm{P}\left(a \leq \frac{X-\mu}{\sigma} \leq b\right) = \mathrm{P}\left(a\sigma + \mu \leq X \leq b\sigma + \mu\right)$$

$$= \int_{a\sigma+\mu}^{b\sigma+\mu} \frac{1}{\sigma\sqrt{2\pi}}\cdot\mathrm{e}^{-\frac{1}{2}\left(\frac{x-\mu}{\sigma}\right)^2}\,dx.$$

Mittels Substitution mit $y = \frac{x-\mu}{\sigma}$ erhält man:

$$\mathrm{P}(a \leq Y \leq b) = \int_a^b \frac{1}{\sigma\sqrt{2\pi}}\cdot\sigma\,\mathrm{e}^{-\frac{1}{2}\left(\frac{y\sigma+\mu-\mu}{\sigma}\right)^2}\,dy = \int_a^b \frac{1}{\sqrt{2\pi}}\cdot\mathrm{e}^{-\frac{1}{2}y^2}\,dy.$$

Unter dem Integral steht die Dichte einer Normalverteilung mit den Parametern 0 und 1. Damit gilt: $Y \sim \mathrm{N}(0,1)$. □

Aus dem Satz 1.10.3 folgt unmittelbar: Die Wahrscheinlichkeit dafür, dass die Werte von X in einem beliebigen Intervall $[a;b]$ liegen, beträgt

$$\mathrm{P}(a \leq X \leq b) = \Phi\left(\frac{b-\mu}{\sigma}\right) - \Phi\left(\frac{a-\mu}{\sigma}\right).$$

Theoretisch kann eine normalverteilte Zufallsgröße X jeden beliebigen reellen Wert annehmen. Praktisch aber liegen die Werte mit einer Wahrscheinlichkeit von mehr als 99% im Intervall $[\mu - 3\sigma; \mu + 3\sigma]$. Dies ist unabhängig von der Wahl von μ und σ. Allgemein gelten für ausgewählte Intervalle folgende Wahrscheinlichkeiten

$$P\big([\mu - k\sigma; \mu + k\sigma]\big) \approx \begin{cases} 0,683 & \text{für } k = 1, \\ 0,954 & \text{für } k = 2, \\ 0,997 & \text{für } k = 3. \end{cases}$$

Die Intervalle $[\mu - k\sigma; \mu + k\sigma]$ heißen $k\sigma$-Intervalle und geben eine grobe Information über die Verteilung der Werte der Zufallsgröße.

1.10.2 Normalverteilte Aktienkurse

In vielen Fällen ist die Verteilung von Aktienrenditen, wie die der in Beispiel 1.8.4 untersuchten Adidas-Aktie, näherungsweise eine Normalverteilung. Legt man die Normalverteilung als Modell für die Verteilung von Aktienrenditen zugrunde, sind Aussagen über Wahrscheinlichkeiten darüber, ob eine beliebige Rendite in ein bestimmtes Intervall fällt, möglich.

Beispiel 1.10.4 (Modellierung eines Aktienkurses mittels Normalverteilung). *Im Beispiel 1.8.4 wurden die Renditen der Adidas-Aktie im Zeitraum von Juni 07 bis Mai 08 untersucht. Unter der Annahme, dass die wöchentliche Rendite L eine normalverteilte Zufallsgröße ist, bilden die im Beispiel 1.8.4 angegebenen Kenngrößen Drift $\overline{L}$ und Volatilität s_L Schätzwerte für den Erwartungswert μ und die Standardabweichung σ. Wir nehmen also an, dass L normalverteilt mit den Parametern 0,0049 und $0,0246^2$ ist. Die Wahrscheinlichkeit dafür, dass eine beliebige Wochenrendite zwischen -0,0017 und 0,0106 liegt, beträgt*

$$P(-0,0017 \leq L \leq 0,0106) = \Phi\left(\frac{0,0106 - 0,0049}{0,0246}\right) - \Phi\left(\frac{-0,0017 - 0,0049}{0,0246}\right)$$

$$= 0,197.$$

Der Vergleich dieser Wahrscheinlichkeit mit der tatsächlich aufgetretenen relativen Häufigkeit von 0,20 zeigt eine annähernde Übereinstimmung. Diese Aussage trifft auch für andere Renditebereiche zu, wie Tabelle 1.8 zeigt.

Die Interpretation des Zusammenhanges zwischen den beobachteten Kenngrößen und den modellierten Parametern der Normalverteilung beruht auf dem Gesetz der großen Zahlen: Das arithmetische Mittel aus vielen Beobachtungen einer Zufallsgröße liegt nahe dem Erwartungswert und die Standardabweichung der beobachteten Werte nahe σ. Umgekehrt sind arithmetisches Mittel und empirische Standardabweichung aus vielen unabhängigen Beobachtungen einer Zufallsgröße Schätzwerte für deren Erwartungswert und Varianz.

Renditebereich $[a; b)$	Relative Häufigkeit (gerundet)	Wahrscheinlichkeit $P(a \leq L < b)$
$[-0,0509 \; ; \; -0,0386)$	0,02	0,03
$[-0,0386 \; ; \; -0,0263)$	0,08	0,06
$[-0,0263 \; ; \; -0,0140)$	0,16	0,11
$[-0,0140 \; ; \; -0,0017)$	0,14	0,17
$[-0,0017 \; ; \; 0,0106)$	0,20	0,20
$[\; 0,0106 \; ; \; 0,0229)$	0,16	0,18
$[\; 0,0229 \; ; \; 0,0352)$	0,12	0,12
$[\; 0,0352 \; ; \; 0,0475)$	0,10	0,07
$[\; 0,0475 \; ; \; 0,0598)$	0,04	0,03

Tab. 1.8: Wahrscheinlichkeiten und relative Häufigkeiten für Renditebereiche unter der Annahme einer Normalverteilung der Renditen

1.11 Wiener-Prozess

Im Jahre 1827 beobachtete der schottische Botaniker Robert Brown (1773–1858) unter einem Mikroskop, wie sich Blütenpollen in einem Wassertropfen unregelmäßig hin- und herbewegen. Diese so genannte Brownsche Molekularbewegung eines Teilchens ist auf eine ständige Kollision zwischen den Blütenpollen und den sich bewegenden Wassermolekülen zurückzuführen. Nachdem im Jahre 1905 Albert Einstein (1879–1955) diese physikalische Erklärung für die Brownsche Molekularbewegung lieferte, gelang es dem US-amerikanischen Mathematiker Norbert Wiener (1894–1964) im Jahre 1923 das Phänomen auch mathematisch als einen stochastischen Prozess zu beschreiben. Dabei lässt sich die zeitliche Entwicklung entlang jeder Koordinate mit den Gesetzen eines Wiener-Prozesses erklären. Der Wiener-Prozess spielt die zentrale Rolle im Kalkül zeitstetiger stochastischer Prozesse und wird in zahllosen Gebieten der Natur- und Wirtschaftswissenschaften als Grundlage zur Simulation zufälliger Bewegungen herangezogen.

Definition 1.11.1 (Wiener-Prozess). *Der Wiener-Prozess $(W_t)_{t \geq 0}$ ist eine Familie von Zufallsgrößen, die durch folgende Eigenschaften charakterisiert sind:*

E1 *$W_0 = 0$*

E2 *Für $0 \leq s < t$ ist $W_t - W_s$ eine normalverteilte Zufallsgröße mit dem Erwartungswert 0 und der Varianz $t - s$.*

E3 *Für beliebige $0 \leq r < s \leq t < u$ sind die Zufallsgrößen $W_u - W_t$ und $W_s - W_r$ unabhängig.*

Die erste Eigenschaft sichert uns, dass der Prozess im Ursprung des Koordinaten-systems beginnt. Die zweite Eigenschaft besagt, dass die Positionsänderung $W_t - W_s$ des Teilchens sowohl in x- als auch in y-Richtung eine normalverteilte Zufallsgröße mit dem Erwartungswert 0 und der Varianz $t - s$ ist. Die Varianz der zufälligen Positionsänderung hängt dabei nur von der Länge des Zeitintervalls $t - s$ und nicht von der Position $(X_s; Y_s)$ des Teilchens zur Zeit s ab. Die Bewegungen des Teilchens in x- und y-Richtung sind dabei unabhängig voneinander. Die dritte Eigenschaft verdeutlicht, dass die Positionsänderungen in sich nicht überlappenden Zeitinterval-len unabhängig voneinander sind. Auf die Brownsche Bewegung bezogen bedeutet dies, dass keine Schlüsse über die Richtung und Größe der Positionsänderungen aus den vorangegangenen Teilchenbewegungen möglich sind. Vorherige Positionsände-rungen beeinflussen folgende Positionsänderungen nicht. Die Positionsänderungen $W_t - W_s$ werden auch Zuwächse genannt. Diese können sowohl positive als auch negative Werte annehmen.

1.12   Black-Scholes-Modell für Aktienkursprozesse

Das Black-Scholes-Modell ist ebenso wie das Random-Walk-Modell (Kapitel 1.9) ein mathematisches Modell zur Beschreibung von Aktienkursprozessen. Das Black-Scholes-Modell basiert auf der Annahme, dass sich der stochastische Prozess der Renditeentwicklung aus einem deterministischen zeitlich linearen und einem zufäl-ligen Anteil zusammensetzt. Der deterministische Anteil des Renditeprozesses lässt sich als erwartete Rendite interpretieren. Aktienkurse folgen jedoch keinem determi-nistischen Muster, sondern vollführen eine zufällige Irrfahrt (vgl. 1.9). Demnach un-terliegen Renditen ebenfalls einem stochastischen Prozess, der durch den zufälligen Anteil beschrieben wird. Dabei wird angenommen, dass der stochastische Prozess der logarithmischen Renditen einem Wiener-Prozess folgt.

Definition 1.12.1 (Black-Scholes-Modell). *Für den stochastischen Prozess der Renditeentwicklung wird angenommen, dass*

$$L_0^t = \mu t + \sigma W_t \tag{1.5}$$

ist. Dabei sind $t \geq 0$, $\mu \in \mathbb{R}$ und $\sigma > 0$. Darüber hinaus sind μ und σ konstant.

Mit dem Black-Scholes-Modell kann die Verteilung der Rendite L_0^t bestimmt wer-den. Nach der zweiten Eigenschaft des Wiener-Prozesses und wegen $W_0 = 0$ ist die Zufallsgröße $W_t = W_t - W_0$ normalverteilt mit den Parametern 0 und t. Da L_0^t linear von W_t abhängt, folgt unter Ausnutzung der Eigenschaften des Erwartungswertes für den Erwartungswert von L_0^t:

$$\mathrm{E}(L_0^t) = \mathrm{E}(\mu t + \sigma W_t) = \mu t + \sigma \, \mathrm{E}(W_t) = \mu t.$$

Analog lässt sich die Varianz von L_0^t bestimmen. Es gilt:

$$\mathrm{Var}(L_0^t) = \mathrm{Var}(\mu t + \sigma W_t) = \sigma^2 \mathrm{Var}(W_t) = \sigma^2 t.$$

Damit folgt, dass die Rendite normalverteilt mit den Parametern μt und $\sigma^2 t$ ist. Dabei sind die in Kapitel 1.8 bestimmten statistischen Kennzahlen $\overline{L}$ und s_L Schätzwerte für unsere Modellparameter μ und σ im Black-Scholes-Modell. Bei bekanntem Aktienkurs S_0 zur Zeit $t = 0$ und mit den Wahrscheinlichkeitsaussagen zu L_0^t sind über den Zusammenhang $L_0^t = \ln\left(\frac{S_t}{S_0}\right)$ Wahrscheinlichkeitsaussagen über den Kurs S_t zur Zeit $t > 0$ möglich:

$$S_t = S_0 \cdot \mathrm{e}^{L_0^t}.$$

Beispiel 1.12.2 (Modellierung eines Aktienkurses mittels des Black-Scholes-Modells). *Wir betrachten erneut die Adidas-Aktie aus Beispiel 1.8.4. Der Mittelwert der vergangenen logarithmischen Wochenrenditen betrug 0,0049, die Standardabweichung 0,0246. Am 19.05.08 lag der Aktienkurs bei €45,95. Es soll die Wahrscheinlichkeit dafür bestimmt werden, dass der Aktienkurs drei Wochen später €47,00 übersteigt. Gemäß unserer Modellannahme gilt*

$$L_0^3 \sim \mathrm{N}(3 \cdot 0,0049, 3 \cdot 0,0246^2) \; \textit{also} \; L_0^3 \sim \mathrm{N}(0,0147, 0,0018).$$

Dann gilt für die Wahrscheinlichkeit, dass der Aktienkurs €47,00 übersteigt

$$
\begin{aligned}
\mathrm{P}(S_3 > \text{€}47,00) &= \mathrm{P}(\mathrm{e}^{L_0^3} \cdot \text{€}45,95 > \text{€}47,00) \\
&= \mathrm{P}\left(L_0^3 > \ln\frac{\text{€}47,00}{\text{€}45,95}\right) \\
&= 1 - P(L_0^3 < 0,02) \\
&= 1 - \Phi\left(\frac{0,02 - 0,0147}{0,0018}\right) \approx 0,45.
\end{aligned}
$$

Mit einer Wahrscheinlichkeit von 45% übersteigt der Aktienkurs in drei Wochen €47,00.

Bisher haben wir die Renditen und Kurse nur im Intervall $[0; t]$ betrachtet. Doch wie sieht die Verteilung der Renditen im Black-Scholes-Modell in einem anderen Zeitraum $[t; t + u]$ aus? Es gilt:

Satz 1.12.3. *Die Rendite L_t^{t+u} im Zeitraum $[t; t+u]$ ist normalverteilt mit den Parametern μu und $\sigma^2 u$.*

Beweis. Es gilt:

$$\ln\left(\frac{S_{t+u}}{S_t}\right) = \ln\left(\frac{\frac{S_{t+u}}{S_0}}{\frac{S_t}{S_0}}\right) = \ln\left(\frac{S_{t+u}}{S_0}\right) - \ln\left(\frac{S_t}{S_0}\right) = L_0^{t+u} - L_0^t.$$

Wir erhalten für L_0^{t+u} und L_0^t unter Nutzung von Gleichung 1.5

$$L_0^{t+u} - L_0^t = \mu(t+u) + \sigma W_{t+u} - (\mu t + \sigma W_t) = \mu u + \sigma(W_{t+u} - W_t).$$

Nach Eigenschaft E2 des Wiener-Prozesses ist $\sigma(W_{t+u} - W_t)$ eine normalverteilte Zufallsgröße mit den Parametern 0 und $\sigma^2 u$. Damit ist die Rendite $L_{t+u}^t = \ln\left(\frac{S_{t+u}}{S_t}\right)$ normalverteilt mit den Parametern μu und $\sigma^2 u$. $\square$

Das Black-Scholes-Modell findet in der Praxis insbesondere zur Berechnung von Optionspreisen (Kapitel 2.8) aufgrund seiner einfachen Handhabung noch immer weltweit Verwendung. Dennoch weist es wie andere mathematische Modelle einige kritische Stellen auf. Die zentrale Annahme der Normalverteilung ist nur eine grobe Annäherung, wie statistische Analysen von Aktienrenditen zeigen. Vielmehr sind die Häufigkeitsverteilungen von Aktienrenditen in der Nähe des arithmetischen Mittels und an den Rändern im Vergleich zur Normalverteilung höher. Dies bedeutet, dass insbesondere betragsmäßig kleine und betragsmäßig große Kursänderungen häufiger auftreten als durch die Normalverteilung angenommen. Darüber hinaus ist wie schon beim Random-Walk-Modell die in der Zeit als konstant angenommene Volatilität σ zu kritisieren. Inzwischen werden Modelle untersucht, die die Verteilungen der Aktienrenditen besser beschreiben und die Volatilität selbst als stochastischen Prozess betrachten.

1.13   Simulation eines Aktienkursprozesses

Mit dem Black-Scholes-Modell lässt sich die Kursentwicklung einer Aktie simulieren. Diese Simulation wird im Folgenden an einem Beispiel erläutert.

Beispiel 1.13.1 (Simulation eines Aktienkursprozesses mittels Black-Scholes-Modell). *Wir betrachten erneut die Adidas-Aktie aus Beispiel 1.8.4. Wir möchten den Aktienkursprozess für 60 aufeinanderfolgende Wochen simulieren.*
Der Mittelwert der vergangenen logarithmischen Wochenrenditen betrug 0,0049, die Standardabweichung 0,0246. Diese Werte verwenden wir als Schätzwerte für die im Black-Scholes-Modell benötigten Parameter μ und σ. Gemäß unserer Modellannahme gilt dann für die Rendite

$$L_0^t = 0,0049t + 0,0246 W_t,$$

wobei eine Zeiteinheit eine Woche ist. Aus der Eigenschaft E2 des Wiener-Prozesses folgt, dass W_t standardnormalverteilt ist.

*Die Rendite L_k^{k+1} besitzt folglich in jedem Zeitintervall $[k; k+1]$ mit $k = 0, 1, \ldots, n-1$
die Darstellung:*

$$L_k^{k+1} = 0,0049t + 0,0246W_t = 0,0049 + 0,0246W_t.$$

*Der Aktienkurs am Ende eines Zeitintervalls lässt sich aus den derart bestimmten
Renditen berechnen. Es gilt:*

$$S_{k+1} = S_k \cdot e^{L_k^{k+1}}.$$

*Als Startwert für den Aktienkurs wählen wir den Aktienkurs der Adidas-Aktie am
19.05.08, der an diesem Tag €45,95 betrug. Die Abbildung 1.8 zeigt die Simulation
eines Aktienkursprozesses auf Grundlage des Black-Scholes-Modells mit Excel. Mit
dem in Excel implementierten Zufallsgenerator werden zunächst normalverteilte Zu-
fallszahlen erzeugt, auf deren Basis die Rendite und der Aktienkurs bestimmt werden
können. Das Liniendiagramm der Abbildung 1.8 zeigt das mit dem Black-Scholes-
Modell erzeugte „Aktienchart".*

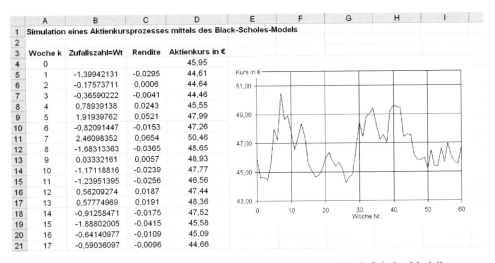

Abb. 1.8: Simulation eines Aktienkursprozesses mit dem Black-Scholes-Modell
($S_0 = €45,95$, $t = 1$, $\mu = 0,0049$ und $\sigma = 0,0246$)

Kapitel 2

Optionen

Dieses Kapitel fasst aus fachwissenschaftlicher Sicht die wichtigsten ökonomischen und mathematischen Inhalte zum Thema Optionen zusammen, die Gegenstand der im Teil III vorgestellten Unterrichtseinheiten sind. Im ökonomischen Teil wird dabei insbesondere auf Grundbegriffe, Optionsarten und so genannte Pay-Off-Diagramme eingegangen. Der mathematische Teil beschäftigt sich mit Modellen zur Bestimmung von Optionspreisen. Die Ausführungen der ökonomischen Inhalte beziehen sich dabei im Wesentlichen auf BEIKE/SCHLÜTZ 2001, die Ausführungen der mathematischen Inhalte auf ADELMEYER 2000, ADELMEYER/WARMUTH 2003, BAXTER/RENNIE 1996, HULL 1998, KORN/KORN 1999 und USZCZAPOWSKI 1999.

2.1 Was sind Optionen?

Eine **Option** ist ein Vertrag zwischen zwei Parteien. Der Käufer der Option erwirbt durch die Zahlung der so genannten Optionsprämie das Recht (jedoch nicht die Pflicht),

- ein bestimmtes Finanzgut (**Basiswert**)

- in einer vereinbarten Menge (**Kontraktgröße**)

- zu einem festgelegten Preis (**Ausübungspreis**)

- innerhalb eines festgelegten Zeitraums (**Ausübungsfrist**) oder zu einem festgelegten Zeitpunkt (**Ausübungstermin**)

zu kaufen oder zu verkaufen. Macht der Optionskäufer von dem erworbenen Recht Gebrauch, so spricht man von der Ausübung der Option. Wird die Option ausgeübt, so hat der Verkäufer bzw. Stillhalter der Option die Pflicht, das festgelegte Finanzgut zum vereinbarten Preis zu verkaufen oder zu kaufen. Wird die Option nicht ausgeübt, verfällt sie am Ende ihrer befristeten Laufzeit.

2.2   Arten von Optionen

Optionen sind nicht einheitlich ausgestattet. Sie können sich im Basiswert, in den Ausübungszeiträumen oder im Recht zum Kauf bzw. Verkauf des Basiswertes unterscheiden.

Je nach Art des zugrunde liegenden Basiswertes unterscheidet man folgende Optionen:

Optionsart	Basiswert
Aktienoptionen	Aktien
Devisenoptionen	Devisen
Zinsoptionen	Zinssätze, Anleihen
Rohstoffoptionen	Rohstoffe (z. B. Erdöl)

Neben diesen häufigsten Basiswerten gibt es weitere Basiswerte wie z. B. Schatzbriefe, Indizes (z. B. DAX) oder Optionen selbst. In den folgenden Ausführungen werden, sofern nicht anders erwähnt, Aktienoptionen betrachtet.

Bezüglich der Möglichkeiten der zeitlichen Ausübung lassen sich folgende Arten unterscheiden: **Amerikanische Optionen** können jederzeit während ihrer Laufzeit, **europäische Optionen** hingegen zum festgelegten Ausübungstermin, also zu einem festen Zeitpunkt, ausgeübt werden.

Unterscheidet man Optionen nach den in ihnen enthaltenen Rechten, so sind zwei grundlegende Arten von Optionen zu nennen. Optionen, die das Recht zum Kauf des Basisgutes einräumen, heißen **Call- bzw. Kaufoptionen**. Optionen, die das Recht zum Verkauf des Basisgutes einräumen, nennt man **Put- bzw. Verkaufsoptionen**. Mit der Unterscheidung zwischen Call- und Put-Optionen ergeben sich die folgenden vier verschiedenen Positionen im Optionsgeschäft:

- Käufer einer Call-Option,

- Verkäufer einer Call-Option,

- Käufer einer Put-Option und

- Verkäufer einer Put-Option.

Die bisher aufgeführten Optionen gelten als Standard-Optionen. Darüber hinaus gibt es die so genannten exotischen Optionen, die im Allgemeinen kompliziertere Auszahlungsstrukturen als vergleichbare Standard-Optionen besitzen. Zu den exotischen Optionen gehören u. a. Digital-Optionen, Lookback-Optionen, Bermuda-Optionen, Asiatische Optionen und Russische Optionen.

2.3 Wozu dienen Optionen?

Damit Optionsgeschäfte überhaupt zustande kommen, müssen Optionsverkäufer und Optionskäufer verschiedene Vorstellungen über die Kursentwicklung der zugrunde liegenden Aktie haben. Der Käufer von Call-Optionen rechnet mit einem Anstieg des Aktienkurses. Durch den Kauf der Option ist sichergestellt, dass er höchstens den Ausübungspreis für eine Aktie zahlen muss. Der Verkäufer der Call-Option rechnet mit gleichbleibenden oder fallenden Aktienkursen, wodurch die Option wertlos wird und der Verkäufer den Optionspreis als Gewinn verbucht. Der Käufer einer Put-Option rechnet mit sinkenden Kursen. Durch den Kauf der Option sichert er sich mindestens den Ausübungspreis beim Verkauf seiner Aktie. Der Verkäufer der Put-Option rechnet mit steigenden oder gleichbleibenden Aktienkursen. In diesem Fall wird die Option wertlos, der Verkäufer verbucht den Optionspreis als Gewinn. Mit diesen Vorstellungen lassen sich die wirtschaftlichen Gründe für den Kauf einer Option erläutern. Optionen werden im Normalfall zur Absicherung gegen zukünftige Preisschwankungen oder zur Erzielung von Spekulationsgewinnen erworben. Gehen wir zunächst auf die Absicherungsfunktion von Optionen ein. Der Käufer einer Call-Option sichert sich gegen mögliche künftige Preissteigerungen des zugrunde liegenden Basiswertes ab, wohingegen sich der Käufer einer Put-Option vor einem Preisrückgang schützt. Die Absicherung gegen Preisschwankungen wird auch **Hedging** genannt. Im geringeren Maße werden Optionen von Spekulanten erworben, die auf eine gegenüber dem Aktienkurs überproportionale Wertsteigerung der Option hoffen. Optionen sind im Vergleich zum Basiswert oft viel kostengünstiger und können mit einem geringen Kapitaleinsatz relativ große Gewinne, aber auch große Verluste bewirken. Dies beruht auf der so genannten **Hebelwirkung**, die besagt, dass Renditen aus dem Optionskauf sowohl im positiven als auch im negativen Fall viel höher sind als die Renditen aus dem Aktienkauf. Betrachten wir dazu folgendes Beispiel.

Beispiel 2.3.1 (Hebelwirkung). *Abbildung 2.1 zeigt am Beispiel von Call-Optionen auf die Adidas-Aktie Wahlmöglichkeiten zwischen 20 Ausübungspreisen.*

Ein Anleger möchte am 12.06.08 circa €1.000 investieren. Er könnte 23 Adidas-Aktien zu einem Preis von je €44,31 oder 637 Call-Optionen auf diese Aktie mit einem Ausübungspreis von €50,00 und Ausübungstermin 31.12.08 für €1,60 je Option kaufen. Die beiden Geschäfte haben mit 23 · €44,31 = €1.019,13 und 637 · €1,60 = €1.019,20 etwa dasselbe Volumen. Wir untersuchen zwei mögliche Szenarien für den Aktienkurs am 31.12.08: Der Aktienkurs sinkt auf €40,00 oder der Aktienkurs steigt auf €55,00. Wir betrachten zunächst das Optionsgeschäft. Sinkt der Aktienkurs, wird der Anleger seine Option nicht ausüben, sie ist wertlos. Der Anleger verliert seinen gesamten Einsatz von €1.019,20, er erleidet einen Totalverlust. Die einfache Rendite beträgt -100%. Steigt der Aktienkurs auf €55,00, übt der Anleger seine Option aus. Er kauft 637 Aktien für je €50,00 und verkauft diese sofort am Markt für €55,00 weiter. Unter Berücksichtigung des Optionspreises macht

Verfall					
Jun 08 Jun 09	Jul 08 Dez 09	Aug 08	Sep 08	Dez 08	Mrz 09

Typ	
CALL	PUT

Strike Price	Vers. Num.	Eröff- nungs- preis	Hoch	Tief	Geld Vol.	Geld Preis	Brief Preis	Brief Vol.	Abw. gegenüb. Vortag	Letzter Preis	Datum	Zeit	Tägl. Abrech- nungspreis	Gehand. Kontr.	Open Interest (angep.)	Open Interest Datum
76.00	0	n/v	n/v	n/v	0	n/v	n/v	0	n/v	n/v	n/v	n/v	0.02	0	100	11.06.08
68.00	0	n/v	n/v	n/v	0	n/v	n/v	0	n/v	n/v	n/v	n/v	0.08	0	483	11.06.08
64.00	0	n/v	n/v	n/v	0	n/v	n/v	0	n/v	n/v	n/v	n/v	0.15	0	443	11.06.08
60.00	0	n/v	n/v	n/v	0	n/v	n/v	0	n/v	0.39	11.06.08	09:39:13	0.30	0	645	11.06.08
56.00	0	n/v	n/v	n/v	0	n/v	n/v	0	n/v	n/v	n/v	n/v	0.59	0	423	11.06.08
52.00	0	n/v	n/v	n/v	0	n/v	n/v	0	n/v	n/v	n/v	n/v	1.17	0	395	11.06.08
50.00	0	n/v	n/v	n/v	0	n/v	n/v	0	n/v	1.79	11.06.08	12:53:27	1.60	0	3,770	11.06.08
48.00	0	n/v	n/v	n/v	0	n/v	n/v	0	n/v	2.50	11.06.08	14:08:41	2.19	0	414	11.06.08
46.00	0	3.27	3.27	3.27	0	n/v	n/v	0	-13.26%	3.27	12.06.08	17:22:03	2.93	14	662	11.06.08
44.00	0	n/v	n/v	n/v	0	n/v	n/v	0	n/v	n/v	n/v	n/v	3.91	0	2,191	11.06.08
42.00	0	n/v	n/v	n/v	0	n/v	n/v	0	n/v	n/v	n/v	n/v	5.03	0	1,555	11.06.08
40.00	0	n/v	n/v	n/v	0	n/v	n/v	0	n/v	n/v	n/v	n/v	6.33	0	320	11.06.08
38.00	0	n/v	n/v	n/v	0	n/v	n/v	0	n/v	n/v	n/v	n/v	7.78	0	110	11.06.08
36.00	0	n/v	n/v	n/v	0	n/v	n/v	0	n/v	n/v	n/v	n/v	9.36	0	204	11.06.08
34.00	0	n/v	n/v	n/v	0	n/v	n/v	0	n/v	n/v	n/v	n/v	11.06	0	0	11.06.08
32.00	0	n/v	n/v	n/v	0	n/v	n/v	0	n/v	n/v	n/v	n/v	12.83	0	155	11.06.08
30.00	0	n/v	n/v	n/v	0	n/v	n/v	0	n/v	n/v	n/v	n/v	14.66	0	0	11.06.08
28.00	0	n/v	n/v	n/v	0	n/v	n/v	0	n/v	n/v	n/v	n/v	16.52	0	0	11.06.08
24.00	0	n/v	n/v	n/v	0	n/v	n/v	0	n/v	n/v	n/v	n/v	20.35	0	0	11.06.08
20.00	0	n/v	n/v	n/v	0	n/v	n/v	0	n/v	n/v	n/v	n/v	24.22	0	0	11.06.08
Total														14	11,870	

Abb. 2.1: Mögliche Ausübungspreise und Optionsprämien für Call-Optionen auf eine Adidas-Aktie an der EUREX am 12.06.08 mit dem Ausübungstermin 31.12.08. Quelle: www.eurexchange.com

er pro Aktie einen Gewinn von €3,40, sein Gesamtgewinn im Optionshandel beträgt also €2.165,80, die einfache Rendite beträgt 212,5%. Wie sehen die Gewinne und Renditen im entsprechenden Aktiengeschäft aus? Sinkt die Aktie auf €40,00, dann verliert der Anleger pro Aktie €4,31, also insgesamt €99,13. Damit beträgt die Rendite -9,7%. Steigt die Aktie auf €55,00, gewinnt der Anleger pro Aktie €10,69, also insgesamt €245,87. In diesem Fall beträgt die Rendite 24,1%. Tabelle 2.1 fasst die möglichen Erträge und Renditen des Aktien- und Optionsgeschäfts zusammen und macht deutlich, dass die Renditen aus dem Optionshandel sowohl in negativer als auch positiver Richtung größer sind.

Kursgeschehen		Aktiengeschäft	Optionsgeschäft
Kurs sinkt auf €40,00	Einfache Rendite	$-9,7\%$	-100%
	Verlust	€99,13	€1.019,13
Kurs steigt auf €55,00	Einfache Rendite	$24,1\%$	$212,5\%$
	Gewinn	€245,87	€2.165,80

Tab. 2.1: Renditen und Erträge aus Aktien- und dazugehörigem Optionsgeschäft

Aufgrund der Hebelwirkung sind Optionen für Spekulanten oft interessanter als der Basiswert. Das Eingehen von Finanzgeschäften aus Spekulationszwecken nennt man **Trading**. Zur weiteren Verdeutlichung der beiden Aufgaben von Optionen betrachten wir folgendes Beispiel, das gleichzeitig aufzeigt, dass sich das Motiv für den Kauf einer Option im Laufe der Zeit ändern kann.

Beispiel 2.3.2 (Absicherungs- und Spekulationsfunktion einer Option). *In der Berliner Zeitung vom 10.06.05 war Folgendes zu lesen: „Nationalspieler Dietmar Hamann bleibt beim Champions-League-Sieger FC Liverpool. Der 31-Jährige einigte sich mit dem Verein auf eine Verlängerung seines auslaufenden Vertrages um ein Jahr mit einer Option auf eine weitere Saison." Was bedeutet dies? Der Verein verpflichtet sich, den Spieler ein Jahr zu beschäftigen und ihm regelmäßig das Gehalt zu zahlen. Darüber hinaus hat er das Recht, aber nicht die Pflicht, den Spieler ein weiteres Jahr zu behalten. Bei entsprechender Leistung wird der Verein die Option ausüben. In diesem Fall ist der Spieler verpflichtet, ein weiteres Jahr für den Verein zu spielen. Welche Motive könnte der FC Liverpool haben? Mit 31 Jahren gehört Dietmar Hamann schon zu den älteren Fußballspielern. Die Verletzungsanfälligkeit wird möglicherweise größer, Spritzigkeit und Leistung lassen gelegentlich nach. Der Verein ist daran interessiert, einen gesunden, leistungsfähigen Spieler zu verpflichten. Lässt die Leistungsfähigkeit im ersten Jahr nach, dann braucht der FC Liverpool Dietmar Hamann nicht weiter zu beschäftigen, künftige Lohnzahlungen werden eingespart. Zeigt Hamann jedoch weiterhin sehr gute Leistungen, wird der Verein daran interessiert sein, ihn auch im darauffolgenden Jahr zu beschäftigen. Mit der Option hat sich der FC Liverpool diese Möglichkeit gesichert. In diesem Sinne hat die Option für den Verein Versicherungscharakter (Hedging).*
Möglicherweise explodieren die Leistungen von Dietmar Hamann trotz seines Alters, er wird noch einmal zum Spitzenspieler, für den sich andere Vereine interessieren. Aufgrund der Option kann der Spieler den Verein nicht ohne eine hohe Ablösesumme verlassen, der Verein kann eine hohe Summe an Dietmar Hamann verdienen. In diesem Kontext betrachtet, besitzt die Option für den FC Liverpool Spekulationscharakter (Trading).

2.4 Pay-Off- und Gewinn-Verlust-Diagramme

Der Preis einer Option ändert sich mit der Zeit zufällig. Dies ist darin begründet, dass die Kursbewegung einer Aktie zufällig ist. Dies haben wir bereits in Kapitel 1.9 gesehen. Der Preis einer Option zum Verfallstermin $t = T$ hängt vom Ausübungspreis E und dem Aktienkurs S_T des Basiswertes zu diesem Zeitpunkt ab. Für den Preis C_T einer Call-Option zum Zeitpunkt T gilt:

$$C_T := \begin{cases} S_T - E, & \text{falls } S_T > E, \\ 0, & \text{falls } S_T \leq E. \end{cases}$$

Dies lässt sich wie folgt begründen: Liegt der Aktienkurs S_T zum Zeitpunkt der Ausübung über dem Ausübungspreis, wird der Käufer der Call-Option die Aktie zum Ausübungspreis E kaufen und diese am Markt zum Aktienkurs S_T verkaufen. Er kann also $S_T - E$ einnehmen. Liegt der Aktienkurs S_T hingegen unter dem Ausübungspreis E, so ist die Option wertlos. Die Werte $S_T - E$ bzw. 0 heißen auch **Pay-Off**. Für den Preis P_T einer Put-Option zum Zeitpunkt T stellt sich die Situation hingegen wie folgt dar:

$$P_T := \begin{cases} 0, & \text{falls } S_T > E, \\ E - S_T, & \text{falls } S_T \leq E. \end{cases}$$

Liegt der Aktienkurs S_T zum Zeitpunkt T unter dem Ausübungspreis E, dann kann der Käufer der Option zunächst seine Aktie zum Ausübungspreis E verkaufen und diese sofort zum aktuellen Aktienkurs S_T zurückkaufen. Er nimmt $E - S_T$ ein. Liegt der Aktienkurs jedoch über dem Ausübungspreis, wird der Käufer die Option nicht ausüben und seine Aktien direkt am Markt verkaufen. Die Option ist also wertlos.

Die graphische Darstellung der Optionspreise C_T und P_T zum Zeitpunkt $t = T$ in Abhängigkeit vom Aktienkurs nennt man **Pay-Off-Diagramm**. Ziehen wir vom Pay-Off den Optionspreis C_0 bzw. P_0 ab, dann erhalten wir den Gewinn bzw. Verlust für den Optionskäufer. In so genannten **Gewinn-Verlust-Diagrammen** wird der Gewinn bzw. Verlust in Abhängigkeit vom Aktienkurs S_T graphisch dargestellt. Gewinn-Verlust-Diagramme können sowohl aus Sicht des Käufers als auch aus Sicht des Verkäufers dargestellt werden. Betrachten wir folgendes Beispiel.

Beispiel 2.4.1 (Pay-Off- und Gewinn-Verlust-Diagramm). *Ein Anleger kauft eine Call-Option auf die Volkswagen-Aktie mit einem Ausübungspreis von €170,00 zu einem Optionspreis von €5,91. Der Ausübungstermin ist der 30.12.08. Wir betrachten mögliche Kurse am 30.12.08 zwischen €60,00 und €200,00. Die Abbildung 2.2 zeigt das entsprechende Pay-Off-Diagramm.*

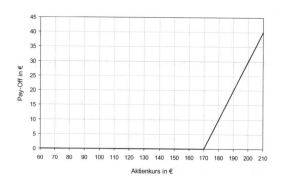

Abb. 2.2: Pay-Off-Diagramm einer Call-Option ($E = €170,00$, $C_0 = €5,91$)

Wie sehen die Gewinn-Verlust-Diagramme aus Sicht des Käufers bzw. Verkäufers aus? Dies zeigt die Abbildung 2.3.

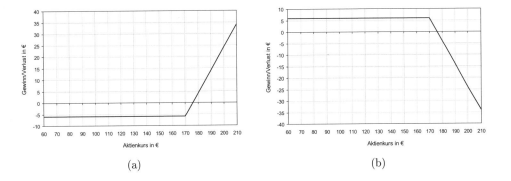

Abb. 2.3: Gewinn-Verlust-Diagramm einer Call-Option ($E = €170,00$, $C_0 = €5,91$) (a) aus Sicht des Käufers und (b) aus Sicht des Verkäufers

Die Gewinn-Verlust-Diagramme aus Sicht des Käufers und Verkäufers zeigen Risiken und Gewinnmöglichkeiten der am Optionshandel beteiligten Parteien auf. Die möglichen Verluste sind aufseiten des Optionsverkäufers unbeschränkt, während der Optionskäufer maximal den Optionspreis verliert. Die möglichen Gewinne hingegen sind für den Optionskäufer unbeschränkt, während der Optionsverkäufer maximal den Optionspreis einnehmen kann. Aufgrund der hohen Risiken auf Seiten der Optionsverkäufer treten als solche vor allem Institutionen auf, die über große finanzielle Mittel verfügen.

2.5 Einflussfaktoren des Optionspreises

Der Käufer einer Option muss an den Verkäufer einer Option einen Preis, die so genannte Optionsprämie, zahlen. In Kapitel 2.3 haben wir gesehen, dass Verkäufer und Käufer von Optionen unterschiedliche Vorstellungen von der Entwicklung des zugrunde liegenden Basiswertes haben. Diese unterschiedlichen Vorstellungen sollten bei der Bestimmung des Optionspreises möglichst unberücksichtigt bleiben. Im Zusammenhang mit diesem Problem stellt sich folgende Frage: Gibt es einen fairen Preis für eine Option, d. h., gibt es einen Preis, mit dem sowohl der Käufer der Option als auch der Verkäufer der Option zufrieden sind? Bevor wir den fairen Preis einer Option bestimmen, ist es sinnvoll, sich Gedanken zu möglichen Einflussfaktoren zu machen. Welche Faktoren beeinflussen in welchem Maße den Preis einer Option? Die Tabelle 2.2 fasst die wichtigsten Einflussfaktoren zusammen.

Einflussfaktor	Preis C_t einer Call-Option	Preis P_t einer Put-Option
Ausübungspreis E steigt	sinkt	steigt
Aktienkurs S_t sinkt	sinkt	steigt
Volatilität σ steigt	steigt	steigt

Tab. 2.2: Einflussgrößen des Optionspreises

Bei steigendem Ausübungspreis wird die Chance kleiner, dass der Aktienkurs den Ausübungspreis übersteigt. Gleichermaßen sinkt die Chance aus Sicht des Käufers, dass die Call-Option ausgeübt wird. Dies spiegelt sich unmittelbar im Preis der Option wider. Wie auch aus der Tabelle 2.1 deutlich wird, führen also steigende Ausübungspreise bei einer Call-Option zu niedrigeren Optionspreisen. Bei einer Put-Option hingegen steigt mit steigendem Ausübungspreis die Wahrscheinlichkeit, dass die Option ausgeübt wird. Dies führt zu einem steigenden Preis. Ähnlich verhält es sich bei fallenden Aktienkursen. Auch in diesem Fall wird die Chance kleiner, dass der Aktienkurs den Ausübungspreis übersteigt. Damit sinkt der Preis der Call-Option, während der Preis der Put-Option steigt.

Wie bereits in Kapitel 1.8.2 gesehen, misst die Volatilität als Chancen- und Risikomaß die Schwankungsbreite der Renditen der Aktien um ihren Mittelwert. Je höher die Volatilität ist, desto stärker schlägt der Kurs nach oben oder unten aus. Gleichermaßen steigt die Wahrscheinlichkeit, dass der Aktienkurs sehr große oder kleine Werte annehmen kann. Die Käufer einer Call-Option setzen auf hohe Aktienkurse, die Käufer einer Put-Option hingegen auf niedrige Aktienkurse. Die Wahrscheinlichkeit, dass die jeweiligen Optionen ausgeübt werden, steigt also mit höherer Volatilität. Damit steigt der Preis für beide Optionsarten.

2.6 Erwartungswert- und No-Arbitrage-Prinzip

Das Erwartungswertprinzip ist ein sehr einfaches Modell zur Bestimmung eines Optionspreises. Wie bereits in Kapitel 2.5 gesehen, beeinflusst die Aktienkursentwicklung den Optionspreis. Dieser Einflussfaktor soll im ersten Modell berücksichtigt werden. Das Erwartungswertprinzip orientiert sich an der Idee des „fairen" Spiels und geht davon aus, dass der mit dem Zinsfaktor r abgezinste Wert der erwarteten Auszahlung $\mathrm{E}(C_T)$ der Option ein fairer Preis C_0 für die Option ist, d. h.

$$C_0 = \frac{1}{r}\,\mathrm{E}(C_T).$$

Das Abzinsen erfolgt aus folgendem Grund: Die Zahlung des Optionspreises und die Zahlung im Falle der Ausübung der Option erfolgen zu unterschiedlichen Zeitpunkten. Um diese Zahlungen miteinander vergleichen zu können, müssen sie auf einen gemeinsamen Zeitpunkt aufgezinst oder abgezinst werden. In der stochastischen Finanzmathematik ist das Abzinsen auf den Zeitpunktes des Vertragsabschlusses üblich. Dabei ergibt sich der Zinsfaktor r aus dem Zinssatz i gemäß der Formel $r = 1 + \frac{i}{100}$. In diesem Modell ist aus Sicht von $t = 0$ der Optionspreis C_T eine Zufallsgröße. Betrachten wir das folgende Beispiel.

Beispiel 2.6.1 (Erwartungswertprinzip). *Zum Zeitpunkt $t = 0$ betrage der Kurs einer beliebigen Aktie €100,00. C_0 sei der Preis einer europäischen Call-Option auf diese Aktie mit einem Ausübungspreis von €110,00. Wir nehmen an, dass der Kurs der Aktie innerhalb der Ausübungsfrist nur auf den Wert €130,00 steigen oder auf €80,00 sinken kann. Die Wahrscheinlichkeiten dafür seien p und $q = 1 - p$. Die Abbildung 2.4 fasst diese Überlegungen zusammen.*

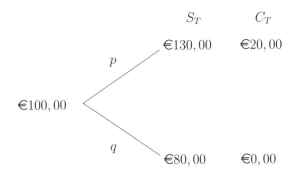

Abb. 2.4: Modell für die Kursentwicklung einer Aktie

Welcher Preis sollte für die Option gezahlt werden? Es gilt $\mathrm{P}(C_T = €20) = p$ und $\mathrm{P}(C_T = €0) = 1 - p$. Nach dem Erwartungswertprinzip beträgt die erwartete Auszahlung der Call-Option zum Zeitpunkt T

$$\mathrm{E}(C_T) = p \cdot €20 + (1 - p) \cdot €0 = p \cdot €20.$$

Angenommen der Zinssatz beträgt 3%, dann gilt für C_0

$$C_0 = \frac{1}{1,03} \, \mathrm{E}(C_T) = p \cdot €19,42.$$

Nach dem Erwartungswertprinzip beträgt der Optionspreis $p \cdot €19{,}42$. Nehmen wir an, dass die Wahrscheinlichkeit für einen steigenden Aktienkurs 0,4 beträgt, so ist der Optionspreis in unserem Beispiel €11,65.

Um den Erwartungswert zu bestimmen, brauchen wir Wahrscheinlichkeiten. Doch woher kommen diese Wahrscheinlichkeiten und sind sie überhaupt „gerecht"? Wie bereits gesehen, haben Verkäufer und Käufer von Optionen verschiedene Vorstellungen von den Entwicklungen der zugrunde liegenden Aktie. Der Käufer der Option wird vermutlich steigende Aktienkurse mit einer höheren Wahrscheinlichkeit angeben als der Optionsverkäufer. Der Optionspreis sollte daher unabhängig von jeglichen Wahrscheinlichkeiten sein. Es gilt:

> Der faire Preis der Option im Beispiel 2.6.1 liegt bei $C_0 = €8,93$ und zwar unabhängig von der zugrunde liegenden „Erfolgswahrscheinlichkeit" $p \in (0,1)$. Jeder andere Preis führt zu einem risikolosen Gewinn, der auch als **Arbitrage** bezeichnet wird.[1]

Beweis. Wir treffen zunächst einige vereinfachende Modellannahmen für den Handel an Finanzmärkten:

- Ankauf und Verkauf von Finanzgütern sind jederzeit und in beliebigem Umfang möglich.

- Aktien sind beliebig teilbar (z. B. $0,5$ Aktien). Ebenso sind Aktienleerverkäufe (Leihen einer Aktie, Weiterverkauf, späterer Rückkauf und anschließende Rückgabe) möglich.

- Kreditaufnahmen sind jederzeit möglich.

- Der Zinssatz ist sowohl für Geldeinlagen als auch für Kredite gleich und über die Zeit konstant.

- Es gibt keine Transaktionskosten.

Wir nehmen an, dass für den Optionspreis $C_0 \neq €8,93$ gilt. Wäre der Optionspreis $C_0 > €8,93$, könnte der Optionsverkäufer die in Tabelle 2.3 dargestellte Anlagestrategie anwenden. Der zugrunde gelegte Optionspreis von $C_0 > €8,93$ führt szenarienunabhängig zu einem Reingewinn von $C_0 - €8,93 > 0$. Der Optionsverkäufer benötigte zur Zeit $t = 0$ kein eigenes Kapital, um die Transaktionen durchzuführen, und besitzt zur Zeit $t = T$ wie am Anfang keine Aktien.

Analog lässt sich für $C_0 < €8,93$ eine geschickte Anlagestrategie finden, die zu einem Reingewinn von $€8,93 - C_0 > 0$ führt. In Tabelle 2.4 ist eine Anlagestrategie aus Sicht des Optionskäufers dargestellt. Der Optionskäufer benötigt zur Zeit $t = 0$ kein eigenes Kapital, um die Transaktionen durchzuführen, und besitzt zur Zeit $t = T$ wie am Anfang 0,4 Aktien.

Wäre also $C_0 \neq €8,93$, so ließe sich mithilfe einer geschickt gewählten Anlagestrategie ein risikoloser Gewinn erzielen. Folglich ist $C_0 = €8,93$ der einzig faire Preis. □

---

[1]Die Herleitung für einen ökonomisch verträglichen Preis wird auf Seite 48 erläutert.

$t = 0$, $S_0 = €100,00$	
Aktion	Geldfluss (€)
verkaufe Call-Option	$+$ $\qquad$ C_0
nehme Kredit auf	$+$ $\qquad$ 31,07
kaufe 0,4 Aktien	$-$ $\qquad$ 40,00
Bilanz	$C_0 - 8,93$

$t = T$			
falls $S_T = €130,00$		falls $S_T = €80,00$	
Aktion	Geldfluss (€)	Aktion	Geldfluss (€)
leihe 0,6 Aktien	0,00		
bediene Option	$+$ 110,00	Option wertlos	0,00
tilge Kredit mit Zinsen	$-$ 32,00	verkaufe 0,4 Aktien	$+$ 32,00
kaufe 0,6 Aktien	$-$ 78,00	tilge Kredit mit Zinsen	$-$ 32,00
gebe 0,6 Aktien zurück	0,00		
Bilanz	0,00	**Bilanz**	0,00

Tab. 2.3: Arbitragemöglichkeit aus Sicht des Optionsverkäufers ($C_0 > €8,93$)

$t = 0$, $S_0 = €100,00$	
Aktion	Geldfluss (€)
verkaufe 0,4 Aktien	$+$ $\qquad$ 40,00
kaufe Call-Option	$-$ $\qquad$ C_0
vergebe Kredit	$-$ $\qquad$ 31,07
gesamt	$8,93 - C_0$

$t = T$			
falls $S_T = €130,00$		falls $S_T = €80,00$	
Aktion	Geldfluss (€)	Aktion	Geldfluss (€)
leihe 0,6 Aktien	0,00		
verkaufe 0,6 Aktien	$+$ 78,00	Option wertlos	0,00
erhalte Kredit mit Zinsen	$+$ 32,00	erhalte Kredit mit Zinsen	$+$ 32,00
übe Option aus	$-$ 110,00	kaufe 0,4 Aktien	$-$ 32,00
gebe 0,6 Aktien zurück	0,00		
gesamt	0,00	**gesamt**	0,00

Tab. 2.4: Arbitragemöglichkeit aus Sicht des Optionskäufers ($C_0 < €8,93$)

Arbitragemöglichkeiten existieren aufgrund der Transparenz der Märkte nur kurzfristig. Aus diesem Grund gehen wir auch in unseren Modellen vom No-Arbitrage-Prinzip aus, das besagt, dass es keine Abitragemöglichkeiten gibt. Aus dem No-Arbitrage-Prinzip folgt das folgende Prinzip.

> **Satz 2.6.2.** *Haben zwei Portfolios (Kombinationen aus verschiedenene Finanzgütern) morgen den gleichen Wert, so haben sie auch heute den gleichen Wert, unabhängig davon, wie sich der Markt von heute auf morgen entwickelt.*

Beweis. Angenommen, die beiden Portfolios hätten heute nicht den gleichen Wert. Dann verkauft man heute das teurere Portfolio A mit dem Wert a und kauft das billigere Portfolio B mit dem Wert b. Aus diesem Handel resultiert ein Gewinn in Höhe von $a - b > 0$. Morgen, wenn laut Voraussetzung beide Portfolios den gleichen Wert haben, wird Portfolio B verkauft und Portfolio A zurückgekauft. Diese kostenneutrale Aktion stellt die Ausgangssituation wieder her. Damit bleibt ein risikoloser Gewinn $a - b$, es entsteht eine Arbitragemöglichkeit. Dies ist ein Widerspruch zum No-Arbitrage-Prinzip.   □

2.7   Binomialmodell zur Optionspreisbestimmung

Die zentrale Idee der Bestimmung von Optionspreisen im Binomialmodell ist eine Folge des Satzes 2.6.2 und lautet: **Es ist zu jedem Zeitpunkt und bei jedem Aktienkurs möglich, ein Portfolio aus Aktien und Geld zusammenzustellen, das die gleiche Wertentwicklung wie die Option aufweist.** Es ist also ein Portfolio zu konstruieren, dessen Wert zum Zeitpunkt $t = T$ mit dem Optionspreis C_T übereinstimmt. Dann stimmt nach dem No-Arbitrage-Prinzip auch zum Zeitpunkt $t = 0$ der Wert dieses Portfolios mit dem Optionspreis C_0 überein. Man nennt das entsprechende Portfolio auch **Äquivalenzportfolio**. Wir betrachten dazu zunächst ein Beispiel.

Beispiel 2.7.1 (Äquivalenzportfolio). *Wir betrachten erneut die Option aus Beispiel 2.6.1. Zur Zeit $t = 0$ stellen wir ein Portfolio aus x Aktien und einem Geldbetrag y zusammen. Der Wert dieses Portfolios zur Zeit $t = T$ soll unabhängig von der Kursentwicklung der Aktie gleich dem Wert der Option zur Zeit $t = T$ sein. Der Geldbetrag wird mit einem Zinssatz von 3% pro Periode verzinst. Das folgende Gleichungssystem beschreibt diese Anforderung:*

$$130,00x + 1,03y = 20,00,$$
$$80,00x + 1,03y = 0,00.$$

Dieses Gleichungssystem hat die Lösung $(x; y) = (0,4; -31,07)$. Dies bedeutet: Der Optionskäufer kauft zum Zeitpunkt $t = 0$ genau 0,4 Aktien und leiht sich €31,07.

Dieses Portfolio hat zum Zeitpunkt $t = T$ den gleichen Wert wie die Option. Nach dem No-Arbitrage-Prinzip hat dieses Portfolio auch bei $t = 0$ den gleichen Wert wie die Option. Es gilt also

$$C_0 = xS_0 + y = 0,4 \cdot \text{€}100 - \text{€}31,07 = \text{€}8,93.$$

Es ist offensichtlich, dass die Wahrscheinlichkeiten p und $1 - p$ der Kursentwicklung der Aktie nicht in den Optionspreis eingehen. Dies ist ein entscheidender Vorteil des No-Arbitrage-Ansatzes gegenüber dem Erwartungswertprinzip, da die subjektiven Vorstellungen über die Chancen der Kursentwicklungen nicht in den Optionspreis eingehen. Im Folgenden verallgemeinern wir das bisher betrachtete so genannte Einperiodenmodell.

2.7.1 Einperiodenmodell für Call-Optionen

Wir betrachten die allgemeine Situation: Gegeben ist eine Call-Option mit Ausübungspreis E. Der Aktienkurs zum Zeitpunkt $t = 0$ betrage $S_0 > 0$, der Zinsfaktor für eine Periode r und der Optionspreis zur Zeit $t = 0$ sei C_0. Die beiden möglichen Werte für C_T zur Zeit $t = T$ werden allgemein mit c_u (u von up) und c_d (d von down) bezeichnet. Die Abbildung 2.5 verdeutlicht die Ausgangslage.

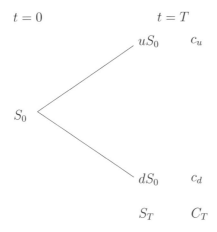

Abb. 2.5: Allgemeines Einperiodenmodell

Wir nehmen außerdem an, dass $d \leq r \leq u$ und $d < u$ gilt. Wäre $r < d$, liehe man sich zum Zeitpunkt $t = 0$ einen Betrag in Höhe von S_0, mit dem eine Aktie gekauft wird. Zum Zeitpunkt $t = T$ wird die Aktie zum Kurs von dS_0 verkauft und der Kredit mit Zinsen zurückgezahlt. Wegen $r < d$ gilt $rS_0 < dS_0$. Es ergibt sich ein risikoloser Gewinn von $(d - r)S_0 > 0$. Wäre $u < r$, dann liehe man sich zum Zeitpunkt $t = 0$ eine Aktie und verkauft diese. Der Erlös in Höhe von S_0 wird angelegt. Zum Zeitpunkt $t = T$ erhält man aus seiner Anlage einen Betrag in Höhe von rS_0, kauft die Aktie zum Kurs von uS_0 und gibt diese zurück. Wegen $u < r$ gilt $uS_0 < rS_0$, es bleibt ein risikoloser Gewinn von $(r - u)S_0 > 0$.

Um Optionen bewerten zu können, benötigen wir zunächst ein Modell über die möglichen Aktienkursentwicklungen, die den Preis der Option beeinflussen. Hierfür wählen wir das uns bereits bekannte Random-Walk-Modell aus Kapitel 1.9. Für eine konkrete Aktie werden $u = e^{\overline{L} + s_L}$ und $d = e^{\overline{L} - s_L}$ gewählt, wobei $\overline{L}$ der Mittelwert der vergangenen logarithmischen Renditen und s_L die entsprechende Standardabweichung bezeichnen. Wir konstruieren uns erneut ein Portfolio aus (Aktie; Geld)$=(x;y)$, das zum Zeitpunkt $t = T$ denselben Wert wie die Option hat:

$$xuS_0 + ry = c_u,$$
$$xdS_0 + ry = c_d.$$

Das Gleichungssystem besitzt die eindeutige Lösung

$$(x; y) = \left(\frac{c_u - c_d}{(u - d)S_0} ; \frac{uc_d - dc_u}{(u - d)r} \right). \tag{2.1}$$

Das Äquivalenzportfolio setzt sich also aus $\frac{c_u - c_d}{(u-d)S_0}$ Aktien und einem Geldbetrag in Höhe von $\frac{uc_d - dc_u}{(u-d)r}$ zusammen. Der Wert der Option zum Zeitpunkt $t = 0$ beträgt somit $C_0 = xS_0 + y$. Mit Gleichung (2.1) und elementaren Umformungen erhält man:

Satz 2.7.2. *Der Preis einer Call-Option zur Zeit $t = 0$ im allgemeinen Einperiodenmodell beträgt*

$$C_0 = \frac{(r - d)c_u + (u - r)c_d}{(u - d)r}. \tag{2.2}$$

Mit $p := \frac{r-d}{u-d}$ und $q := \frac{u-r}{u-d} = 1 - p$ folgt aus der Gleichung (2.2)

$$C_0 = \frac{1}{r}(pc_u + qc_d). \tag{2.3}$$

Aufgrund der Annahme $d \leq r \leq u$ ist $0 \leq p \leq 1$. Die Werte p und q können folglich als Wahrscheinlichkeiten interpretiert werden. Fassen wir p als Wahrscheinlichkeit für steigende Aktienkurse und q als Wahrscheinlichkeit für sinkende Aktienkurse auf, so ist C_0 der mit r abgezinste Erwartungswert des Endpreises der Option bezüglich dieser Wahrscheinlichkeiten, d. h. $C_0 = \frac{1}{r} \mathrm{E}(C_T)$. Wir müssen jedoch beachten, dass p und q auf formale und nicht auf inhaltliche Weise eingeführt worden sind. Sie werden aus u, d und r berechnet und haben nichts mit den individuellen Wahrscheinlichkeitsvorstellungen von Optionskäufern und Optionsverkäufern zu tun. Aus diesem Grund sind p und q so genannte risikoneutrale Wahrscheinlichkeiten.

2.7.2 n-Perioden-Binomialmodell für Call-Optionen

Das Einperiodenmodell ist ein sehr einfaches Modell zur Bestimmung von Options-preisen, dessen Schwäche offensichtlich wird, wenn das Zeitintervall $[0; T]$ sehr lang wird. In diesem Fall werden die Prognosen für den Aktienkurs über einen langen Zeitraum getätigt, das Modell kann die vielen kleinen Schwankungen des Aktienkur-ses während der gesamten Zeit nicht erfassen. Bereits beim Random-Walk-Modell zur Prognose künftiger Aktienkurse trat dieses Problem auf. Dieses lösten wir, in-dem wir das Zeitintervall $[0; T]$ in einzelne kleinere Teilintervalle zerlegten. Für die Entwicklung der der Option zugrunde liegenden Aktie nutzen wir das aus Kapitel 1.9 bekannte Random-Walk-Modell. Der Baum eines n-Perioden-Binomialmodells wird aus Bäumen von Einperiodenmodellen zusammengesetzt. In jedem dieser Ein-periodenmodelle können wir den Optionspreis am Anfang der Periode berechnen. Darüber hinaus lässt sich der Preis der Option zum Ausübungszeitpunkt $t = T$ leicht bestimmen. Die Strategie zur Berechnung des Optionspreises C_0 zum Zeit-punkt $t = 0$ wird folglich das Rückwärtsarbeiten sein.

Wir beginnen mit dem 2-Perioden-Binomialmodell. Das Zeitintervall $[0; T]$ wird in zwei Teilintervalle der Länge $\frac{T}{2}$ zerlegt. Nach den Modellannahmen M1, M2 und M3 (Abschnitt 1.9) gilt: Der Aktienkurs steigt um den Faktor u oder sinkt mit dem Faktor d zu den Zeitpunkten $\frac{T}{2}$ und T und zwar unabhängig von der bisherigen Kursentwicklung. Die Abbildung 2.6 verdeutlicht das 2-Perioden-Binomialmodell im allgemeinen Fall.

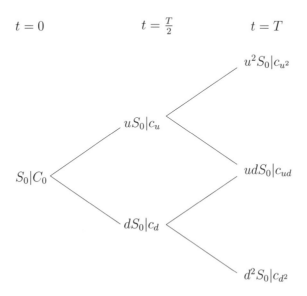

Abb. 2.6: Allgemeines 2-Perioden-Binomialmodell

Die möglichen Werte des Optionspreises C_T nennen wir c_{u^2}, c_{ud} und c_{d^2}. Diese können leicht bestimmt werden. Es gilt zum Beispiel

$$c_{d^2} = \begin{cases} d^2 S_0 - E, & \text{falls } d^2 S_0 > E, \\ 0, & \text{falls } d^2 S_0 \leq E. \end{cases}$$

Analog werden c_{u^2} und c_{ud} bestimmt. Aus c_{u^2} und c_{ud} wird mit dem uns bereits bekannten Einperiodenmodell der erste so genannte Zwischenpreis c_u berechnet, aus c_{d^2} und c_{ud} der zweite Zwischenpreis c_d. Aus c_u und c_d erhalten wir abschließend C_0. Mit der Formel (2.3) erhalten wir für die Zwischenpreise und den gesuchten Optionspreis

$$c_u = \frac{1}{r}(p c_{u^2} + q c_{ud}), \qquad c_d = \frac{1}{r}(p c_{ud} + q c_{d^2}), \qquad C_0 = \frac{1}{r}(p c_u + q c_d).$$

Hierbei ist r der Aufzinsungsfaktor pro Periode. Setzen wir in die Formel für C_0 die entsprechenden Ausdrücke für c_u und c_d ein, so erhalten wir

$$C_0 = \frac{1}{r^2}\left(p^2 c_{u^2} + 2pq c_{ud} + q^2 c_{d^2}\right).$$

Dies ist der abgezinste Erwartungswert des Optionspreises C_T zum Zeitpunkt $t = T$ bezüglich der Binomialverteilung mit den Parametern $n = 2$ und p.

Mit dieser Herleitung für das 2-Perioden-Binomialmodell lässt sich die allgemeine Formel für den Optionspreis im **n-Perioden-Binomialmodell** leicht erschließen. Wir bezeichnen im n-Perioden-Binomialmodell die möglichen Werte des Optionspreises C_T zum Zeitpunkt $t = T$ mit $c_{u^k d^{n-k}}$. Dabei gibt $k = 0, 1, \ldots, n$ an, wie oft die Aktie innerhalb der n Perioden gestiegen ist. Es gilt:

$$c_{u^k d^{n-k}} = \begin{cases} u^k d^{n-k} S_0 - E, & \text{falls } u^k d^{n-k} S_0 > E, \\ 0, & \text{falls } u^k d^{n-k} S_0 \leq E. \end{cases} \tag{2.4}$$

Der Wert $u^k d^{n-k}$ tritt mit der Binomialwahrscheinlichkeit $\binom{n}{k} p^k q^{n-k}$ auf. Den Optionspreis erhalten wir nun erneut als abgezinsten Erwartungswert von C_T

$$C_0 = \frac{1}{r^n} \sum_{k=0}^{n} \binom{n}{k} p^k q^{n-k} \cdot c_{u^k d^{n-k}}. \tag{2.5}$$

Die Formel (2.5) für den Preis C_0 lässt sich noch anders darstellen, wenn man berücksichtigt, dass alle Summanden null sind, bei denen der Aktienkurs zur Zeit $t = T$ kleiner als der Ausübungspreis E ist. Es stellt sich die Frage, ab welchem $a \in \{0, \ldots, n\}$ die Ungleichung $u^a d^{n-a} S_0 > E$ erfüllt ist.

Man erhält $a = \lceil a' \rceil$ mit folgender Rechnung:

$$u^{a'} d^{n-a'} S_0 = E \quad (a' \in \mathbb{R})$$

$$\Leftrightarrow \quad \left(\frac{u}{d}\right)^{a'} = \frac{E}{S_0 d^n} \quad \Leftrightarrow \quad a' = \frac{\ln\left(\frac{E}{S_0 \cdot d^n}\right)}{\ln\left(\frac{u}{d}\right)}. \tag{2.6}$$

Hierbei bedeutet $\lceil a' \rceil$ die nächstgrößere ganze Zahl, die auf a' folgt. Dann erhalten wir mit (2.4), (2.5), (2.6) und elementaren Umformungen für den Optionspreis :

$$C_0 \overset{(2.5)}{=} \frac{1}{r^n} \sum_{k=0}^{n} \binom{n}{k} p^k q^{n-k} \cdot c_{u^k d^{n-k}}$$

$$\overset{(2.4)}{=} \frac{1}{r^n} \sum_{k=a}^{n} \binom{n}{k} p^k q^{n-k} (u^k d^{n-k} S_0 - E)$$

$$= \frac{1}{r^n} \sum_{k=a}^{n} \binom{n}{k} p^k q^{n-k} u^k d^{n-k} S_0 - \frac{1}{r^n} \sum_{k=a}^{n} \binom{n}{k} p^k q^{n-k} E$$

$$= S_0 \left[\sum_{k=a}^{n} \binom{n}{k} \left(\frac{pu}{r}\right)^k \left(\frac{qd}{r}\right)^{n-k} \right] - \frac{E}{r^n} \left[\sum_{k=a}^{n} \binom{n}{k} p^k q^{n-k} \right].$$

Setzt man $p' = \frac{pu}{r}$ und $q' = \frac{qd}{r}$, so erhält man:

Satz 2.7.3 (Preis einer Call-Option im n-Perioden-Binomialmodell). *Zum Zeitpunkt $t = 0$ beträgt der Preis der Option C_0 einer Call-Option auf eine Aktie im n-Perioden-Binomialmodell*

$$C_0 = S_0 \left[\sum_{k=a}^{n} \binom{n}{k} (p')^k (q')^{n-k} \right] - \frac{E}{r^n} \left[\sum_{k=a}^{n} \binom{n}{k} p^k q^{n-k} \right]. \tag{2.7}$$

Dabei sind

$$a = \lceil a' \rceil \quad mit \quad a' = \frac{\ln\left(\frac{E}{S_0 \cdot d^n}\right)}{\ln\left(\frac{u}{d}\right)}, \quad p = \frac{r-d}{u-d}, \quad q = 1-p, \quad p' = \frac{pu}{r}, \quad q' = \frac{qd}{r}.$$

Da $d \le r \le u$ ist, gilt $p' + q' = 1$ und $0 \le p', q' \le 1$, d.h., p' und q' können als Wahrscheinlichkeiten aufgefasst werden. Eine Interpretation wie für p und q gelingt jedoch nicht, so dass p' und q' als Pseudowahrscheinlichkeiten bezeichnet werden.

Die Formel (2.7) für Call-Optionen besitzt die Struktur $C_0 = A - B$, wobei in A der Aktienkurs zum Zeitpunkt $t = 0$ mit der Pseudowahrscheinlichkeit multipliziert wird, dass der Aktienkurs zum Zeitpunkt $t = T$ größer als der Ausübungspreis E ist, wenn er in jeder Periode mit der Pseudowahrscheinlichkeit p' um den Faktor u steigt bzw. mit der Pseudowahrscheinlichkeit q' um den Faktor d sinkt. In B wird der auf den Zeitpunkt $t = 0$ mit dem Faktor r n-mal abgezinste Ausübungspreis E multipliziert mit der risikoneutralen Wahrscheinlichkeit, dass der Aktienkurs zum Zeitpunkt $t = T$ größer als E ist, wenn er in jeder Periode mit der risikoneutralen Wahrscheinlichkeit p um den Faktor u steigt bzw. mit der risikoneutralen Wahrscheinlichkeit q um den Faktor d sinkt. Wir betrachten abschließend ein Beispiel.

Beispiel 2.7.4 (Optionspreisbestimmung mittels Binomialmodell). *Es soll der Preis der folgenden Option mit dem Binomialmodell berechnet werden.*

Datum:	23.06.08
Optionstyp:	Call-Option
Basiswert/Aktueller Kurs:	Volkswagen-Aktie/$S_0 = {\in}179,60$
Ausübungspreis:	$E = {\in}190,00$
Ausübungsfrist/Ausübungstermin:	$n = 5$ Monate/23.12.08

Der Jahreszinssatz wird zu 3,35% angenommen. Diese Annahme beruht auf dem EU-RIBOR, dem wichtigsten europäischen Referenzzinssatz. Damit erhalten wir einen Monatszinssatz von $i = \sqrt[12]{1,0335} - 1 = 0,275\%$. Zu diesem Zinssatz leihen sich die Banken untereinander kurzfristig Geld aus. Aus den Renditen der Volkswagen-Aktie zwischen dem 23.06.07 und 23.06.08 lassen sich die Monatskenngrößen ermitteln. Der Mittelwert der vergangenen Renditen beträgt 0,003, die Standardabweichung 0,048. Vom 23.06.08 bis zum 23.12.08 sind es fünf Monate, so dass es sich anbietet, den Preis der Option in einem 5-Perioden-Binomialmodell zu berechnen, wobei eine Periode einen Monat lang ist. Für die Parameter u und d des Modells erhalten wir

$$d = e^{0,003-0,048} \approx 0,956 \quad und \quad u = e^{0,003+0,048} \approx 1,052.$$

Darüber hinaus ist

$$a' = \frac{\ln\left(\frac{E}{S_0 \cdot d^n}\right)}{\ln\left(\frac{u}{d}\right)} \approx \frac{\ln\left(\frac{190,00}{179,60 \cdot 0,956^5}\right)}{\ln\left(\frac{1,052}{0,956}\right)} \approx 2,94.$$

Damit ist $a = 3$ die kleinste Anzahl an Aufwärtsbewegungen, die nötig ist, damit S_5 größer als E ist. Wir bestimmen p, q, p' und q'

$$p = \frac{r - d}{u - d} \approx \frac{1,00275 - 0,956}{1,052 - 0,956} \approx 0,487, \quad q = 1 - p \approx 0,513$$

$$p' = \frac{pu}{r} \approx \frac{0,487 \cdot 1,052}{1,00275} \approx 0,511, \quad q' = 1 - p' \approx 0,489.$$

Für den Optionspreis im 5-Perioden-Binomialmodell gilt dann

$$C_0 = €179,60\left[\sum_{k=3}^{5}\binom{5}{k}0,511^k \cdot 0,489^{5-k}\right] - \frac{€190,00}{1,00275^5}\left[\sum_{k=3}^{5}\binom{5}{k}0,487^k \cdot 0,513^{n-k}\right]$$

$$= €4,39.$$

Der mit dem Binomialmodell ermittelte Preis für eine Call-Option auf die Volkswagen-Aktie mit einem Ausübungspreis von €190,00 beträgt €4,39. Am Markt lag der Preis für diese Call-Option bei €5,07.

Die Herleitung der Binomialformel für den Preis einer Put-Option erfolgt analog zur Herleitung der Formel (2.7). Sie ist dem Leser überlassen. Eine Herleitung auf einem anderen Weg über die so genannte Put-Call-Parität kann bei ADELMEYER/WARMUTH 2003 (S. 139f.) nachgelesen werden.

Satz 2.7.5 (Preis einer Put-Option im n-Perioden-Binomialmodell). *Zum Zeitpunkt $t = 0$ beträgt der Preis P_0 einer Put-Option auf eine Aktie im n-Perioden-Binomialmodell*

$$P_0 = \frac{E}{r^n}\left[\sum_{k=0}^{a-1}\binom{n}{k}p^k q^{n-k}\right] - S_0\left[\sum_{k=0}^{a-1}\binom{n}{k}(p')^k(q')^{n-k}\right]. \qquad (2.8)$$

Dabei sind

$$a = \lceil a'\rceil \quad mit \quad a' = \frac{\ln\left(\frac{E}{S_0 \cdot d^n}\right)}{\ln\left(\frac{u}{d}\right)}, \quad p = \frac{r-d}{u-d}, \quad q = 1-p, \quad p' = \frac{pu}{r}, \quad q' = \frac{qd}{r}.$$

Den Formeln (2.7) und (2.8) liegt das Random-Walk-Modell der Aktienkursentwicklung aus Kapitel 1.9 zugrunde. Damit sind alle Kritikpunkte des Random Walks gleichzeitig kritische Stellen im Binomialmodell. Erhöht man darüber hinaus die Anzahl der Perioden, so wird die Optionspreisberechnung mit den Formeln (2.7) und (2.8) unübersichtlich. Dies ist der Grund für die Einführung eines weiteren Modells zur Bestimmung von Optionspreisen.

2.8   Black-Scholes-Modell für Optionspreise

Das Black-Scholes-Modell[2] wurde 1973 von Fischer Black (1938–1995) und Myron Scholes (geb. 1941) nach zweimaliger Ablehnung durch reputierte Zeitschriften erstmalig veröffentlicht und gilt als ein Meilenstein der Finanzmathematik. Etwa zeitgleich präsentierte Robert C. Merton (geb. 1944) das gleiche Modell in einer anderen Veröffentlichung. Die Bedeutung dieses Modells wird u. a. dadurch unterstrichen, dass mit Merton und Scholes die Entwickler dieses Modells 1997 mit dem Nobelpreis für Wirtschaftswissenschaften ausgezeichnet wurden. Fischer Black war zu diesem Zeitpunkt bereits verstorben und wurde postum geehrt.

Im Binomialmodell haben wir die Zeit in Perioden unterteilt, was zur Folge hatte, dass sich der Aktienkurs und damit verbunden der Optionspreis nur am Ende der Periode ändern konnte. Im Black-Scholes-Modell hingegen wird die Zeit als stetige Größe betrachtet, sie läuft gleichmäßig ab. Damit können sich der Aktienkurs und der Optionspreis jederzeit ändern, das Börsengeschehen wird realistischer dargestellt. Für die Bestimmung des Preises einer Call-Option gilt:

> **Satz 2.8.1** (Preis einer Call-Option im Black-Scholes-Modell). *Der Preis C_0 einer Call-Option auf eine Aktie beträgt im Black-Scholes-Modell*
>
> $$C_0 = S_0 \Phi(d_1) - \frac{E}{r^T} \Phi(d_2) \tag{2.9}$$
>
> *mit*
>
> $$d_1 = \frac{\ln\left(\frac{r^T S_0}{E}\right) + \frac{1}{2}\sigma^2 T}{\sigma \sqrt{T}} \quad und \quad d_2 = d_1 - \sigma\sqrt{T}.$$
>
> *Dabei ist T die Zeit bis zum Ende der Ausübungsfrist, σ die Volatilität der zugrunde liegenden Aktie bezogen auf ein Jahr und Φ die tabellierte Verteilungsfunktion der standardisierten Normalverteilung (siehe Anhang 11).*

Die Black-Scholes-Formel mit $C = A - B$ besitzt die gleiche Struktur wie die Formel 2.7, wobei die beiden Terme A und B die gleiche Struktur und Interpretation wie im Binomialmodell haben. Der Grund hierfür liegt in der engen Verbindung zwischen dem Binomialmodell und dem Black-Scholes-Modell. Durch Erhöhung der Anzahl der Perioden im Binomialmodell wird die Periodendauer $\frac{T}{n}$ immer kleiner. Im Grenzübergang $n \to \infty$ und damit verbunden $\frac{T}{n} \to 0$ geht die diskrete Einteilung der Zeit des Binomialmodells in die kontinuierliche Zeit des Black-Scholes-Modells über. Unter gewissen Voraussetzungen konvergiert bei diesem Grenzübergang die

---

[2]Der Begriff Black-Scholes-Modell wird im vorliegenden Buch in zwei unterschiedlichen Bedeutungen genutzt. Die jeweilige Bedeutung des Begriffs wird im Zusammenhang mit dem entsprechenden Kontext deutlich.

Binomialformel gegen die Black-Scholes-Formel. Auf die Darstellung der notwendigen Voraussetzungen und des Beweises der Konvergenz der Binomialformel gegen die Black-Scholes-Formel wird an dieser Stelle verzichtet. Interessierte Leser seien auf ADELMEYER/WARMUTH 2003 (S. 140ff.) verwiesen.

Beispiel 2.8.2 (Optionspreisbestimmung mittels Black-Scholes-Modell). *Wir betrachten erneut die Call-Option auf eine Volkswagen-Aktie aus Beispiel 2.7.4. Der Jahreszinssatz wird mit 3,35%, die Jahresvolatilität mit 0,166 angenommen. Der Zeitraum beträgt 5 Monate, d. h. $T = \frac{5}{12}$. Damit gilt für d_1 und d_2*

$$d_1 = \frac{\ln\left(\frac{179,60 \cdot 1,0335^{\frac{5}{12}}}{190,00}\right) + \frac{1}{2} \cdot 0,166^2 \cdot \frac{5}{12}}{0,166\sqrt{\frac{5}{12}}} = -0,34$$

$$d_2 = d_1 - \sigma\sqrt{T} = -0,34 - 0,166 \cdot \sqrt{\frac{5}{12}} = -0,45$$

Damit erhalten wir für den Optionspreis im Black-Scholes-Modell

$$C_0 = €179,60 \cdot \Phi(-0,34) - \frac{€190,00}{1,0335^{\frac{5}{12}}} \Phi(-0,45)$$

$$= €5,38.$$

Der Preis der Option beträgt im Black-Scholes-Modell €5,38.

Abschließend sei die Black-Scholes-Formel für den Preis einer Put-Option angegeben.

Satz 2.8.3 (Preis einer Put-Option im Black-Scholes-Modell). *Der Preis P_0 einer Put-Option auf eine Aktie im Black-Scholes-Modell beträgt*

$$P = -S_0\Phi(-d_1) - \frac{E}{r^T}\Phi(-d_2). \qquad (2.10)$$

Dabei sind d_1 und d_2:

$$d_1 = \frac{\ln\left(\frac{r^T S_0}{E}\right) + \frac{1}{2}\sigma^2 T}{\sigma\sqrt{T}} \quad und \quad d_2 = d_1 - \sigma\sqrt{T}.$$

Das Black-Scholes-Modell ist in seiner Handhabung recht einfach, es muss lediglich die Volatilität σ geschätzt werden. Aus diesem Grund finden die beiden Formeln (2.9) und (2.10) bei der Bestimmung von Optionspreisen auch heute noch weltweit Anwendung.

Teil II

Stochastische Finanzmathematik als Unterrichtsgegenstand

Kapitel 3

Finanzmathematik als Beitrag zu einem allgemeinbildenden Mathematikunterricht

Angesichts vieler Veränderungsprozesse in nahezu allen gesellschaftlichen Bereichen wird es immer wichtiger, „daß möglichst viele Menschen eine möglichst gediegene Allgemeinbildung erwerben können" (WINTER 1995, S. 37). Diese Forderung nach einer weitreichenden Ausbildung ist in unterschiedlichen Formen in den Schulgesetzen der einzelnen Bundesländer als Aufgabe der Schule verankert. Nicht nur die Schule im Allgemeinen, sondern auch der Fachunterricht im Speziellen muss daher stets dahingehend geprüft werden, inwiefern dieser einen Beitrag zur „Vermittlung des Grund- und Orientierungswissens leistet, das den Schülerinnen und Schülern hilft, die Welt der Gegenwart zu ordnen, Zusammenhänge zu verstehen und eine eigene Identität auszubilden." (HEFENDEHL-HEBEKER 2005, S. 146). Ebenso müssen Unterrichtsinhalte hinsichtlich ihres allgemeinbildenden Charakters bzw. ihrer Brauchbarkeit für die Bewältigung von Anwendungsproblemen in nahezu allen Lebensbereichen gerechtfertigt werden. Dies gilt es bei der Entwicklung neuer Unterrichtsinhalte – wie es mit dem vorliegenden Buch beabsichtigt ist – zu berücksichtigen.

Im Zusammenhang mit der Forderung nach einem allgemeingebildeten Bürger wird in der jüngeren Vergangenheit von Seiten der Wirtschaftswissenschaften die Problematik der finanziellen Allgemeinbildung diskutiert. Fast weltweit ist seit Beginn der neunziger Jahre zu beobachten, dass die Verantwortung für die Altersvorsorge verstärkt auf den Einzelnen übertragen wird, da die Rentenversorgung nach dem bisherigen Umlageverfahren nicht mehr aufrecht zu erhalten ist. Diese zunehmende Individualisierung führt zu erhöhten Anforderungen in persönlichen finanziellen Entscheidungsprozessen. Aus diesem Grund werden von verschiedenen Organisationen – wie der OECD – Maßnahmen zur Verbesserung der finanziellen Ausbildung der Bevölkerung gefordert.

Im Folgenden wird zunächst ein kurzer Überblick über Aspekte eines allgemeinbildenden Mathematikunterrichts gegeben (Abschnitt 3.1.1). Anschließend betrachten wir die Situation zur finanziellen Allgemeinbildung (Abschnitt 3.2.1), bevor wir aufzeigen, welchen Beitrag die Mathematik hierzu leisten kann (Abschnitt 3.2.2). Die Ausführungen zum allgemeinbildenden Mathematikunterricht und zur finanziellen Allgemeinbildung enden jeweils mit einer Zusammenfassung der Konsequenzen für die Planung der Unterrichtseinheiten (Abschnitt 3.1.2 und Abschnitt 3.2.3).

3.1 Mathematik und Allgemeinbildung

3.1.1 Zum Begriff des allgemeinbildenden Mathematikunterrichts

Bereits seit vielen Jahren wird der Aspekt des allgemeinbildenden Mathematikunterrichts diskutiert. Dahinter steht trotz der Anerkennung des Mathematikunterrichts als verpflichtendes Allgemeinbildungsfach immer wieder die Frage nach der Legitimation und der Zuweisung von Unterrichtszeit. Es gibt unzählige Definitionen für den Begriff der Allgemeinbildung. Obwohl diesbezüglich z. T. recht unterschiedliche Auffassungen bestehen, kann Allgemeinbildung tendenziell als das über ein begrenztes Spezialwissen hinausgreifende „Weltwissen" zusammengefasst werden (vgl. KÖHLER 1993, S. 81). Umfassender wird der Begriff mit bildungstheoretischen Konzepten beschrieben, wie dies besonders in den neunziger Jahren zu beobachten ist. So gibt z. B. HEYMANN 1996 (S. 50ff.) einen Zielkatalog für den Beitrag des Faches Mathematik zur Allgemeinbildung an, zu dessen Aufgaben Lebensvorbereitung, Stiftung kultureller Kohärenz, Weltorientierung, Anleitung zum kritischen Vernunftgebrauch, Entfaltung von Verantwortungsbereitschaft, Einübung in Verständigung und Kooperation sowie Stärkung des Schüler-Ichs gehören. Besonders geschätzt sind jedoch die Ausführungen von WINTER 1995, in denen er drei Grunderfahrungen formuliert. Demnach sollte es ein allgemeinbildender Mathematikunterricht ermöglichen,

(G1) „Erscheinungen der Welt um uns, die uns alle angehen oder angehen sollten, aus Natur, Gesellschaft und Kultur in einer spezifischen Art wahrzunehmen und zu verstehen,

(G2) mathematische Gegenstände und Sachverhalte, repräsentiert in Sprache, Symbolen, Bildern und Formeln, als geistige Schöpfungen, als eine deduktiv geordnete Welt eigener Art kennen zu lernen und zu begreifen,

(G3) in der Auseinandersetzung mit Aufgaben Problemlösefähigkeiten (heuristische Fähigkeiten), die über die Mathematik hinausgehen, zu erwerben." (WINTER 1995, S. 37).

In der ersten Grunderfahrung wird die Mathematik zu einer nützlichen Disziplin erklärt, mit der Probleme der unmittelbaren Lebensbereiche mittels Modellierungen

(siehe Kapitel 4) fassbar werden. Ferner versteht WINTER in der zweiten Grunderfahrung die Mathematik als eine eigene, in sich geschlossene und von Menschen
geschaffene Welt. Mit der dritten Grundfahrung zeichnet WINTER die Mathematik als „Schule des Denkens" aus. Nach unserer Auffassung, die einher geht mit der
Forderung von BAPTIST/WINTER 2001, wird für einen allgemeinbildenden Mathematikunterricht eine Verzahnung der ersten beiden Grunderfahrungen erforderlich.
Diese Notwendigkeit kann wie folgt begründet werden:

> „Abstrakte (theoretische) Begriffe bestehen eben nicht nur aus einem
> formal-strukturellen Kern, sondern sind von einem Kranz möglicher ein-
> schlägiger Anwendungen umgeben, die Sinn und Bedeutung verleihen
> sowie die anstehenden Untersuchungen motivieren und leiten. Eine for-
> male Struktur, zu der man kein Modell finden kann, das die Struktur
> interpretiert, gilt sogar in der formalen Mathematik als uninteressant."
> (BAPTIST/WINTER 2001, S. 61).

In Folge der PISA-Studie wurde die Debatte zum allgemeinbildenden Mathematikunterricht in einer Diskussion über eine „mathematische Grundbildung" – auch als
„mathematical literacy" bezeichnet[1] – zugespitzt, wobei Folgendes darunter verstanden wird:

> „Mathematische Grundbildung ist die Fähigkeit, die Rolle, die Mathema-
> tik in der Welt spielt, zu erkennen und zu verstehen, begründete mathe-
> matische Urteile abzugeben und sich auf eine Weise mit der Mathematik
> zu befassen, die den Anforderungen des gegenwärtigen und künftigen
> Lebens einer Person als konstruktiven, engagierten und reflektierenden
> Bürger entspricht." (BAUMERT et al. 2001, S. 141).

Mit dem Begriff der „mathematical literacy" soll betont werden, dass der Schwerpunkt „auf der funktionalen Anwendung von mathematischen Kenntnissen in ganz
unterschiedlichen Kontexten und auf ganz unterschiedliche, Reflexion und Einsicht
erfordernde Weise" (NEUBRAND 2001, S. 181) liegt. Mit Bezug auf den Mathematikunterricht bedeutet dies, dass Schüler nicht nur über Kenntnisse mathematischer
Sätze und Algorithmen verfügen sollen. Das Konzept zielt eher auf die Fähigkeit ab,
diese Kenntnisse in unterschiedlichen Situationen und Zusammenhängen einsichtig
und flexibel anzuwenden. Dabei sollen Lernende die Anwendbarkeit mathematischer
Modelle auf alltägliche Problemstellungen und umgekehrt die einem Problem zugrunde liegende mathematische Struktur erkennen.

---

[1]Im Folgenden wird für eine bessere Abgrenzung zum Begriff der mathematischen Allgemeinbildung nach WINTER 1995 der Begriff der „mathematical literacy" für den Begriff der „mathematischen Grundbildung" verwendet. Ausgenommen sind hierbei Originalzitate.

3.1.2   Konsequenzen für die Entwicklung der Unterrichtseinheiten

Im vorherigen Abschnitt erläuterten wir verschiedene Konzepte zum Begriff des allgemeinbildenden Mathematikunterrichts. Die erste WINTERsche Grunderfahrung halten wir diesbezüglich für unverzichtbar. Diese Meinung ist in der didaktischen Debatte nahezu unumstritten, was sich u. a. darin zeigt, dass der Aspekt der Mathematik als nützliche Disziplin nicht nur im Konzept der „mathematical literacy", sondern auch in vielen anderen Publikationen eine Rolle spielt. Dabei wird häufig die Bedeutung der Mathematik hervorgehoben:

> „Für Nichtmathematiker soll Mathematik zu einem Denkwerkzeug werden. Mathematik wird in außermathematische bzw. in nicht rein innermathematische Situationen hineingedacht, um Beurteilungs- und Entscheidungshilfen zu gewinnen. Im allgemeinen ist nicht zu erwarten, daß damit alles Wesentliche der Situation erfaßt wird." (FÜHRER 1991, S. 72).

Die zweite Grunderfahrung, die Mathematik als eine eigene, in sich geschlossene Welt aufzufassen, erhält nach unserer Meinung insbesondere in Verbindung mit der ersten Grunderfahrung ihre Berechtigung. Wir vertreten den Standpunkt, dass eine mathematische Allgemeinbildung nicht nur durch praktische Anwendungen definiert wird, sondern auch einen verständigen Gebrauch von Formeln anstreben sollte. Einige Autoren wie VON HENTIG 1996 zählen die ersten beiden Grunderfahrungen zur Allgemeinbildung, schließen die dritte Grunderfahrung jedoch aus. Wir distanzieren uns von dieser Auffassung, halten die dritte Grunderfahrung für genauso wichtig wie die ersten beiden und schließen uns damit der folgenden Meinung an:

> „Die Grunderfahrung (G3) berührt die Bedeutung der Heuristik für das Lernen von Mathematik. Heuristische Fähigkeiten sind Grundlage für eine verständige Erschließung unserer Welt. Sie sind eingebettet in eine *intellektuelle Haltung*, zu der auch die Bereitschaft gehört, sich frei, kreativ und positiv gestimmt einer gedanklichen Herausforderung zu stellen. Die Entwicklung dieser Haltung zählt zu den zentralen Aufgaben des Mathematikunterrichts." (BORNELEIT et al. 2001, S. 74).

Aus den obigen Erläuterungen wird deutlich, dass wir die drei WINTERschen Grunderfahrungen für sehr sinnvoll halten, um einen allgemeinbildenden Mathematikunterricht zu charakterisieren. Aus diesem Grund orientieren wir uns in unseren Unterrichtsplanungen an der Auffassung von WINTER 1995, wobei uns bewusst ist, dass aus den Grunderfahrungen keine kurzfristigen Ziele ableitbar sind. Zusätzlich gestützt wird unsere Entscheidung durch die Tatsache, dass vielen Rahmenplänen diese Grunderfahrungen zugrunde liegen und die im vorliegenden Buch entwickelten Unterrichtseinheiten auch gegenüber diesen Rahmenplänen Bestand haben müssen.

Viele Allgemeinbildungskonzepte sprechen sich für die Integration von praktischen Anwendungen aus. Ein allgemeinbildender Mathematikunterricht erfordert daher fachübergreifende Aspekte. Dabei sind insbesondere diejenigen Themen von Bedeutung, die eine unmittelbare Relevanz für die Schüler im heutigen oder späteren Leben haben. Neben Fragen aus den Bereichen Ökologie, Politik, Technik oder den Naturwissenschaften können auch entsprechend der nachfolgenden Forderung Probleme aus dem Bereich der Ökonomie zu den für Schüler interessanten und damit empfehlenswerten Themen eines allgemeinbildenden Mathematikunterrichts gehören:

> „Eine wünschenswerte und eigentlich notwendige Konzeption von Bürgerlichem Rechnen sollte heute auch Grundfragen der Bevölkerungskunde, der Altersversorgung, des Versicherungs- und Steuerwesens umfassen, und zwar als Bestandteile einer politisch-aufklärenden Arithmetik." (WINTER 1995, S. 37).

Dieser Forderung möchten wir uns anschließen und damit die grundsätzliche Entscheidung für finanzmathematische Unterrichtsinhalte begründen. Diese Entscheidung geht einher mit der jüngst außerhalb der Mathematikdidaktik begonnenen Diskussion um finanzielle Allgemeinbildung. Auf wesentliche Aspekte dieser Debatte wird im folgenden Abschnitt näher eingegangen.

3.2 Mathematik und finanzielle Allgemeinbildung

3.2.1 Zum Begriff der finanziellen Allgemeinbildung

Zu Beginn der neunziger Jahre kam es in Großbritannien zu einem massenhaften Betrug beim Verkauf von privaten Rentenprodukten. Gleichzeitig investierten während des Börsenbooms in den USA Millionen von Anlegern in Vorsorgeprodukte, deren Erlöse auf Aktienkursentwicklungen beruhen. Nach dem Börsencrash im Jahr 2000 und der sich anschließenden anhaltenden Abwärtsbewegung der Aktien musste die Hoffnung auf gesicherte Rentenzahlungen aufgegeben werden. Unterversorgung und Armut sind die Konsequenzen für viele der Betroffenen. Als Folge dieser finanziell einschneidenden Ereignisse hat sich in beiden Ländern in den letzten Jahren ein schnell expandierender Sektor von Finanzbildungsinstituten etabliert, die von Finanzunternehmen, privaten Stiftungen, Kirchen und öffentlichen Stellen wie Zentralbanken und Aufsichtsbehörden eingerichtet und finanziert werden. Derartige Initiativen zur Erhöhung der Bildung der Bevölkerung in Finanzfragen werden durch internationale Organisationen wie der OECD und des IMF[2] unterstützt.

---

[2]International Monetary Fund (IMF) ist eine Sonderorganisation der Vereinten Nationen und in Deutschland unter dem Namen des Internationalen Währungsfonds bekannt. Zu ihren Aufgaben gehören z. B. die Förderung der internationalen Zusammenarbeit in der Währungspolitik und die Stabilisierung von Wechselkursen.

In Deutschland ist die Debatte um eine weitreichende finanzielle Grundbildung noch recht jung und mit dem Begriff der „finanziellen Allgemeinbildung" verbunden, unter der Folgendes verstanden wird:

> „Finanzielle Allgemeinbildung ist die Vermittlung von Verständnis, Wissen und sozialer Handlungskompetenz beim Umgang mit den Finanzdienstleistungen in Kredit, Anlage, Zahlungsverkehr und Versicherungen, die vor allem Banken und Versicherungen anbieten. " (REIFNER et al. 2004, S. V).

Ziel einer finanziellen Allgemeinbildung sollte es sein, Privatpersonen dabei zu unterstützen, kritische, eigenverantwortlich handelnde Verbraucher zu werden, die in ihrer privaten wie beruflichen Sphäre in der Lage sind, ihr Leben finanziell zu meistern. Unterschiedliche Studien zeigen auf, dass dieses Ziel bisher weit verfehlt wird, es wird eine mangelnde finanzielle Grundausbildung der Deutschen beklagt. So kommt beispielsweise eine im Auftrag der Commerzbank-AG von der NFO Infratest Finanzforschung durchgeführte Studie zu dem Ergebnis, dass nur etwa fünf Prozent der 1.000 Befragten im Alter zwischen 18 und 65 Jahren über ein gutes oder sehr gutes Wissen in Finanzfragen verfügen. 42% hingegen beantworteten weniger als die Hälfte der Fragen richtig (vgl. COMMERZBANK-AG 2003). Einige der Antworten deckten besonders große Lücken auf: Mehr als zwei Drittel veranschlagten beispielsweise den Ertrag eines monatlichen Sparplans falsch, der Zinseszinseffekt war ihnen unbekannt. Zu ähnlich negativen Ergebnissen kommt eine vom Deutschen Institut für Wirtschaftsforschung im Auftrag der Bertelsmann-Stiftung vorgenommene Untersuchung, in der mehr als 50% der 30- bis 50-jährigen Befragten die Sicherheit verschiedener Anlageformen nicht richtig einschätzten (vgl. LEINERT 2004). So bewerteten lediglich 27,2% das Sparbuch als sichere Anlageform, während 27% Aktienfonds für eine sichere Investitionsform hielten, obwohl die Umfrage stattfand, nachdem der Deutsche Aktienindex in den zwei Jahren zuvor rund die Hälfte seines Wertes verloren hatte.

Die von Sinus Sociovision im Auftrag der Commerzbank-AG vorgestellte Studie „Die Psychologie des Geldes" untersuchte psychische Hemmschwellen für die Auseinandersetzung mit der Geldthematik und deckte somit mögliche Ursachen für das beklagte mangelnde Finanzwissen auf (vgl. HRADIL 2003, SINUS SOCIOVISION 2004):

– Das Thema Geld wird in Deutschland gesellschaftlich tabuisiert, d. h. über Geldangelegenheiten wird oft selbst in der eigenen Familie nicht geredet. So fehlt es an einer intensiven offenen Auseinandersetzung mit Finanzfragen.

– Das häufig negative Image des Geldes, verbunden mit dem in der Gesellschaft verankerten Bild des oberflächlichen und moralisch fragwürdigen Finanzexperten, schafft keine Anreize zur Auseinandersetzung mit Finanzprodukten.

– Die immer größer werdende Produkt- und Informationsvielfalt und die wahrgenommene Komplexität löst Angst und Unsicherheit aus, was unter Umständen bis zur Vermeidung bzw. Verdrängung von finanziellen Entscheidungen reicht.

– Geldthemen werden als zu abstrakt empfunden, da viele Vorgänge wie zum Beispiel die Zinsentwicklung nicht unmittelbar greifbar sind. Diese Problematik wird durch den oft langen zeitlichen Abstand verschärft, der zwischen dem Abschluss einer Geldanlage und der Auszahlung des Ertrages liegt. Insbesondere bei der Altersvorsorge müssen heute weitreichende für morgen bedeutsame Entscheidungen getroffen werden.

– Besonders jüngere Menschen und Hausfrauen der älteren Generation fühlen sich vom Staat bzw. Ehepartner gut versorgt und sehen damit keine Notwendigkeit dafür, ihre Finanzen selbst zu regeln.

Als Folge aus diesen Studien plädieren u. a. das Deutsche Institut für Wirtschaftsforschung und das Deutsche Aktieninstitut dafür, bereits in der Schule einen Beitrag zu einer finanziellen Allgemeinbildung zu leisten (vgl. LEINERT 2004, MOSS 2004). Dieser Forderung stimmen wir aus verschiedenen Gründen zu: Einerseits geht aus der Studie „Die Psychologie des Geldes" hervor, dass eine finanzielle Bildung aufgrund verschiedener Faktoren innerhalb der Familie oder aus eigenem Antrieb kaum zu erwarten ist. Andererseits dominieren in der Vermittlung von Finanzwissen zurzeit die Anbieter von Finanzdienstleistungen, die meist daran interessiert sind, ihre Produkte zu bewerben, so dass eine objektive Bildung unterbleibt (vgl. BROST/ROHWETTER 2005, S. 17ff.). Auch Initiativen, die zunächst eine sachliche Information versprechen, vertreten in der Regel die Interessen der Anbieter. So wird beispielsweise das vom Bundesministerium für Familie, Senioren, Frauen und Jugend geförderte Projekt „Unterrichtshilfe Finanzkompetenz", das im Internet[3] viele Dokumente und interessante Links anbietet, finanziell von der Sparkassen-Finanzgruppe und vom Bundesverband der Deutschen Volksbanken und Raiffeisenbanken unterstützt. Durch eine entsprechende Werbung auf der Homepage des Projektes werden Interessierte beeinflusst, das Informationsangebot kann nicht mehr als neutral gelten. Um der von REIFNER et al. 2004 (S. 5) geforderten praxisorientierten, anbieterunabhängigen, sachlichen und objektiven finanziellen Allgemeinbildung gerecht zu werden, ist u. E. ein schulischer Beitrag unumgänglich. Dennoch lehnen wir die gewünschte Einführung eines eigenen Unterrichtsfaches „Ökonomie" (vgl. MOSS 2004) ab, da andernfalls aus dem bereits bestehenden überaus umfangreichen Fächerkanon, der u. E. seine Berechtigung besitzt, andere wichtige Fächer vollständig gestrichen werden müssten. Daher plädieren wir im Sinne eines fächerübergreifenden Unterrichts für eine Integration finanzieller Grundfragen in bestehende Unterrichtsfächer wie Mathematik, Politik oder Sozialkunde.

---

[3]Die Homepage des Projektes ist unter http://www.unterrichtshilfe-finanzkompetenz.de (Stand: 10.10.2008) zu finden.

3.2.2   Mathematikunterricht und finanzielle Allgemeinbildung

Viele Themen mit finanzmathematischen Fragestellungen lassen sich mit den bisherigen traditionellen Unterrichtsinhalten verbinden und im Sinne einer finanziellen Allgemeinbildung altersgerecht unterrichten. Im Folgenden wird eine (unvollständige) Auswahl möglicher Inhalte diskutiert. Die angegebenen Literaturempfehlungen liefern umfangreiche Unterrichtsvorschläge.

Arithmetik: Bereits Grundschüler werden an die Thematik des Geldes herangeführt. Hierzu eignen sich Fragen aus dem unmittelbaren Erfahrungsbereich der Schüler. So lassen sich beispielsweise gemeinsam die Kosten für die nächste Klassenfahrt kalkulieren (vgl. JANNACK 2004), die Bahntarife für den Tagesausflug vergleichen (vgl. GÖTTGE/HÖGER 2006) oder Eintrittspreise bei unterschiedlichen Preismodellen bestimmen (vgl. SCHEUERER 1999). Darüber hinaus kann am Ende der Sekundarstufe I aus dem komplexen Themenfeld der Mathematik der Aktien die Fragestellung herausgegriffen werden, wie die Kursfestsetzung einer Aktie erfolgt (vgl. WINTER 1987). Hier reichen die Grundrechenarten aus, um das Prinzip „Angebot und Nachfrage", wie es in Kapitel 1.5 erläutert wird, zu behandeln. Eine weitere interessante Thematik, für deren Behandlung Kenntnisse in den Grundrechenarten und in der Bruchrechnung ausreichen, ist die Bestimmung des Aktienindexes, wie sie in Kapitel 1.6 vorgestellt wird.

Prozentrechnung: Ein Schwerpunkt des Mathematikunterrichts in der Sekundarstufe I liegt in der Prozentrechnung. Diese Thematik ist vielseitig und lässt verschiedene Möglichkeiten zur Behandlung finanzmathematischer Fragestellungen zu. Eine wichtige Anwendung der Prozentrechung ist die Zinsrechnung, mit der nach dem aktuellen Kenntnisstand der Schüler bei der Behandlung der Prozentrechnung einfache Beispiele der linearen Verzinsung[4] behandelt und Sparpläne sowohl mit als auch ohne Zinseszins mit konkreten Zahlenbeispielen über kleine Zeiträume erstellt werden. Die Zinsrechnung ist bereits Bestandteil vieler Lehrbücher und ein Thema zahlreicher mathematikdidaktischer Publikationen (vgl. BREILINGER/SCHLESINGER 1983, MATTHÄUS 1992, MICHAELIS 2001, KUHN 2002). Interessant im Zusammenhang mit der Prozentrechnung erscheinen auch Aufgaben rund um die Mehrwertsteuer (vgl. BIERMANN 2006) oder Berechnungen des Nettogehalts aus dem Bruttogehalt, wobei zur Bestimmung der Einkommensteuer mit so genannten Lohnsteuertabellen gearbeitet wird (vgl. EULER/KIPP/STEIN 1985, HENN 2006).

Funktionen: Funktionen sind ein zentrales Thema des Mathematikunterrichts, das sich in den Sekundarstufen I und II über fast alle Jahrgänge erstreckt. Im Bereich der linearen Funktionen ist der Vergleich verschiedener Angebote zu Handytarifen ein typisches anwendungsbezogenes Beispiel, das sowohl in der didaktischen Literatur (vgl. STADLER 2003, WAGENHÄUSER 2001) als auch in Rahmenplänen für den Mathematikunterricht Berücksichtigung findet. Des Weiteren lässt sich in der

---

[4]Bei linearer Verzinsung beträgt der Zinsfaktor für den m-ten Teil eines Jahres $1 + \frac{i}{m}$, wobei mit i der Jahreszinssatz bezeichnet wird.

Sekundarstufe II im Bereich der Analysis die bereits angesprochene Problematik des Nettogehalts weiter ausbauen, indem die Einkommensteuer mittels Einkommenstcuergesetz und abschnittsweise definierten Funktionen (vgl. JAHNKE/WUTTKE 2002, S. 17) bestimmt wird. Ein weiteres Beispiel für die Behandlung von zusammengesetzten Funktionen sind die im Abschnitt 2.4 erläuterten Pay-Off- und Gewinn-Verlust-Diagramme, wobei diese Problematik besonders interessant wird, wenn Kombinationen verschiedener Optionsgeschäfte untersucht werden (vgl. PFEIFER 2000).

Exponentielles Wachstum: Im Zusammenhang mit exponentiellem Wachstum kann die Zinsrechnung um die exponentielle Verzinsung[5] und den Zinseszinseffekt erweitert werden (vgl. THIES 2005). Dabei stehen Fragen nach langfristigen und allgemeinen Spar- und Tilgungsplänen sowie nach Rückzahlungen beim Ratenkauf und die Problematik des Effektivzinssatzes im Mittelpunkt der Betrachtungen, wie dies u. a. HESTERMEYER 1987, KIRSCH 1999 und BENDER 2004 vorschlagen. Sind die Grundlagen im Bereich der Zinsrechnung gelegt, kann darüber hinaus die Anleihe als eine mögliche Anlageform betrachtet und deren Risiko eingeschätzt werden (ADELMEYER/WARMUTH 2003, S. 1ff.).

Statistik/Stochastik: Viele finanzmathematische Themen lassen sich mit Mitteln der Stochastik, wie sie im heutigen Mathematikunterricht gelehrt wird, bearbeiten. Ein reichhaltiges und interessantes Gebiet ist hierbei die Mathematik der Versicherungen. So genügen z. B. zur Kalkulation der Nettoprämie einer Lebensversicherung unter Nutzung von so genannten Sterbetafeln der Erwartungswert diskreter Zufallsgrößen sowie die Definition von fairen Spielen (vgl. WINTER 1989).
Ein weiteres ergiebiges und spannendes Gebiet der Finanzmathematik ist die Mathematik von Aktien. So können Aktienkurse mit Mitteln der beschreibenden Statistik untersucht und der Nutzen für Anleger aus der statistischen Analyse abgeleitet werden (vgl. ADELMEYER 2006). Darüber hinaus lassen sich mit ersten einfachen Methoden einer mathematischen Aktienanalyse aus den vergangenen realen Kursdaten einer Aktie Schätzintervalle und Wahrscheinlichkeiten für den morgigen Aktienkurs angeben. Besonders interessant in diesem Zusammenhang erscheint die Modellierung künftiger Aktienkurse mittels Random-Walk-Modell (vgl. DÖHRMANN/EUBA 2003) und der Normalverteilung (vgl. ADELMEYER/WARMUTH 2003, S. 68ff.).
Als ein weiteres sinnvolles und realisierbares Anwendungsfeld des Stochastikunterrichts der Sekundarstufe II kann die Mathematik der Optionen eingehend behandelt werden. So werden mit elementaren stochastischen Kenntnissen Modelle der Optionspreis-Theorie im Zusammenhang mit fairen Spielen, das Binomialmodell auf Grundlage des No-Arbitrage-Prinzips und das Black-Scholes-Modell entwickelt und analysiert (vgl. PFEIFER 2000, ADELMEYER 2000, SZEBY 2002).

---

[5]Bei exponentieller Verzinsung beträgt der Zinsfaktor für den m-ten Teil eines Jahres $(1+i)^{\frac{1}{m}}$, wobei mit i erneut der Jahreszinssatz bezeichnet wird.

3.2.3   Konsequenzen für die Entwicklung der Unterrichtseinheiten

Da die finanzielle Allgemeinbildung vieler Deutscher mangelhaft ist, stimmen wir der Forderung von REIFNER et al. 2004 nach einer praxisnahen und anbieterunabhängigen Ausbildung zu. Dies lässt sich damit begründen, dass einerseits eine finanzielle Allgemeinbildung aufgrund einer notwendig gewordenen individuellen Altersvorsorge immer mehr an Bedeutung gewinnt. Andererseits zeigt sich, dass sich das gesamte Anlage- und Kreditwesen komplexer und damit verbunden komplizierter als in den vergangenen Jahren gestaltet, in denen als einzige Anlageform das Sparbuch, dessen Bedeutung ständig abnimmt, existierte. Als unmittelbare Konsequenz aus der Forderung von REIFNER et al. 2004 sind wir der Auffassung, dass bereits in der Schule ein Beitrag zur finanziellen Allgemeinbildung geleistet werden sollte.

Wie wir bereits im Abschnitt 3.2.2 aufzeigten, gibt es im Mathematikunterricht zahlreiche Anknüpfungspunkte für einen Beitrag zur finanziellen Allgemeinbildung, so dass wir mit dem vorliegendem Buch neue Unterrichtsinhalte, die den Aspekt finanzieller Grundfragen berücksichtigen, entwickeln. Im bisherigen Mathematikunterricht werden aus dem Bereich der Finanzmathematik vor allem Beispiele der Wachstums-, Zins- und Prozentrechnung aufgegriffen. Dies spiegelt sich u. a. in der Anzahl der Publikationen zu diesen Themen wider (siehe Abschnitt 3.2.2). Die vorgestellten Themen der Wachstums-, Zins- und Prozentrechnung sind meist vielfach erprobt und fester Bestandteil des Mathematikunterrichts. Diesem mit starkem Interesse bedachten Gebiet steht die stochastische Finanzmathematik gegenüber, zu der es bisher wenige Arbeiten gibt, die sich mit einer didaktischen Aufbereitung für den Mathematikunterricht auseinandersetzen. Die bisher zu dieser Thematik verfassten Artikel sind eher fachwissenschaftlicher Natur. Es werden meist mögliche Unterrichtsinhalte erläutert, es fehlen jedoch konkrete Planungen und Umsetzungsvorschläge. Möglicherweise aus diesem Grund sind im Mathematikunterricht wichtige Themen der stochastischen Finanzmathematik bisher nicht etabliert. Hier sehen wir einen Handlungsbedarf, um der Forderung nach finanzieller Allgemeinbildung zu entsprechen. Wir entscheiden uns daher für die Entwicklung von Unterrichtseinheiten mit finanzmathematischen Inhalten, wobei der Schwerpunkt auf stochastischen Problemen liegt.

Als problematisch empfinden wir es darüber hinaus, dass die bisher entwickelten Unterrichtsvorschläge unabhängige Unterrichtseinheiten – z. T. auch nur einzelne Unterrichtsstunden – darstellen, die bei Bedarf punktuell im Unterricht eingesetzt werden können. Aufeinander aufbauende Unterrichtseinheiten existieren nicht, so dass eine nachhaltige finanzielle Allgemeinbildung nach unserer Auffassung nicht möglich ist. Aus diesem Grund werden wir drei Unterrichteinheiten entwickeln, die diesen Aspekt berücksichtigen. Die Unterrichtseinheiten, die sich an die Sekundarstufen I und II richten, widmen sich dabei den beiden Anlageformen Aktien sowie Optionen und bauen aufeinander auf. Damit wird erstmalig ein kleines, ausbaufähiges Curriculum für stochastische Finanzmathematik entwickelt. Dabei benennen wir die Unterrichtseinheiten wie folgt:

– *Statistik der Aktienmärkte:* Statistische Analyse von Aktienrenditen und Modellierung künftiger Aktienkurse mittels Random-Walk-Modell

– *Die zufällige Irrfahrt einer Aktie:* Statistische Analyse von Aktienrenditen und Modellierung künftiger Aktienkurse mittels Normalverteilung

– *Optionen aus mathematischer Sicht:* Optionspreisbestimmung auf Grundlage der Modellierung künftiger Aktienkurse

Aus den vorangegangenen theoretischen Überlegungen heraus erscheint es uns sinnvoll, Themen der Finanzmathematik spiralförmig im Sinne von Bruner (vgl. z. B. WITTMANN 1997, S. 84ff.) in ein Curriculum einzubeziehen. Ein mögliches Spiralcurriculum für eine finanzielle Allgemeinbildung im Mathematikunterricht zeigt die Abbildung 3.1. Die Unterrichtsinhalte sind nur exemplarisch zu sehen, viele weitere Konkretisierungen sind möglich. Vernetzungen ergeben sich dabei durch das Wiederaufgreifen bestimmter Themen, wie dies z. B. mit unseren Unterrichtseinheiten – in der Abbildung durch Fettdruck gekennzeichnet – der Fall ist.

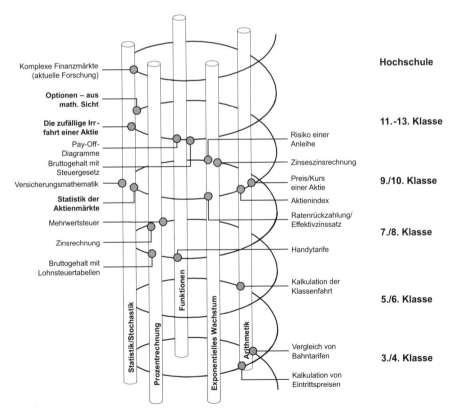

Abb. 3.1: Mögliches Spiralcurriculum für eine finanzielle Allgemeinbildung im Mathematikunterricht

Kapitel 4

Finanzmathematik als Beitrag zu einem anwendungsbezogenen Mathematikunterricht

In der stochastischen Finanzmathematik, einem der jüngeren Gebiete der angewandten Mathematik, wurden in den letzten Jahren immer leistungsfähigere Modelle zur Analyse und Bewertung von Aktien und Optionen aller Art entwickelt. Durch eine schülergerechte Aufarbeitung können diese im Sinne eines anwendungsorientierten Mathematikunterrichts auch Schülern der Sekundarstufen I und II zugänglich gemacht werden und somit der folgenden Forderung Rechnung tragen werden:

> „Echte Anwendungen der Mathematik sollen unverfälscht stärker in den Vordergrund rücken und die Trennung der Mathematik von anderen Schulfächern soll überwunden werden." (WITTMANN 1997, S. 28).

Diese Forderung nach Anwendungen[1] und damit verbunden die Forderung nach mehr Modellierungen im Mathematikunterricht war nicht neu und wurde im Laufe der letzten 200 Jahre wiederholt und stets kontrovers diskutiert. Die neuere bis heute andauernde didaktische Diskussion um einen anwendungsorientierten Unterricht setzte in Deutschland in den siebziger Jahren als eine Folge der bereits Mitte der sechziger Jahre auf internationaler Ebene begonnenen Debatte ein. Seit in den achtziger Jahren diese Forderung auch Eingang in die Curricula – wenn auch meist in Form von unverbindlichen Vorgaben – gefunden hat, herrscht bzgl. der Relevanz und Bedeutung von Anwendungen im Mathematikunterricht Einigkeit. Unterschiedliche Auffassungen haben sich hingegen u. a. in den mit Realitätsbezügen verbundenen Zielvorstellungen oder den Integrationsmöglichkeiten von Anwendungen im Mathematikunterricht herausgebildet.

---

[1]Im Zusammenhang mit Anwendungen wird auch von Realitätsbezügen gesprochen. Diese beiden Begriffe werden im Folgenden synonym verwendet.

Im Folgenden wird ein Überblick über Anwendungen und Modellierungen im Mathematikunterricht gegeben. In Hinblick auf die Konzeption der Unterrichtseinheiten wird dabei insbesondere eingegangen auf den Begriff der Anwendung (Abschnitt 4.1), verschiedene Modellierungsauffassungen (Abschnitt 4.2), Zielsetzungen eines anwendungsorientierten Unterrichts (Abschnitt 4.3.1), Modellierungskompetenzen (Abschnitt 4.3.2), Schwierigkeiten beim Modellieren (Abschnitt 4.3.3), den Stellenwert, den Modellierungen einerseits im Unterricht theoretisch einnehmen sollten (Abschnitt 4.4.1) und andererseits in der alltäglichen Schulpraxis (Abschnitt 4.4.2) innehaben. In den Ausführungen wird dabei auf die Situation im Stochastikunterricht eingegangen, sofern diese in der Literatur diskutiert wird. Abschließend werden aus den theoretischen Erkenntnissen Konsequenzen für die Unterrichtseinheiten gezogen.

4.1 Anwendungen im Mathematikunterricht

Die Auffassungen zu Anwendungen bzw. Realitätsbezügen im Mathematikunterricht sind keineswegs einheitlich. So beschreibt BLUM 1996 den Begriff der Anwendung wie folgt:

> „Eine Realsituation wird oft Anwendung genannt, und die Verwendung von Mathematik zum Lösen eines realen Problems heißt ‚Anwenden' von Mathematik. Manchmal bedeutet ‚Anwenden' auch jegliche Art des Verbindens von Realität und Mathematik." (BLUM 1996, S. 19).

Insbesondere der zweite Teil der Definition suggeriert, dass es unterschiedliche Formen bzw. Abstufungen von Anwendungen gibt, die sich u. a. in der Authentizität des Realproblems unterscheiden. Dies führt zu einer Klassifizierung von anwendungsbezogenen Aufgaben, wie sie etwa KAISER 1995 vorschlägt:

- „Einkleidungen mathematischer Probleme in die Sprache des Alltags oder anderer Disziplinen [...],
- Veranschaulichungen mathematischer Begriffe, wie z. B. die Verwendung von Schulden oder Temperaturen bei der Einführung negativer Zahlen,
- Anwendung mathematischer Standardverfahren, d. h. Anwendung wohlbekannter Algorithmen zur Lösung realer Probleme [...],
- Modellbildungen, d. h. komplexe Problemlöseprozesse, basierend auf einer Modellauffassung des Verhältnisses von Realität und Mathematik." (KAISER 1995, S. 67).

In ähnlicher Weise wie KAISER 1995 klassifizieren DAMEROW/HENTSCHKE 1982 Aufgaben, die spezifisch für den Stochastikunterricht sind. In einer ersten Aufgabenklasse werden rein abstrakte Aufgaben zusammengefasst, die ohne Bezug zu realen Situationen oder konkreten Zufallsgeneratoren (Würfel, Karten) sind. In einer zweiten Klasse werden konstruierte Aufgaben beschrieben, in denen reale Zufallsgeneratoren der Illustration bestimmter Modelle dienen. Eine dritte, sehr weit gefasste Klasse umfasst Anwendungen, wobei diese weiter in sinnvolle und konstruierte Sachprobleme unterteilt werden.

Im Zusammenhang mit Realitätsbezügen stellt sich die Frage, welchen Stellenwert diese im Mathematikunterricht einnehmen sollen. Während in der didaktischen Diskussion Konsens darüber herrscht, dass ein unreflektierter Einsatz von eingekleideten Aufgaben zu einem falschen Bild von Mathematik führen kann und damit als problematisch anzusehen ist (vgl. JABLONKA 1999, S. 65, GALBRAITH/STILLMAN 2001, S. 301), gehen die Meinungen über das Einbeziehen „echter" Anwendungen weit auseinander (siehe Abschnitt 4.4).

4.2 Modellierungsprozesse

In der internationalen didaktischen Diskussion gibt es verschiedene Auffassungen von Modellierungsprozessen, die im Hinblick auf die Bedeutung der Mathematik in Anlehnung an KAISER-MESSMER 1986 (S. 83ff.) grundsätzlich zwei Richtungen erkennen lassen: die wissenschaftlich-humanistische und die pragmatische Richtung. Vertreter der erst genannten Strömung stellen das Mathematisieren außer- und innermathematischer Probleme in den Vordergrund. Der Schwerpunkt liegt in der Entwicklung mathematischer Konzepte und folgt der Richtung „Realität → Mathematik". Die Rückinterpretation auf die reale Ausgangssituation erfolgt zwar, spielt aber eine untergeordnete Rolle. Die Vertreter der pragmatischen Richtung hingegen stellen die Befähigung zur Alltagsbewältigung in den Vordergrund. Zur Bearbeitung von außermathematischen Problemen wird der Kreislauf „Realität → Mathematik → Realität" durchlaufen, wobei der Rückbezug auf das ursprüngliche Problem von großer Bedeutung ist. Einen zentralen Stellenwert innerhalb dieser Richtung nimmt der in Abbildung 4.1 dargestellte Modellierungskreislauf von BLUM 1996 ein.
Der Ausgangspunkt des Modellierens ist eine problemhaltige Situation aus der Realität (z. B. Wirtschaft, Verkehr, Medizin, Naturwissenschaften), die durch Idealisierungen, Vereinfachungen bzw. Vergröberungen in das so genannte Realmodell überführt wird, wobei unter einem Modell[2] eine vereinfachende, nur gewisse Teilaspekte berücksichtigende Darstellung der Realität verstanden wird. Die Stärke der Modellierung liegt darin, „die unendlich komplizierte Wirklichkeit auf den Komplexitätsgrad zu reduzieren, der entsprechend unseres augenblicklichen Wissensstandes gerade noch beherrschbar ist." (EBENHÖH 1990, S. 6).

---

[2]Nach BLUM 1996 (S. 19) unterscheiden wir zwischen deskriptiven und normativen Modellen. Mit deskriptiven Modellen (z. B. klassische Modelle in der Physik) wird versucht, die Realität möglichst genau abzubilden. Dabei können sie eine beschreibende oder erklärende Funktion haben. Normative Modelle (z. B. Modelle zur Berechnung der Einkommensteuer) hingegen definieren die Realität. Sie sind als eine Art „social contract" nur bedingt gültig.

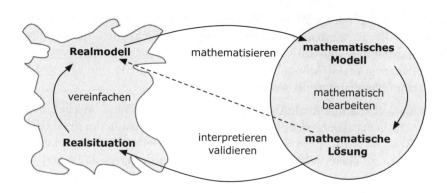

Abb. 4.1: Phasen des Modellierungsprozesses nach BLUM 1996 (S. 18)

Das meist umgangssprachlich formulierte Realmodell wird anschließend mithilfe von Mengen, Funktionen, Gleichungen, Graphen, Matrizen usw. in ein mathematisches Modell übersetzt. Im Idealfall wird nun im Rahmen des gebildeten mathematischen Modells mithilfe bekannter Verfahren oder gegebenenfalls auch mit Einsatz des Computers eine Lösung des mathematischen Problems gesucht. Wird keine Lösung gefunden, so kann nach neuen und bisher unbekannten Lösungsverfahren gesucht bzw. geforscht werden. Eine alternative Vorgehensweise ist die weitere Vereinfachung des Realmodells, so dass eine mathematische Lösung erfolgreich gefunden werden kann (gestrichelte Linie in Abbildung 4.1). Im zumeist letzten Schritt wird das Ergebnis der mathematischen Bearbeitung unter Berücksichtigung der Realsituation interpretiert. Dabei gilt es insbesondere zu klären, ob die mathematische Lösung tatsächlich eine Lösung für das ursprüngliche reale Problem darstellt (Validierung des Modells). Ist die gefundene Lösung unbefriedigend oder steht sie im Widerspruch zur Realität, so muss das entwickelte Modell angezweifelt werden. In diesem Fall muss der gesamte Prozess mit einem modifizierten oder anderen Modell erneut durchlaufen werden.

Eine etwas andere Auffassung vom Modellierungskreislauf vertritt das deutsche PISA-KONSORTIUM (vgl. BAUMERT et al. 2001, S. 143ff.). Dieses unterscheidet, ebenso wie FISCHER/MALLE 1985 (S. 89ff.) und CLAUS 1989 (S. 163), nicht zwischen Realmodell und mathematischem Modell. Ausgehend von einem realen Problem (Situation) wird direkt ein mathematisches Modell entwickelt, dessen Verarbeitung zu einer mathematischen Lösung (Konsequenz) führt. Anschließend muss die gefundene Lösung interpretiert und validiert werden. Diese beiden Schritte sind im Gegensatz zum Blumschen Modell einzeln aufgeführt (siehe Abbildung 4.2).

KÜTTING 1990 verzichtet ebenso auf die Unterteilung in Realmodell und mathematisches Modell, wobei sich sein vorgeschlagener Modellierungskreislauf (siehe Abbildung 4.3) direkt auf stochastische Probleme bezieht. Stochastische Realprobleme

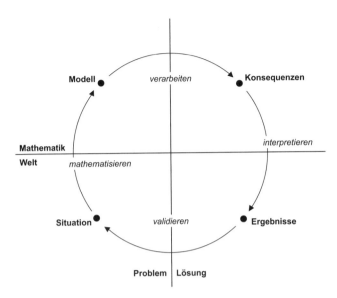

Abb. 4.2: Phasen des Modellierungsprozesses nach dem deutschen PISA-KONSORTIUM (BAUMERT et al. 2001, S. 144)

(z. B. einfache Würfelspiele, Probleme aus dem Versicherungswesen) werden mithilfe von vereinfachenden Modellannahmen (z. B. Festlegung der Ergebnismenge, Annahme einer Binomialverteilung) in stochastische Modelle überführt, für die mittels stochastischer Theorien Lösungen bestimmt werden. Diese Lösungen sind zu interpretieren und dahingehend zu überprüfen, ob sie auch Lösungen der realen Probleme sind. Erweist sich das genutzte Modell als nicht angemessen, so ist eine Korrektur notwendig, der Modellierungsprozess beginnt von neuem.

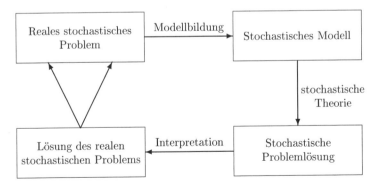

Abb. 4.3: Modellierungskreislauf für stochastische Probleme (KÜTTING 1990, S. 8)

4.3 Ziele des anwendungsorientierten Mathematikunterrichts

4.3.1 Klassifikation der Ziele

Mit dem Einbezug von Anwendungen im Mathematikunterricht sind gewisse Zielvorstellungen verbunden. Nachdem zu Beginn der didaktischen Diskussionen noch recht unterschiedliche, einzelne Ziele formuliert wurden, besteht seit einigen Jahren Konsens, dass mit Anwendungen eine große Bandbreite von Zielen verfolgt werden sollte, die nach BLUM 1996 (S. 21f.) wie folgt klassifiziert werden können:

- Pragmatische Ziele: Anwendungen sollen Schülern beim Verstehen und Bewältigen von Umweltsituationen helfen und sie somit zu mündigen Bürgern in einer demokratischen Gesellschaft erziehen. Dies beinhaltet sowohl die Vermittlung von allgemeinen Qualifikationen (z. B. Strategien) als auch des notwendigen außermathematischen Wissens.

- Formale Ziele: Schüler sollen durch Anwendungen neben fachspezifischen auch allgemeine Qualifikationen erwerben. Dazu gehören z. B. Fähigkeiten, Probleme zu lösen, mit anderen Menschen zu kommunizieren oder sich kritisch mit der eigenen Umwelt auseinanderzusetzen. Darüber hinaus wird gefordert, dass Schüler angemessene Haltungen entwickeln, etwa die Bereitschaft, sich auf unbekannte Situationen einzulassen.

- Kulturbezogene Ziele: Ein anwendungsbezogener Mathematikunterricht soll den Schülern ein möglichst ausgewogenes Bild von Mathematik als kulturelles und gesellschaftliches Gesamtphänomen vermitteln. Dazu zählt, dass Schüler „eine Weltsicht vom Modellstandpunkt aus" (BLUM 1996, S. 22) einnehmen, Bezüge zwischen Mathematik und Realität erkennen, Kenntnisse über den Gebrauch und Missbrauch von Mathematik erwerben und die Grenzen der Mathematisierbarkeit erfahren. Dabei sollen die Schüler auch die steigende Bedeutung der Mathematik erkennen, auch wenn diese durch eine zunehmende Technisierung der Gesellschaft verschleiert wird.

- Lernpsychologische Ziele: Mithilfe von Anwendungen und Modellierungen kann u. a. das Verstehen und längerfristige Behalten gefördert werden. Darüber hinaus können geeignete Anwendungen auch dazu beitragen, dem Mathematikunterricht mehr Sinn zu verleihen und die Motivation im Unterricht sowie die Einstellung der Schüler gegenüber der Mathematik zu verbessern.

Der oben genannte Lernzielkatalog kann als Weiterentwicklung der zehn Jahre zuvor vom selben Autor verfassten Klassifikation angesehen werden. Hier unterscheidet BLUM 1985 (S. 210) die formalen Ziele nach methodologischen und allgemeinen Zielen sowie die lernpsychologischen Ziele nach stoffbezogenen und schülerbezogenen Zielen. Die kulturbezogenen Ziele werden als wissenschaftstheoretische Ziele bezeichnet.

4.3.2 Modellierungsfähigkeiten/Modellierungskompetenzen

Im Zusammenhang mit den Zielen eines anwendungsorientierten Mathematikunterrichts nehmen in der aktuellen didaktischen Diskussion nicht zuletzt auch aufgrund der Verankerung in den Einheitlichen Prüfungsanforderungen (vgl. KMK 2002, S. 4) und in den Bildungsstandards (vgl. KMK 2004, S. 12) die so genannten Modellierungskompetenzen eine zentrale Stellung ein. Es gibt eine Vielzahl allgemeiner Definitionen für Kompetenzen, die zum Teil stark voneinander abweichen. Besonders geschätzt sind dabei die Ausführungen von WEINERT 2001:

> „Kompetenzen sind die bei Individuen verfügbaren oder durch sie erlernbaren kognitiven Fähigkeiten und Fertigkeiten, bestimmte Probleme zu lösen, sowie die damit verbundenen motivationalen (antriebsorientierten), volitionalen (durch Willen beeinflussbaren) und sozialen (kommunikationsorientierten) Bereitschaften und Fähigkeiten, die Problemlösungen in variablen Situationen nutzen zu können." (WEINERT 2001, S. 27).

Die Aussage deutet an, dass Fähigkeiten als Teilmenge von Kompetenzen betrachtet werden können. Diese Auffassung spiegelt sich auch in der Definition von Modellierungskompetenzen wider:

> „Modellierungskompetenzen umfassen die Fähigkeiten und Fertigkeiten, Modellierungsprozesse zielgerichtet und angemessen durchführen zu können, sowie die Bereitschaft, diese Fähigkeiten und Fertigkeiten in Handlungen umzusetzen." (MAASS 2004, S. 35)

Durch Auflistung der Modellierungsfähigkeiten bzw. so genannter Teilkompetenzen lassen sich Modellierungskompetenzen näher charakterisieren. In Anlehnung an den Modellierungskreislauf von BLUM 1996 (siehe Abschnitt 4.2) erscheint es sinnvoll, die Modellierungsfähigkeiten an die einzelnen Teilschritte dieses Kreislaufes anzupassen, wie dies auch MAASS 2004 vorschlägt. Modellierungskompetenzen umfassen nach ihrer Auffassung:

1. „Kompetenzen zum Verständnis eines realen Problems und zum Aufstellen eines realen Modells

2. Kompetenzen zum Aufstellen eines mathematischen Modells aus einem realen Modell

3. Kompetenzen zur Lösung mathematischer Fragestellungen innerhalb eines mathematischen Modells

4. Kompetenzen zur Interpretation mathematischer Resultate in einer realen Situation

5. Kompetenzen zur Validierung" (MAASS 2004, S. 36).

Der Trend in der jüngeren Zeit geht hin zur Entwicklung so genannter Kompetenz-bzw. Kompetenzstufenmodelle, die unterschiedliche Niveaustufen der geforderten Kompetenzen beschreiben und damit Hinweise auf mögliche Entwicklungsverläufe geben (vgl. BLUM 2006, S. 15). Zur Charakterisierung dieser Niveaustufen werden entsprechende Fähigkeiten formuliert, die auf theoretischen Überlegungen oder praktischen Ergebnissen basieren. Für die Beschreibung von Modellierungskompetenzen schlägt KEUNE 2004 (S. 290f.) drei Niveaustufen vor, denen er die folgenden charaktierisierenden Fähigkeiten zuordnet:

- Stufe 1: Erkennen und Verstehen des Modellierungskreislaufes: Dazu gehören Fähigkeiten zur

  - Beschreibung des Modellierungsprozesses,

  - Charakterisierung einzelner Phasen,

  - Unterscheidung einzelner Phasen.

- Stufe 2: Selbstständige Modellierung: Diese Stufe wird charakterisiert durch Fähigkeiten zur

  - Entwicklung verschiedener Lösungsansätze,

  - Einnahme von verschiedenen Modellierungsperspektiven,

  - selbstständigen (vollständigen) Modellierung.

- Stufe 3: Metareflexion über Modellierung: Diese Stufe lässt sich beschreiben mit Fähigkeiten zur

  - Reflexion über Anwendungen in der Mathematik,

  - kritischen Analyse des Modellierungsprozesses,

  - Reflexion über den Anlass von Modellierungen,

  - Charakterisierung von Kriterien zur Modellierungsevaluation.

Die Stufenmodelle sind im Gegensatz zu den vergleichbaren Ausführungen in den Rahmenplänen (z. B. SENATSVERWALTUNG FÜR BILDUNG, JUGEND UND SPORT IN BERLIN 2005, S. 22) unabhängig von Schul- bzw. Bildungsstufen. Sie können „als empirische Kategorie zur Klassifikation von Schülerinnen und Schülern in bestimmten Anforderungsfeldern" (KLEINE 2004, S. 293) eingesetzt werden.

4.3.3 Empirische Untersuchungen

Inwieweit sich die genannten Ziele tatsächlich durch Anwendungen im Mathematikunterricht realisieren lassen, haben einige empirische Studien aufgezeigt. KAISER-
MESSMER 1986 (S. 142ff.) stellte in einer Untersuchung fest, dass insbesondere pragmatische und kulturbezogene Zielsetzungen weitgehend erreicht werden. Im Einzelnen ergaben sich folgende Ergebnisse:

- Im anwendungsorientierten Mathematikunterricht erreichen fast alle Schüler
  Fähigkeiten zum besseren Verständnis und Bewältigen von schülerrelevanten
  außermathematischen Situationen.

- Globale Modellierungsfähigkeiten sind längerfristig und nicht bei allen Schülern erreichbar. Leichter zu fördern sind hingegen Teilfähigkeiten des Modellierungskreislaufes (Durchführung von Vereinfachungen, kritische Interpretation
  der mathematischen Lösung).

- Die Vermittlung eines angemessenen Bildes zum Verhältnis zwischen Mathematik und Realität ist bei einem entsprechend angelegten Mathematikunterrichts weitestgehend erreichbar.

- Modellierungsfähigkeiten müssen gezielt trainiert werden und sind nicht als
  Transferleistung zu erwarten:

  „Untersuchungen zu Modellierungsprozessen [...] haben gezeigt, dass
  Lernende hierbei große Schwierigkeiten haben, d.h., die Fähigkeit
  zum Modellbilden ist weder in der Schule noch bei Studierenden
  einfach als Transfer erwartbar. Es ist vielmehr nötig, Modellbilden zu lernen, wozu ein hohes Maß an Eigentätigkeit nötig ist."
  (BLUM/KAISER-MESSMER 1993, S. 3).

Das Argument der Motivationssteigerung ließ sich in der oben genannten Studie
nicht uneingeschränkt beweisen. Durch den Einsatz von schülerrelevanten Anwendungen lässt sich bei einer Vielzahl der Schüler eine Motivationssteigerung feststellen. Diese ist jedoch meist kurzfristiger Natur und stark abhängig davon, inwieweit
die außermathematischen Interessen der Schüler berücksichtigt werden. Bei komple-
xeren Anwendungsbeispielen setzt ein Gewöhnungseffekt ein, so dass die Motivation
oft nicht aufrecht erhalten werden kann. Darüber hinaus weist KAISER-MESSMER
1986 darauf hin, dass ein anwendungsbezogener Unterricht nicht zwangsläufig dazu
führt, dass Schüler mathematische Inhalte länger behalten. Es ist zu beobachten,
dass zwar die außermathematischen Inhalte mit bestimmten mathematischen Inhalten verbunden werden, aber die Rekonstruktion der mathematischen Inhalte oft
nicht möglich ist.

Vergleichbar gute Ergebnisse hinsichtlich der pragmatischen und kulturbezogenen Ziele zeigten sich auch in einer Untersuchung von CLATWORTHY/GALBRAITH 1990 (S. 157) in einem voruniversitären College-Kurs und in einer Studie von DUNNE 1998 (S. 30) in einer achten Klasse in Australien. Über die bereits erläuterten Ergebnisse hinaus wurde in der letztgenannten Studie nach einem einjährigen anwendungsbezogenen Mathematikunterricht eine positivere Einstellung der Schüler zur Mathematik festgestellt. Diese Beobachtung bestätigte auch MAASS 2004 (S. 284ff.), die in einer 15-monatigen Studie untersuchte, inwieweit Schüler eines 8. Schuljahres Modellierungskompetenzen in einem entsprechend angelegten Unterricht entwickelten. Darüber hinaus stellte MAASS 2004 im Gegensatz zu KAISER-MESSMER 1986 fest, dass Schüler einer 8. Klasse in einem realitätsnahen Unterricht nicht nur Teilkompetenzen im Bereich des Modellierens entwickelten. Sie waren auch in der Lage, selbstständig vollständige Modellierungskreisläufe sowohl bei vertrauten als auch bei unbekannten Sachsituationen zu durchlaufen. Dabei ließ sich ein enger Zusammenhang zwischen Kenntnissen zum Modellierungskreislauf und Modellierungskompetenzen nachweisen.

Trotz der zum Teil sehr positiven Ergebnisse im Zusammenhang mit dem Erreichen der Ziele eines anwendungsorientierten Unterrichts (vgl. Abschnitt 4.3.1) lassen sich einige Schwierigkeiten beim Modellieren ausmachen. So stellten GRUND/ZAIS 1991 (S. 6) die folgenden Probleme von Schülern bei der Entwicklung eines mathematischen Modells fest:

– Die Struktur des Sachproblems wird erkannt und richtig erfasst, aber die Schüler scheitern an der Überführung in ein geeignetes mathematisches Modell. Dies deutet auf ein begrenztes mathematisches Repertoire der Schüler hin.

– Die Struktur des Realproblems wird nicht erkannt, womit eine Entwicklung des Realmodells und daraus resultierend eines mathematischen Modells nahezu unmöglich ist. Die Ursache für diese Schwierigkeit kann in fehlenden Kenntnissen zum Fachgebiet, aus dem das Problem stammt, liegen.

Ähnliche Schwächen bei der Bildung des Realmodells zeigten sich auch in Untersuchungen von HAINES/CROUCH/DAVIES 2001 (S. 366). Weitere typische Schülerfehler bzw. Missverständnisse fassen FÖRSTER/KUHLMAY 2000 (S. 188ff.) zusammen:

– Gleichsetzung des Realmodells mit der Realität:
  Schüler erkennen oft nicht, dass bei der Bildung des Realmodells Vereinfachungen vorgenommen wurden und damit lediglich ein Ausschnitt aus der Realität modelliert wird. Dies kann bei der Interpretation des mathematischen Modells zu falschen Schlussfolgerungen in der Realität führen. Ähnliche Erfahrungen machte auch MAASS 2004 (S. 284), die darüber hinaus beobachtete, dass vielen Schülern eine Unterscheidung zwischen dem Realmodell und dem mathematischen Modell nicht gelingt.

– Betrachtung des Modellierungskreislaufs als kybernetischen Regelkreis:
Schüler nehmen an, dass ein Modell immer besser wird, je öfter der Modellierungskreislauf durchlaufen wird. Diese Erwartung verhindert, dass prinzipiell andere Modelle entwickelt werden.

– Ablehnung der mathematischen Modellierung:
Es gibt Schüler, die mathematische Modellierung grundsätzlich ablehnen, auch wenn diese gerechtfertigt ist. Dies korreliert meist damit, dass Mathematik a priori abgelehnt wird. Diese Erkenntnis deckt sich mit den Beobachtungen von POTARI 1993 (S. 237), der darauf verweist, dass oft leistungsschwache Lernende bei der Bearbeitung von Modellierungsaufgaben keine mathematischen Kenntnisse benutzen, sondern von ihren Erfahrungen aus dem Sachbereich berichten. MAASS 2004, die Ähnliches beobachten konnte, bezeichnet derartige Modellierer als „mathematikferne Modellierer" (S. 285).

– Nichtanerkennung konkurrierender Modelle:
Schüler erwarten oft, dass unter einer Vielzahl von Modellen das „richtige" herausgestellt wird. Besonders schwer verständlich für Schüler ist es, „dass subjektive Komponenten des Modellbildungsprozesses, insbesondere die jeweiligen Zielvorstellungen des Modellbildners zu konkurrierenden Modellen führen können" (FÖRSTER/KUHLMAY 2000, S. 190), die alle ihre Berechtigung besitzen.

– Schluss vom mathematischen Modell auf die Realität als Kausalitätsschluss:
Eng verbunden mit der obigen Sichtweise ist die Auffassung vieler Schüler, dass ein vernünftiges oder gar erwartetes Ergebnis das gewählte Modell als „richtiges Modell" legitimiert. Modellierungen erhalten durch das mathematische Modell eine nachträgliche Rechtfertigung, wenn das Ergebnis richtig erscheint oder durch Simulationen „bewiesen" werden kann.

FÖRSTER/KUHLMAY 2000 bemängeln, dass diese Fehlvorstellungen auch in mathematikdidaktischen Veröffentlichungen erkennbar sind:

> „Auch dort wird die Richtigkeit von Modellen ‚experimentell bewiesen', wird aus den anschaulichen Ähnlichkeiten der Simulationsergebnisse auf die Richtigkeit der Annahmen geschlossen, wird aber auch behauptet, Modelle seien prinzipiell zur Beschreibung von Natur nicht tauglich." (FÖRSTER/KUHLMAY 2000, S. 190).

Neben den bereits genannten Schwierigkeiten treten Probleme im Umgang mit der mathematischen Lösung auf. Mit der Bestimmung des mathematischen Resultats beenden Schüler häufig den Modellierungsprozess, es fehlt die notwendige Rückinterpretation und Validierung des Modells (vgl. HODGSON 1997, S. 215, MAASS 2004, S. 284).

4.4 Stellenwert von Anwendungen

4.4.1 Vorstellungen in der didaktischen Diskussion zur Rolle von Anwendungen im Mathematikunterricht

Eng verbunden mit der Forderung nach einem anwendungsorientierten Mathematikunterricht ist die Frage, welchen Stellenwert Realitätsbezüge bzw. Modellierungen einnehmen sollten. In der didaktischen Diskussion scheint Konsens darüber zu bestehen, dass eine alleinige Anwendungsorientierung keine „Zauberformel für die Beseitigung aller Unterrichts-, Transfer- und Motivationsprobleme" (HUMENBERGER/REICHEL 1995, S. 17) darstellt. Vielmehr müsse eine Balance zwischen den Anwendungen und der mathematischen Theorie bestehen, wie auch BLUM 1996 betont:

> „Natürlich sind Anwendungsbezüge nur eine Komponente im komplexen Feld des Lehrens und Lernens von Mathematik. Wenn man diese Komponente zu sehr betont, entsteht – ebenso wie bei ihrer Vernachlässigung – ein reduktionistisches Mathematikbild." (BLUM 1996, S. 23).

Diese Auffassung vertreten auch HUMENBERGER/REICHEL 1995, die überdies die Notwendigkeit der reinen Mathematik begründen:

> „Zufriedenstellende Anwendungsorientierung im Unterricht setzt u. E. grundlegende und gründliche genuin mathematische Kenntnisse voraus, weil sonst die Gefahr des Abgleitens ins rein ‚Spekulative' und/oder Triviales als Damokles-Schwert über jeglichen Bemühungen schwebt!" (HUMENBERGER/REICHEL 1995, S. 18).

Im Zusammenhang mit der Problematik des Stellenwerts von Realitätsbezügen stellt sich auch die Frage, in welcher Weise diese in den Mathematikunterricht einzubeziehen sind. BLUM/NISS 1991 (S. 60) unterscheiden dabei folgende Integrationsmöglichkeiten, die in Abhängigkeit von den Zielvorstellungen und den institutionellen Rahmenbedingungen variieren können:

- The separation approach: Anwendungen bzw. Modellierungen werden in speziellen Kursen oder in Form von Projekten separat behandelt.

- The two-compartment approach: Im Unterricht werden Anwendungen erst nach Bereitstellung der mathematischen Theorie bearbeitet.

- The island approach: In einem von reiner Mathematik geprägten Mathematikunterricht werden gelegentlich Anwendungen, auch „Anwendungsinseln" genannt, einbezogen.

– The mixing approach: Elemente des Modellierens werden gelegentlich, etwa zur Einführung neuer mathematischer Inhalte, herangezogen.

– The mathematics curriculum integrated approach: Mathematische oder außermathematische Problemstellungen dienen als Ausgangspunkt für die Entwicklung neuer mathematischer Theorien.

– The interdisciplinary integrated approach: Dieser Ansatz ist mit dem vorherigen zu vergleichen, es gibt aber keinen eigenständigen Mathematikunterricht mehr, sondern die Behandlung erfolgt in einem interdisziplinären Rahmen.

4.4.2 Stellenwert von Anwendungen im Mathematikunterricht

Trotz des hohen Stellenwerts von Anwendungen in der didaktischen Diskussion und vielfältiger Unterrichtsanregungen spielen Anwendungen außer in Form von eingekleideten Aufgaben in der realen Unterrichtspraxis häufig nur eine untergeordnete Rolle. Lehrerbefragungen zeigen, dass einerseits viele Lehrer einem anwendungsorientierten Mathematikunterricht grundsätzlich positiv gegenüber stehen (vgl. TIETZE 1986, S. 187), dass es andererseits nach Auffassung der Befragten eine Vielzahl von Gründen gibt, warum Realitätsbezüge im Mathematikuntericht nicht die erwünschte Aufmerksamkeit erfahren:

– Lehrer sind in der Regel für einen anwendungsorientierten Mathematikunterricht sowohl aus fachlicher als auch aus methodischer Sicht nur ungenügend ausgebildet. Dies ist mit der universitären Ausbildung zu begründen, in der sie oft eine Ausbildung in der reinen Mathematik durchlaufen. Ihr dabei entstehendes Bild der Mathematik wird dabei so nachhaltig geprägt, „daß eine Korrektur in der zweiten Ausbildungsphase selten erfolgt." (FÖRSTER/TIETZE 1996, S. 104).

– Während mathematische Probleme vollständig gelöst werden können bzw. deren Unlösbarkeit nachweisbar ist, bringen Realprobleme Unsicherheiten mit sich: „Sachprobleme sind imperfekt; was gegeben, gesucht, erlaubt ist, muß durchaus nicht naheliegen, sondern kann Teil des Problems, ja seine eigentliche Ursache sein. Dementsprechend relativiert, vorläufig, mehrdeutig, subjektiv sind die zugehörigen Argumentationen und Lösungsansätze." (SCHUPP 1988, S. 13).

– Die außermathematischen Probleme sind in der Regel derart komplex, dass sich Lehrer (und Schüler) zu wenig auf diesem Gebiet auskennen (vgl. HUMENBERGER 1997, S. 35).

– Aufgrund fehlender außermathematischer Kenntnisse und unzureichender Materialien ist der zeitliche Aufwand für die Vorbereitung des Lehrers zu groß und unökonomisch (vgl. HUMENBERGER 1997, S. 35).

– Nach Auffassung vieler Lehrer stehen ihnen oft nicht genügend geeignete Materialien zur Verfügung. Viele geeignete Vorschläge bzw. Materialien in Fachzeitschriften, Tagungsbänden und Büchern erreichen die Lehrer in der Regel nicht. Insbesondere finden Anwendungsbeispiele in den Schulbüchern, also der „Literatur", auf die Lehrer am häufigsten zurückgreifen, zu wenig Berücksichtigung. Inzwischen haben Anwendungen – meist in Form von Exkursen – Eingang in viele Schulbücher gefunden.

– Der zeitliche Aufwand für Anwendungen im Unterricht ist zu hoch. Um möglichst authentische Problemstellungen zu behandeln, sind oft komplexere Aufgabenstellungen notwendig, die längere Unterrichtseinheiten oder Projekte erfordern. Die curricularen Vorgaben und ein oft spürbarer Zeitdruck führen dazu, dass zunächst die vorgeschriebenen innermathematischen Inhalte behandelt werden, außermathematische Probleme werden häufig als isolierte Einzelprobleme bearbeitet oder aus Zeitgründen weggelassen (vgl. FÖRSTER 2002, S. 50).

Die Hoffnung, dass allein durch die verstärkte Verankerung von Anwendungsbezügen in den Rahmenplänen Anwendungen im Unterricht stärker berücksichtigt werden würden, ist u. E. illusorisch. Wenn Anwendungen im Mathematikunterricht stärker berücksichtigt werden sollen, müssen die genannten Bedenken der Lehrer verringert und Hemmschwellen abgebaut werden. Dazu können z. B. Lehrerfortbildungen, die entsprechende Ausbildung in angewandter Mathematik im Lehramtsstudium sowie die Bereitstellung geeigneter Materialien und damit verbunden die Verbesserung des Informationsflusses beitragen.

4.4.3 Konsequenzen für die Entwicklung der Unterrichtseinheiten

In den vorangegangenen Abschnitten wurden verschiedene Aspekte zu Anwendungen und Modellierungen im Mathematikunterricht vorgestellt. Dieses Kapitel fasst die Konsequenzen zusammen, die sich u. E. aus den theoretischen Überlegungen für die Planung der Unterrichtseinheiten unter Berücksichtigung aktueller Ergebnisse der didaktischen Diskussion ergeben. Im Abschnitt 4.3.3 wurden Ergebnisse von MAASS 2004 dargelegt, die den Nutzen von Kenntnissen zu Modellierungsprozessen bei der Bearbeitung von Modellierungsbeispielen durch Schüler bestätigten. Da in der Unterrichtseinheit „Die zufällige Irrfahrt einer Aktie" (siehe Kapitel 7) neben der gemeinsamen Erarbeitung mathematischer Modelle zur „Prognose" von künftigen Aktienkursen der Schwerpunkt auf der selbstständigen Bewertung eines auf Aktienkursentwicklungen basierenden Zertifikats liegt, müssen die Schüler eben für diese Beurteilung über hinreichende Modellierungsfähigkeiten verfügen. Aus diesem Grund wird ein Erweiterungsmodul zum Thema Modellierung entwickelt, das bei Bedarf im Unterricht eingesetzt werden kann. Diese Entscheidung wird zusätzlich gestützt durch die von KEUNE 2004 formulierten Modellierungskompetenzen (siehe

Abschnitt 4.3.2), zu denen u. a. die Beschreibung eines Modellierungskreislaufes gehört. In dem mit „Modellierungsprozesse" bezeichneten Unterrichtsabschnitt soll den Schülern ein Modellierungskreislauf am Beispiel der Modellierungsauffassung von BLUM 1996 vorgestellt werden (siehe Abschnitt 4.2), um so ein mögliches und geeignetes Vorgehen beim Modellieren aufzuzeigen. Die Wahl des sehr übersichtlichen BLUMschen Modells resultiert dabei aus der Erkenntnis von FÖRSTER/KUHLMAY 2000, dass Schüler oft das Realmodell mit der Realität gleichsetzen und ihnen die für die Entwicklung eines Modells vorgenommenen Vereinfachungen vielfach nicht bewusst werden (siehe Abschnitt 4.3.3). Dieses Problem verschärft sich u. E. weiter, wenn auf eine Trennung zwischen Realmodell und mathematischem Modell verzichtet wird. Damit schließen wir uns dem folgenden Standpunkt an:

> „Erst die Einnahme des Modellstandpunktes und die damit verbundene Trennung von außermathematischer Realität und Mathematik ermöglichen das Bewußtmachen implizierter Annahmen sowie die Befreiung von ihrem ‚faktischen' bzw. ‚naturgesetzlichen Charakter'." (FISCHER/ MALLE 1985, S. 107).

Damit schließen wir a priori den Modellierungskreislauf von KÜTTING 1994 aus, auch wenn dieser spezifisch für stochastische Realsituationen formuliert wurde.
Wir erachten es als sinnvoll, die Ziele, die im Zusammenhang mit dem Unterrichtsabschnitt „Modellierungsprozesse" erreicht werden sollen, mit den von MAASS 2004 formulierten Teilmodellierungskompetenzen (siehe Abschnitt 4.3.2) zu beschreiben, da sich diese direkt am von BLUM 1996 beschriebenen und für den Einsatz im Unterricht vorgeschlagenen Modellierungskreislauf orientieren. Wir erhoffen uns darüber hinaus auch einen Beitrag zur Vermittlung von globaleren Modellierungskompetenzen, wie sie etwa KEUNE 2004 vorschlägt, wobei diese von längerfristiger Natur sind und nicht allein durch den Einsatz unserer Unterrichtseinheiten zu erreichen sind.

Wir sind wie BLUM 1996 der Auffassung, dass mit einem realitätsbezogenen Mathematikunterricht und damit verbunden auch mit den entwickelten Unterrichtseinheiten eine Vielzahl von Zielen verfolgt werden sollte (siehe Abschnitt 4.3.1). Neben der Vermittlung der bereits genannten Modellierungskompetenzen spielen inhaltsbezogene Ziele, die in den einzelnen Unterrichtsabschnitten formuliert werden, und die Vermittlung eines angemessenen und ausgewogenen Bildes von Mathematik eine große Rolle. Wir messen also der Vermittlung der so genannten kulturbezogenen Ziele eine große Bedeutung zu und schließen uns damit der folgenden Auffassung an:

> „Realitätsbezogener Mathematikunterricht soll den Schülerinnen und Schülern Fähigkeiten vermitteln, wichtige Erscheinungen unserer Welt bewusster und kritischer zu sehen und praktische Nutzungsmöglichkeiten der Mathematik für das aktuelle und spätere Leben zu erfahren." (KAISER 1995, S. 69).

Hieraus resultiert die inhaltliche Wahl der Finanzmathematik als Unterrichtsgegen-stand, der sich besonders gut für einen realitätsnahen Stochastikunterricht eignet, da Aktien und Optionen bzw. auf Aktienkursentwicklungen beruhende Finanzprodukte in den letzten Jahren zunehmend an Bedeutung gewonnen haben.

Zur Vermittlung eines realen Bildes von Mathematik gehört ein ausgewogenes Ver-hältnis zwischen angewandter und reiner Mathematik. Diese weit verbreitete Auffas-sung (siehe Abschnitt 4.4.1) findet bei der Planung der Unterrichtseinheiten Berück-sichtigung, etwa indem nicht nur aus der Anwendung heraus neue mathematische Begriffe (z. B. Normalverteilung) entwickelt, sondern auch die mathematischen Hin-tergründe dieser Begriffe tiefergehend behandelt werden. Dazu gehören z. B. auch Beweise von typischen Eigenschaften der Normalverteilung.

Um ein adäquates reales Modell aufstellen und die Lösung des mathematischen Mo-dells interpretieren zu können, ist es wichtig, dass der Modellierer über genügend Kenntnisse des ihm vorliegenden Sachproblems verfügt. Lehrer und Schüler müssen daher fachkundig sowohl in der Mathematik als auch in der zu bearbeitenden An-wendung sein. Als Schlussfolgerung für die vorliegende Arbeit ist daraus zu ziehen, dass zu Beginn einer Unterrichtseinheit mit finanzmathematischen Themen jeweils eine Einführung in die entsprechenden ökonomischen Grundlagen notwendig ist. Da diese sehr umfangreich und sehr komplex sind, stellen wir eine Auswahl zusammen, die unserer Meinung nach wichtig für die Unterrichtseinheiten ist.

Da es bisher keine herkömmlichen Unterrichtsmaterialien gibt, die etwa von Schul-buchverlagen für die Behandlung finanzmathematischer Themen zur Verfügung ge-stellt werden, und die Umsetzung neuer Unterrichtsvorschläge vielfach am Mangel dieser für Lehrer notwendigen Materialien scheitert, werden entsprechende Arbeits-blätter entwickelt. Diese stellen einerseits die für das jeweilige Thema relevanten ökonomischen und mathematischen Grundlagen, andererseits Übungsaufgaben un-terschiedlichen Schwierigkeitsgrades bereit.

Kapitel 5

Didaktik des Stochastikunterrichts

Seit Beginn der Wahrscheinlichkeitsrechnung, die sich am Anfang des 17. Jahrhunderts aus dem Bestreben nach der Bewertung von Gewinnchancen bei Glücksspielen entwickelte, verweigerten viele Mathematiker der Stochastik die Anerkennung als ein eigenständiges mathematisches Teilgebiet. Vielmehr wurde die Wahrscheinlichkeitsrechnung als ein „zwischen Mathematik und Physik bzw. Philosophie ziemlich fragwürdiger Wissenszweig" (RENYI 1969, S. 67) betrachtet. Diese Einstellung änderte sich erst, als Kolmogoroff zu Beginn des 20. Jahrhunderts die axiomatische Begründung der Wahrscheinlichkeitsrechnung gelang. In den letzten Jahrzehnten hat die Stochastik aufgrund der Relevanz für viele Probleme aus den Naturwissenschaften, der Wirtschaft und der Technik immer mehr an Bedeutung gewonnen. Ähnlich wie mit der Akzeptanz der Wahrscheinlichkeitstheorie als mathematisches Teilgebiet verhält es sich mit der Anerkennung der Bedeutung der Stochastik für den Schulunterricht. Anfang der fünfziger Jahre begann eine noch heute andauernde nationale und internationale Diskussion über Grundlagen des Mathematikunterrichts, in deren Verlauf u. a. die Bedeutung der Stochastik herausgestellt wurde:

> „Die Bedeutung der Statistik und Wahrscheinlichkeitsrechnung für alle Gebiete des wissenschaftlichen Lebens [...] verlangt wie in den meisten außerdeutschen Ländern auch bei uns, daß den deutschen Schülern etwas von der Art des neuen Denkens vermittelt werden muß." (ATHEN 1960, S. 5).

Während heute breiter Konsens darin besteht, dass die Stochastik, die FREUDENTHAL 1973 als „Musterbeispiel für beziehungshaltige und wirklichkeitsnahe Mathematik" (S. 527) bezeichnete, ein fester Bestandteil eines allgemeinbildenden Mathematikunterrichts sein sollte, unterscheiden sich jedoch die Auffassungen über weitergehende didaktische Fragen nach z. B. den Zielen und Konzepten des Stochastikunterrichts.

Im Folgenden werden einige allgemeine Aspekte der Didaktik der Stochastik erläutert. Dabei wird in Hinblick auf die im vorliegenden Buch zu entwickelnden Unterrichtseinheiten insbesondere auf Konzepte (Abschnitt 5.1) und Ziele (Abschnitt 5.2) des Stochastikunterrichts, auf die Rolle von Simulationen (Abschnitt 5.3) sowie auf Einsatzmöglichkeiten des Computers (Abschnitt 5.4) eingegangen. Die einzelnen Abschnitte enden mit der Formulierung von Konsequenzen für die Entwicklung der Unterrichtseinheiten, die aus den theoretischen Überlegungen resultieren.

5.1 Konzepte

Betrachtet man die Publikationen zur Didaktik des Stochastikunterrichts, zeigt sich, dass es kein einheitliches didaktisch-methodisches Konzept zur Behandlung der Stochastik im Mathematikunterricht gibt. Vielmehr lassen sich in Anlehnung an TIETZE/KLIKA/WOLPERS (2002, S. 102ff.) vier unterschiedliche Zugänge unterscheiden, die hinsichtlich der mathematischen Inhalte sowie des Exaktifizierungsniveaus in der Darstellung und der Anwendungsorientierung variieren:

1. Klassischer Aufbau der Stochastik

2. Anwendungsorientierter Aufbau der Stochastik

3. Datenorientierte Stochastik

4. Bayes-Statistik

Der an der Bayes-Statistik orientierte Aufbau der Stochastik spielt im Mathematikunterricht bisher keine einflussreiche Rolle. Dies zeigt sich u. a. darin, dass es derzeitig noch keine an der Bayes-Statistik orientierten Lehrbücher und Rahmenlehrpläne gibt. Ebenso entspricht die Bayes-Statistik nicht der typischen Arbeitsweise in der stochastischen Finanzmathematik und ist somit in den entsprechenden Unterrichtseinheiten nicht von Bedeutung. Aus diesem Grund werden im Folgenden nur die ersten drei Konzepte vorgestellt.

5.1.1 Klassischer Aufbau der Stochastik

Der klassische Aufbau der Stochastik orientiert sich an den universitären Einführungsvorlesungen und umfasst die Themenbereiche Wahrscheinlichkeitsraum, Zufallsgrößen und ihre Verteilungen, Grenzwertsätze sowie Schätzen und Testen. Entsprechend seiner großen Bedeutung bildet das Gebiet „Zufallsgrößen und ihre Verteilungen" den Mittelpunkt des klassischen Konzepts, wobei es in den einzelnen Lehrgängen Unterschiede hinsichtlich des Umfanges und der Tiefe der Behandlung einzelner Themen gibt. Während in allen Lehrgängen die Binomialverteilung im

Vordergrund steht, wird die Normalverteilung mit unterschiedlicher Ausführlichkeit berücksichtigt, weitere Verteilungen wie die Poisson- oder die hypergeometrische Verteilung werden selten behandelt. Hinsichtlich des Exaktifizierungsniveaus wird viel Wert auf einen klassischen Formalismus gelegt. Formulierungen wie

> „Sei Ω die Ergebnismenge eines Vorgangs mit zufälligem Ergebnis. Eine Funktion $X : \Omega \to \mathbb{R}$ heißt Zufallsgröße." (SCHULZ/STOYE 1997, S. 111)

sind durchaus typisch für den klassischen Zugang zur Stochastik. Ebenso formal erfolgt die Einführung des Wahrscheinlichkeitsbegriffs mit dem Axiomensystem von Kolmogoroff. Anwendungen spielen im klassischen Konzept eine untergeordnete Rolle und dienen der Einführung in die Thematik und der Übung. Sie sind dem Ziel untergeordnet, tragfähige stochastische Grundvorstellungen und Methoden als wichtiges Fundament für die Behandlung von Anwendungen zu entwickeln. Die meisten Stochastiklehrbücher und didaktischen Publikationen (vgl. KÜTTING 1994) beschreiben einen klassischen Aufbau der Statistik und Wahrscheinlichkeitsrechnung. Als Gründe für dessen starke Verbreitung im Schulunterricht sehen TIETZE/KLIKA/WOLPERS 2002 (S. 104) die folgenden Aspekte:

– Mit dem Axiomensystem von Kolmogoroff steht ein nicht kategorisches Axiomensystem mit wenigen Axiomen zur Verfügung. So besteht die Möglichkeit, bereits in der Schule eine Vorgehensweise kennen zu lernen, mit der ausgehend von Axiomensystemen mathematische Theorien aufgebaut werden.

– Es findet sowohl in inhaltlicher als auch formaler Hinsicht eine passende Vorbereitung auf Lehrgänge im tertiären Bereich statt.

– Eine maßvolle Verwendung des Formalismus weist gegenüber den anderen Konzepten der Stochastik durchaus Vorteile bei der Darstellung von und den Operationen mit Ereignissen auf.

Diese Argumente können Kritiker nicht überzeugen, wie das folgende Zitat belegt:

> „Es liegt auf der Hand, daß ein derart abstrakter Zugang zur Wahrscheinlichkeitsrechnung weder didaktisch vertretbar ist noch der Anwendungsbezogenheit dieser mathematischen Disziplin gerecht wird. Es scheint sogar geboten, schon die bloße Erwähnung des Axiomensystems von Kolmogoroff in der Schule zu vermeiden, da seine Bedeutung erst bei sehr tiefliegenden Grundlagenfragen erfaßt werden kann; schließlich stammt Kolmogoroffs diesbezügliche Publikation erst aus dem Jahr 1933, als wahrscheinlichkeitstheoretische und statistische Methoden längst zum Handwerkszeug des Anwenders von Mathematik gehörten." (SCHEID 1986, S. 129).

SCHEID 1986 befürchtet, dass durch eine zu starke Betonung formal-struktureller Aspekte die Entwicklung von stochastischem Denken als ein wichtiges Ziel des Stochastikunterrichts (siehe Abschnitt 5.2) behindert wird. Dem ist entgegenzusetzen, dass im Mathematikunterricht der Sekundarstufe II die Schüler ihre bis dahin erworbenen Kompetenzen erweitern und vertiefen sollen und zwar mit dem Ziel, sich auf die Anforderungen eines Hochschulstudiums oder einer beruflichen Ausbildung vorzubereiten. Dies sollte im Stochastikunterricht, insbesondere im Leistungskurs, nicht allein durch eine inhaltliche, sondern auch durch eine formale Vorbereitung erfolgen. Aus diesem Grund ist der Unterricht derart anzulegen, dass einerseits der klassische Aufbau der Wahrscheinlichkeitsrechnung nicht zu Beginn des Stochastikunterrichts steht, andererseits ein späterer Zugang zum axiomatischen Aufbau möglich ist und bereits vorbereitet wird.

5.1.2 Anwendungsorientierter Aufbau der Stochastik

Unter dem anwendungsorientierten Aufbau der Stochastik wird ein Konzept verstanden, das Begriffe und Methoden problemorientiert aus stochastischen Realsituationen u. a. aus den Bereichen Marktforschung, Sport und Versicherungsstatistik entwickelt. Der zu vermittelnde Stoffkanon zeigt mit Laplace-Wahrscheinlichkeiten, Zufallsgrößen und ihren Verteilungen, kombinatorischen Grundaufgaben, Pfadregeln, graphischen Darstellungen stochastischer Situationen sowie Schätzen und Testen eine gewisse Übereinstimmung mit dem klassischen Aufbau. Nach einer kurzen Einführung in die oben genannten Elemente der Wahrscheinlichkeitsrechnung beschäftigt sich ein anwendungsorientierter Lehrgang jedoch schwerpunktmäßig mit wesentlichen Methoden der beurteilenden Statistik.

Hinsichtlich des Exaktifizierungsniveaus unterscheidet sich der anwendungsorientierte Ansatz stark vom klassischen Aufbau der Wahrscheinlichkeitsrechnung. Die formal-mathematischen Ausführungen werden bei der Darstellung von Begriffen und Methoden auf ein Minimum beschränkt. „Dem Konzept der Problem- und Anwendungsorientierung entsprechend wird versucht, anhand miteinander verbundener Beispiele und Übungsaufgaben die vorstehend beschriebenen Begriffe und Verfahren der Stochastik mit einem möglichst geringen Aufwand an formalen Mitteln induktiv, anwendungs- und handlungsorientiert zu entwickeln." (TIETZE/KLIKA/WOLPERS 2002, S. 106). So wird beispielsweise der Wahrscheinlichkeitsbegriff wie folgt eingeführt:

> „Mit wachsendem Stichprobenumfang stabilisieren sich die relativen Häufigkeiten für eine betrachtete Merkmalsausprägung um einen bestimmten Wert. Diesen Wert nehmen wir als Wahrscheinlichkeit dafür, daß bei einer Stichprobe (vom Umfang 1) der betrachtete Ausgang vorliegt." (STRICK 1998, S. 10).

Entsprechend dem Gesamtkonzept stehen in diesem Lehrgang Anwendungen stark im Vordergrund. Durch eine Systematisierung der Anwendungsbereiche (z. B. Befragungen und Prognosen, Glücksspiele) wird versucht, die Anwendungsorientierung zu strukturieren. Die konsequente Behandlung von ansprechenden, realitätsnahen Problemen ist ohne Zweifel positiv zu bewerten. Dennoch sehen wir einen fast vollständigen Verzicht auf formal-mathematische Aspekte zugunsten interessanter inhaltlicher Fragen nicht immer als gerechtfertigt an. Damit schließen wir uns der folgenden Auffassung an:

> „Es stellt regelmäßig keine Erleichterung für den Lernenden dar, wenn ihm etwa im Zuge einer durchaus löblichen Konzentration auf die Anwendungen, diese Begriffe [z. B. Zufallsgröße, Wahrscheinlichkeitsraum] vorenthalten oder verwaschen und damit letztendlich unverständlich dargeboten werden." (BENDER 1997, S. 11 in Anlehnung an ZIEZOLD 1982).

Problematisch im Zusammenhang mit einem zu stark anwendungsbezogenen Stochastikunterricht erscheint auch, dass keine adäquaten Grundvorstellungen zu vielen stochastischen Begriffen aufgebaut werden können. Die Reduktion auf ein Minimum an formal-mathematischen Fragen ist aus unserer Sicht zu überdenken, wie auch BENDER 1997 fordert:

> „Die Anwendungen müssen Teil dieser Ausbildung sein; jedoch kann dabei das folgende Dilemma auftreten: Aus Zeitgründen [...] und aus Gründen der Gewichtigkeit [...] wird der zugrundeliegende mathematische Korpus gern auf das scheinbar Notwendige reduziert bzw. im ‚Idealfall' sogar gemeinsam mit den Anwendungen entwickelt, und zwar gerade soweit wie nötig. Für jemand, der über eine solide Begrifflichkeit verfügt, liegen die Zusammenhänge auf der Hand [...]. Für den Lernenden, der diese Begrifflichkeiten erst erwirbt, basiert das Durchschauen dieser Zusammenhänge jedoch auf harter Arbeit, und zwar über weite Strecken innerhalb der Mathematik." (BENDER 1997, S. 32).

5.1.3 Datenorientierter Aufbau der Stochastik

Das vorrangige Ziel der datenorientierten Stochastik ist die Entwicklung von „Datenkompetenz", unter der man eine Vielzahl von Fähigkeiten und Fertigkeiten versteht, die einen sachgerechten Umgang mit Daten ermöglichen. Im Gegensatz zum klassischen Konzept wird die Stufenfolge „Theorie $\rightarrow$ Praxis" (Entwicklung von stochastischen Modellen zur Anwendung in Realsituationen) umgekehrt. Ausgehend von empirischen Daten werden Techniken entwickelt, um Muster und Strukturen in diesen Daten aufzuspüren. Darauf aufbauend wird zur formalen Beschreibung dieser Muster und Strukturen die notwendige Theorie erarbeitet. Während im deutschsprachigen Raum vor allem eine stärkere Berücksichtigung der Datenorientierung im Stochastikunterricht gefordert wird, hat der datenorientierte Zugang in den USA durch

die vom NATIONAL COUNCIL OF TEACHERS OF MATHEMATICS (2000) herausge-
gebenen nationalen Richtlinien für den Mathematikunterricht (NCTM-Standards)
Eingang in die curricularen Vorgaben gefunden. Die NCTM-Standards beschreiben,
welche Fähigkeiten die Schüler im Laufe ihres Mathematikunterrichts von der Vor-
schule bis zur 12. Klasse erwerben sollen. Inhalte aus dem Bereich Stochastik werden
im Unterpunkt „Data analysis and probability" dargestellt.

Aufgrund der schwerpunktmäßigen Datenorientierung umfasst der Stoffkanon im
Wesentlichen Themen der beschreibenden Statistik und explorativen Datenanalyse.
Hierzu gehören u. a. die Planung und Methoden von Datenerhebungen, Darstellungsmöglichkeiten von Daten in Tabellen und Diagrammen, Lage- und Streuungspa-
rameter, Korrelation und Regression, Datentransformation, Kurvenanpassung und
Hypothesen. Die Mathematik der Wahrscheinlichkeitsrechnung und beurteilenden
Statistik spielt eine untergeordnete Rolle. Der Zielsetzung der Vermittlung von Datenkompetenz folgend steht im datenorientierten Unterricht Anwendungsorientierung im Mittelpunkt. Der Einsatz des Computers zur Datenanalyse ist dabei ein
wesentlicher Bestandteil. Dieser erlaubt eine schnelle und interaktive Datenerfas-
sung und Datenverarbeitung, indem z. B. das Anpassen von Kurven und das Aus-
rechnen statistischer Kenngrößen an den Computer delegiert werden. Dies geschieht
oft zugunsten formal-mathematischer Ausführungen oder Herleitungen.

TIETZE/KLIKA/WOLPERS 2002 (S. 110) bewerten die angestrebte Vermittlung von
Datenkompetenz sowie den Einsatz vieler realitätsnaher Beispiele als positiv. Sie bemängeln jedoch, dass bisher kein tragfähiges Curriculum für einen datenorientierten
Unterricht vorliegt. Darüber hinaus kritisieren sie zu Recht, dass auf eine Behandlung der Wahrscheinlichkeitsrechnung verzichtet wird, die einerseits den Wahrscheinlichkeitsbegriff problematisiert und andererseits wichtige Verteilungen als Modelle
stochastischer Situationen entwickelt. Durch eine starke Daten- und damit verbun-
dene Anwendungsorientierung ergeben sich zudem die gleichen Kritikpunkte wie
die des anwendungsorientierten Aufbaus des Stochastikunterrichts (siehe Abschnitt
5.1.2).

5.1.4 Konsequenzen für die Entwicklung der Unterrichtseinheiten

Die Ausführungen der vorangegangenen Abschnitte verdeutlichen, dass alle vorgestellten Unterrichtskonzepte sowohl Vorteile als auch Nachteile besitzen. Aus diesem Grund versuchen wir, in unserer Unterrichtsplanung die Vorteile der einzelnen
Konzepte miteinander zu verbinden und somit deren Nachteile zu kompensieren.
Besonders wichtig erscheint uns, dass trotz Anwendungsorientierung der formal-
strukturelle Aspekt nicht vernachlässigt wird. Die Unterrichtseinheiten verwenden
daher Elemente der drei vorgestellten Reinformen und können als eine „Mischform"
dieser Konzepte angesehen werden. So lassen sich die Unterrichtsvorschläge flexibel
sowohl in die traditionellen klassisch-ausgerichteten als auch in die immer häufiger
geforderten daten- und anwendungsorientierten Curricula integrieren.

In der Finanzmathematik spielen Daten eine wesentliche Rolle. Unter Verwendung realer und zeitnaher Aktienkursdaten wird versucht, Muster in den Aktienkursen bzw. den dazugehörigen Renditen aufzudecken und daraus Modelle für die Zukunft abzuleiten. Ausgehend von zentralen Fragestellungen erfolgt eine statistische Analyse. Geht man im Unterricht ähnlich vor, können im Verlauf dieser Analyse neue statistische Begriffe eingeführt werden. So wird beispielsweise bei der Korrelationsanalyse (siehe Abschnitt 7.3.2) dieser Gedanke umgesetzt, indem die folgende Frage im Mittelpunkt der Betrachtungen zum Begriff der Korrelation steht:

Schätzen Sie die Situation ein: Wie reagieren Aktien von Unternehmen gleicher Branchen auf bestimmte Ereignisse, wie reagieren Aktien von Unternehmen verschiedener Branchen? Sind Ihnen Beispiele bekannt, in denen sich Aktienkurse gleichläufig oder gegenläufig verhalten?

Die weitere Planung sieht vor, die von den Schülern selbstständig entwickelten Hypothesen mittels statistischer Analyse entsprechender Aktienkurse zu bestätigen oder zu entkräften. Durch eine graphische Darstellung der empirischen Daten als Punktwolken in so genannten Streudiagrammen kann festgestellt werden, inwieweit die Renditen verschiedener Aktien statistisch miteinander zusammenhängen. Die bei der statistischen Analyse gemachten Entdeckungen (Punktwolke linear mit positivem Anstieg, Punktwolke linear mit negativem Anstieg, Punktwolke gleichmäßig über alle vier Quadranten verteilt) werden abschließend mit dem Begriff der empirischen Korrelation belegt. Neue statistische und stochastische Begriffe werden also im Laufe der Untersuchungen eingeführt und stochastische Gesetzmäßigkeiten werden anhand der Daten durch Schüler z. T. selbst entdeckt. In dieser Vorgehensweise werden Elemente des datenorientierten Aufbaus der Stochastik berücksichtigt.

Der zu vermittelnde Stoffkanon der zu entwickelnden Unterrichtsvorschläge wird nicht nur Elemente der Statistik enthalten, wodurch sich der datenorientierte Zugang inhaltlich vom anwendungsorientierten Aufbau abgrenzt, sondern auch Elemente der klassischen Stochastik, wie die Binomial- und die Normalverteilung. Diese Begriffe und Gesetzmäßigkeiten können, wie das oben angegebene Beispiel zur Korrelation, ausgehend von realen Sachsituationen aus dem Anwendungsbereich „Wirtschaft" problemorientiert erarbeitet werden. Es lassen sich somit auch Ideen eines anwendungsorientierten Aufbaus der Stochastik umsetzen.

Die Unterrichtsvorschläge sollen eine tiefergehende Auseinandersetzung mit ausgewählten Themen auf formal-struktureller Ebene zulassen. So werden wir uns bei der Definition von wichtigen Begriffen am klassischen Aufbau der Stochastik orientieren. Neben der formal-strukturellen Arbeitsweise werden viele Themen des klassischen Lehrgangs berücksichtigt.

5.2   Ziele des Stochastikunterrichts

5.2.1   Stochastisches und statistisches Denken

In der Literatur wird als Ziel des Stochastikunterrichts bereits seit einigen Jahren die Vermittlung stochastischen Denkens diskutiert, wobei stochastisches Denken eine „Denkform bezeichnet, die für das Beurteilen und Entscheiden in solchen [unsicheren] Situationen notwendig ist." (TIETZE/KLIKA/WOLPERS 2002, S. 135). Etwas ausführlicher definiert SACHS 2006 den Begriff des stochastischen Denkens:

> „Stochastisches Denken [. . .] ist die kritische Einschätzung der Variabilität und Unsicherheit, Größen werden als Zufallsvariable gedacht, ihre mögliche Entstehung wird modelliert und im Gegensatz zur deterministischen Mathematik werden unter Einbeziehung der Unsicherheit mithilfe mathematischer Modelle Entscheidungssituationen transparent gemacht, wobei Wahrscheinlichkeitsaussagen resultieren, z. B. als Vertrauensbereiche oder anhand von Hypothesentests. Stochastisches Denken ist somit das Bestreben, über Variabilität und Unsicherheit Klarheit zu gewinnen. Unsicheres Wissen mit dem Wissen um Größe und Anteil der Unsicherheit ist nützliches Wissen." (SACHS 2006, S. 24).

Das Ziel in der Entwicklung stochastischen Denkens liegt in der Befähigung zum rationalen Umgang mit zufälligen Vorgängen aus Natur, Technik und Gesellschaft, wobei im Einzelnen nach HENNING/JANKA 1993 Folgendes geleistet werden soll:

- Identifizierung von zufälligen Vorgängen,

- Formulierung von geeigneten Modellannahmen nach der Analyse der stochastischen Situationen,

- Konstruktion von mathematischen Modellen,

- Anwendung von stochastischen Methoden und Verfahren,

- Interpretation von Ergebnissen.

In den vergangenen Jahren sind zahlreiche Studien zum stochastischen Denken durchgeführt worden, die aufzeigen, dass viele Schüler und Erwachsene diesen Anforderungen nicht gerecht werden. Die Studien sind in der Regel derart angelegt, dass zu einzelnen Begriffen oder Methoden der Stochastik gezielt Aufgaben gestellt werden, deren Lösungen Aufschluss über die Vorstellungen und Vorgehensweisen der Probanden geben sollen. Untersucht wurden z. B. Vorstellungen zum Wahrscheinlichkeitsbegriff, zum Konzept der Unabhängigkeit und zum Konzept der bedingten Wahrscheinlichkeit. Besonders interessant im Zusammenhang mit stochastischem

Denken erscheinen die Studien zum Konzept des Zufalls, die u. a. untersuchen, inwieweit Schüler zufällige Vorgänge erkennen. Hierbei haben die meisten Schüler erhebliche Schwierigkeiten, wie die Untersuchung von 4.000 englischen elf- bis sechzehnjährigen Schülern zeigte:

> „Items, die das Erkennen des Zufalls, die Stabilisierung von relativen Häufigkeiten und das logische Schließen ansprechen, wurden besonders schlecht gelöst – mit einer nur kleinen Verbesserung bei zunehmendem Alter." (GREEN 1983, S. 34).

Den Grund für die wenig zufriedenstellenden Ergebnisse, die in Studien von FISCHBEIN/MARINO/NELLO 1991 und SILL 1993 bestätigt wurden, sieht BENDER 1997 (S. 9) in einer ungenügenden Ausbildung stochastischer Grundvorstellungen zu wichtigen Begriffen. Dies wird durch einen meist automatisierten Umgang mit Formeln oder statistischen Verfahren bedingt.

In der jüngeren Vergangenheit haben in den Medien Berichte über statistische Untersuchungsergebnisse stark zugenommen, so dass in diesem Zusammenhang die Sensibilisierung der Schüler gegenüber einem gelegentlich unangebrachten oder gar zweifelhaften Gebrauch von Statistik gefordert wird. Aus diesem Grund ist die didaktische Zieldiskussion insbesondere durch die Arbeiten von MOORE 1997 und PFANNKUCH/WILD 1999 um den Begriff des statistischen Denkens erweitert worden. Statistisches Denken ist dabei ähnlich wie stochastisches Denken als eine Denkform anzusehen, die notwendig für einen flexiblen Umgang mit statistischen Problemen ist. Es schließt insbesondere das Verständnis dafür ein, warum und wie statistische Erhebungen durchgeführt und ausgewertet werden. Im Einzelnen wird es nach PFANNKUCH/WILD 1999 (S. 226) charakterisiert durch:

- das Erkennen der Notwendigkeit der Betrachtung von realen Daten zur Lösung von realen Problemen,

- eine sinnvolle Darstellung der relevanten Daten,

- das Erkennen von Mustern in verschiedenen Datensätzen zu gleichen Situationen,

- das Einbinden von Daten in statistische Modelle,

- die Herstellung einer Verbindung zwischen Kontext und Statistik.

Der zentrale Unterschied zwischen stochastischem und statistischem Denken liegt in der Definition des Begriffs „Problem". Probleme im Sinne des statistischen Denkens gehen grundsätzlich von realen Daten aus, die unter Umständen noch geschickt erhoben und im Sinne der Sachsituation verarbeitet werden müssen. Diese unbedingte Notwendigkeit von realen Daten findet trotz des Ziels eines adäquaten Umgangs mit

unsicheren Realsitutationen im Konzept des stochastischen Denkens keine Berücksichtigung. Während bereits zahlreiche Untersuchungen zur Entwicklung von stochastischem Denken durchgeführt wurden, gibt es bisher nur wenige vergleichbare
Studien zum statistischen Denken. Diese Untersuchungen zeigen dennoch auf, dass
viele Schüler die Anforderungen, die im Zusammenhang mit statistischem Denken
formuliert werden, nicht erfüllen.

In der jüngeren Vergangenheit ist eine Tendenz dahingehend zu erkennen, dass statistisches Denken, erkennbar auch an der Forderung nach einem datenorientierten
Stochastikunterricht (siehe Abschnitt 5.1.3), als primäres Ziel des Stochastikunterrichts angesehen wird. Wir teilen diese Zielorientierung nicht, sondern sind der Meinung, dass in einem zeitgemäßen Stochastikunterricht die Entwicklung von sowohl
statistischem als auch stochastischem Denken angestrebt werden sollte. Wir schließen uns damit der folgenden Auffassung an:

> „Für die Mathematikdidaktik ist zu fragen, inwieweit beide Ansätze
> – stochastisches und statistisches Denken – im Unterricht zu entwickeln
> und zusammenzuführen sind, so dass Mathematik als mächtige Methode
> erlebt wird, Phänomene der natürlichen, sozialen und geistigen Welt zu
> beschreiben und zu analysieren." (ENGEL 2003, S. 206).

5.2.2   Leitidee „Daten und Zufall"

Die Entwicklung von stochastischem und statistischem Denken sind zwei sehr allgemein formulierte Ziele, die für den konkreten Unterricht bzw. für die Entwicklung
von Curricula detaillierter ausgeführt werden müssen. Dies erfolgt u. a. auf bildungs-
politischer Ebene durch die nationalen, von der Kultusministerkonferenz (KMK)
beschlossenen Bildungsstandards. Diese fassen unter der Leitidee „Daten, Häufigkeit und Wahrscheinlichkeit" für die Primarstufe und unter der Leitidee „Daten und
Zufall" für den Hauptschulabschluss bzw. den Mittleren Schulabschluss diejenigen
Kompetenzen zusammen, die die Lernenden nach den genannten Bildungsstufen erreicht haben sollen. Die Leitidee „Daten und Zufall" für den Mittleren Schulabschluss
wird durch die folgenden Ziele charakterisiert:

> „Die Schülerinnen und Schüler
>
> – werten graphische Darstellungen und Tabellen von statistischen Er-
>   hebungen aus,
>
> – planen statistische Erhebungen,
>
> – sammeln systematisch Daten, erfassen sie in Tabellen und stellen sie
>   graphisch dar, auch unter Verwendung geeigneter Hilfsmittel (wie
>   Software),
>
> – interpretieren Daten unter Verwendung von Kenngrößen,

– reflektieren und bewerten Argumente, die auf einer Datenanalyse basieren,

– beschreiben Zufallserscheinungen in alltäglichen Situationen,

– bestimmen Wahrscheinlichkeiten bei Zufallsexperimenten." (KMK 2004, S. 12).

Derzeit entsteht eine Vielzahl von Publikationen, die auf der Basis der Bildungsstandards konkrete Aufgabenbeispiele und Anregungen für einen kompetenzorientierten Mathematikunterricht geben. Die Bildungsstandards werden durch die Einheitlichen Prüfungsanforderungen in der Abiturprüfung Mathematik ergänzt, in denen die in Tabelle 5.1 angegebenen stochastischen Inhalte nicht nur unter der entsprechenden Leitidee „Zufall" formuliert werden.

Leitidee	Stochastischer Inhalt
Zufall	Wahrscheinlichkeit Rechnen mit Wahrscheinlichkeiten diskrete und stetige Verteilungen
Funktionaler Zusammenhang	Zufallsgrößen
Modellieren	Verfahren der beurteilenden Statistik Simulation von Zufallsprozessen
Messen	Kenngrößen von Zufallsgrößen

Tab. 5.1: Stochastische Inhalte in den Einheitlichen Prüfungsanforderungen (vgl. KMK 2002, S. 13ff.)

Nach den Vorgaben der KMK sind also die beschreibende Statistik in der Sekundarstufe I, die beurteilende Statistik in der Sekundarstufe II und die Wahrscheinlichkeitsrechnung in beiden Stufen zu unterrichten, womit Statistik und Wahrscheinlichkeitsrechnung im schulischen Bereich als gleichberechtigt anzusehen sind. Dies bedeutet im Vergleich zum bisherigen Unterricht eine Aufwertung der Datenanalyse und damit verbunden eine Veränderung des deutschen Stochastikunterrichts.
Die Bildungsstandards unterstützen somit gemeinsam mit den Einheitlichen Prüfungsanforderungen die in den vom Arbeitskreis Stochastik[1] (AK Stochastik) formulierten Empfehlungen zu den Zielen und zur Gestaltung des Stochastikunterrichts seit längerem geforderte Dualität von Wahrscheinlichkeit und Statistik (vgl. AK STOCHASTIK 2003). Diese Empfehlungen beschreiben ausführlicher als die

---

[1]Der Arbeitskreis Stochastik in der Schule ist ein Arbeitskreis der Gesellschaft für Didaktik der Mathematik (GDM), dessen Ziel die nachhaltige Verbesserung des Stochastikunterrichts ist. Angeregt durch eine internationale Diskussion um Stochastikcurricula wurde nach einem zweijährigen Prozess die zitierte bildungspolitische Stellungnahme zum Stochastikunterricht am 10.10.02 verabschiedet.

Bildungsstandards die einzelnen Ziele, die die Schüler nach Abschluss der Primar-
sowie der Sekundarstufen I und II erreicht haben sollten. Das Hauptziel des Stochastikunterrichts ist demnach die Entwicklung einer stochastischen Kompetenz,
die durch Grundkenntnisse im Umgang mit Daten und die Fähigkeit, auf Daten
bzw. Wahrscheinlichkeitsbetrachtungen basierende Entscheidungen zu treffen und
zu begründen, charakterisiert wird.

5.2.3 Konsequenzen für die Entwicklung der Unterrichtseinheiten

Die Bildungsstandards sind gemeinsam mit den Einheitlichen Prüfungsanforderungen für die Entwicklung neuer Curricula als verbindlich anzusehen. Da deren Prinzi-
pien in den Empfehlungen des AK Stochastik berücksichtigt werden, orientieren wir
uns bei der Entwicklung der Unterrichtseinheiten an den Empfehlungen des AK Stochastik. Unseren Blick bei der Planung der Unterrichtseinheiten werden wir daher
stets auf die Entwicklung von Fähigkeiten für einen angemessenen Umgang mit Daten sowie auf Fähigkeiten zur Modellierung stochastischer Probleme richten. Diese
übergeordneten Ziele werden in den entsprechenden Ausführungen zu den Unterrichtseinheiten (siehe Kapitel 6, 7 und 8) detaillierter dargestellt.

Mit den Unterrichtseinheiten zur stochastischen Finanzmathematik möchten wir
die Entwicklung von stochastischem Denken unterstützen. Entgegen dem aktuellen
Trend unterscheiden wir hierbei nicht zwischen statistischem und stochastischem
Denken, sondern bezeichnen mit stochastischem Denken in Anlehnung an TIET-
ZE/KLIKA/WOLPERS 2002 diejenige Denkform, die für ein angemessenes Verhalten
innerhalb von stochastischen Situationen im persönlichen, gesellschaftlichen oder
beruflichen Leben vonnöten ist und zwar unabhängig davon, ob diese Situationen
reale Daten erfordern oder nicht. Diese Entscheidung wird durch folgende Argu-
mentation gestützt: Die Beurteilung vergangener Aktienkurse und die „Prognose“
künftiger Aktienkurse erfordern sowohl statistisches Denken, etwa zur Auswertung
realer Daten, als auch stochastisches Denken im engeren Sinne, wie es im Abschnitt
5.2.1 definiert wurde. Durch eine Verbindung des stochastischen und statistischen
Denkens wird eine Einheit beider Sichtweisen deutlich, eine klare Trennung ist kaum
möglich.

Für die Entwicklung stochastischen Denkens ist insbesondere das Erkennen von
stochastischen Situationen notwendig, was als Vorausetzung für das entsprechende
Handeln gilt. Hiermit haben viele Schüler und Erwachsene Schwierigkeiten (siehe
Abschnitt 5.2.1). Hier kann u. E. der Stochastikunterricht Abhilfe leisten, indem
exemplarisch aufgezeigt wird, dass scheinbar deterministische Phänomene durchaus einen zufälligen Charakter aufweisen und diese mittels stochastischer Methoden modelliert werden können. Hierfür halten wir Aktien und Optionen für besonders geeignet. Fragt man Schüler danach, ob Aktienkurse als zufällig betrachtet
werden können, dann werden vermutlich viele diese Frage verneinen. Diese Position scheint insofern plausibel, als dass man natürlicherweise davon ausgeht, dass

Aktienkurse durch wirtschaftliche, gesellschaftliche und politische Entwicklungen und menschliche Entscheidungen bestimmt werden und insofern determiniert sind. Dieses Wirkungsgefüge ist jedoch derart komplex, so dass wir über zu wenige Kenntnisse für eine sichere Prognose verfügen. Damit ist die Entwicklung von Aktienkursen in Anlehnung an HENZE 2000 als nicht deterministisch anzusehen:

> „Dabei wollen wir im Folgenden nicht über die Existenz eines wie immer gearteten Zufalls philosophieren, sondern den pragmatischen Standpunkt einnehmen, dass sich gewisse Vorgänge [...] einer deterministischen Beschreibung entziehen und somit ein stochastisches Phänomen darstellen, weil wir nicht genug für eine sichere Vorhersage wissen. Wir lassen hierbei offen, ob dieses Wissen nur für uns in der speziellen Situation oder prinzipiell nicht vorhanden ist." (vgl. HENZE 2000, S. 1).

Aktienkurse bewegen sich somit zufällig, das Auf und Ab der Aktien ist also ein Zufallsprozess. Im gleichen Maße sind Optionspreise zufällig, sie unterliegen den Aktienkursentwicklungen. Den Schülern den zufälligen Charakter von Finanzprodukten aufzuzeigen, erscheint uns ein wichtiges Ziel des Unterrichts in stochastischer Finanzmathematik. Diese Erkenntnis ist gemeinsam mit der Modellierung der künftigen Aktienkurse bzw. Optionspreise ein wichtiger Schritt in die Richtung der geforderten Entwicklung stochastischen Denkens.

5.3 Simulationen

5.3.1 Allgemeine Aspekte zur Simulation

Unter Simulationen in der Stochastik versteht man „Verfahren, mithilfe von geeigneten Zufallsgeneratoren eine stochastische Situation ‚nachzuspielen', um so ein Modell für diese Situation zu erhalten, das dann zur weiteren Analyse und zur Prognose eingesetzt werden kann." (TIETZE/KLIKA/WOLPERS 2002, S. 129). Der Wert von Simulationen ist in der didaktischen Diskussion unumstritten:

> „Der eigentliche Charakter des Zufalls wird erst durch die Simulation, die wiederholte Versuchsdurchführung, erfahrbar und erfahren. [...] es kommt nach unserer Auffassung wesentlich darauf an, daß Lernende die Versuche selbst durchführen und die Entwicklungen ihrer Einschätzungen während der Versuchsdurchführung erleben." (WOLLRING 1992, S. 3).

Simulationen sind in der heutigen Zeit in Technik und Naturwissenschaften weit verbreitet. Sie kommen u. a. dann zum Einsatz, wenn das Realexperiment zu gefährlich (Crashtests), zu langwierig (Langzeitverhalten von Naturvorgängen) oder aus ethischen Gründen nicht vertretbar (Tierversuche) ist. Bereits aufgrund ihrer großen allgemeinen praktischen Bedeutung sollten Simulationen aus verschiedenen Gründen fester Bestandteil des Stochastikunterrichts sein:

> „Die didaktische Bedeutung der Simulation für den Schulunterricht kann nicht hoch genug angesetzt werden. Denn:
>
> – Simulationen fördern die Modellbildung im Stochastikunterricht.
>
> – Simulationen fördern das stochastische Denken, da das wiederholt durchgeführte Zufallsexperiment Daten zur Einschätzung probabilistischer Begriffe (wie Wahrscheinlichkeit, Erwartungswert, Signifikanzintervall) liefert.
>
> – Das experimentelle Tun bei Simulationen motiviert die Schüler.
>
> – Durch Simulationen können Aufgaben gelöst werden, die auf dem erreichten Niveau mit den zur Verfügung stehenden stochastischen Mitteln nicht analytisch gelöst werden können.
>
> – Eine analytische Lösung einer Aufgabe kann durch Simulation gewissermaßen eine experimentelle Bestätigung erfahren." (KÜTTING 1994, S. 248).

Zur Simulation eines stochastischen Problems schlägt KÜTTING 1994 (S. 247) die folgenden Prozessschritte vor:

1. Entwicklung eines für das Problem passenden Simulationsmodells

2. Wiederholte Zufallsexperimente anhand des im ersten Schritt erstellten Modells

3. Auswertung der Ergebnisse und Interpretation des Schätzwerts als Lösung des Problems

Mit der Entwicklung von Computern wurde die Simulation zu einer legitimen und bedeutenden Methode bei der Lösung vieler Anwendungsprobleme. Dies sollte auch in einem zeitgemäßen Stochastikunterricht berücksichtigt werden.

Trotz ihres verbreiteten Einsatzes gibt es bisher kaum Studien, die die Auswirkungen von Simulationen auf das Verständnis von stochastischen Begriffen bei Schülern bzw. Studenten untersuchen. STOCKBURGER 1982 und GRAY/STERLING 1991 stellten fest, dass Studenten, die in den Einführungsvorlesungen zur Wahrscheinlichkeitstheorie Computersimulationen als Hilfsmittel nutzten, signifikant bessere Prüfungsleistungen zeigten als diejenigen Studenten, die traditionell unterrichtet wurden. Vergleichbar gute Ergebnisse ergaben auch jüngere Studien, in denen untersucht wurden, inwiefern sich Simulationen auf das konzeptionelle Verstehen von grundlegenden statistischen und stochastischen Konzepten (vgl. GNANADESIKAN et al.

1997) und auf die Motivation, sich über die Simulationen hinaus mit formalen Methoden der Wahrscheinlichkeitsrechnung und Statistik zu beschäftigen (vgl. ENGEL 2004, S. 178), auswirken. Die Hoffnung, durch den Einsatz von Simulationen Fehlvorstellungen zu vermeiden, ist hingegen nicht immer gerechtfertigt, wie eine Studie von BOYCE/POLLATSEK/WELL 1990 aufdeckt. Viele Schüler entwickelten trotz Computersimulationen keine angemessenen Vorstellungen von den Auswirkungen eines Stichprobenumfangs auf die Varianz.

In der jüngeren Vergangenheit sind deutliche Tendenzen dahingehend zu erkennen, dass Simulationen als so genannte Black-Boxes eingesetzt werden. Kritisch zu bewerten ist es, wenn Schüler lediglich die Simulationen ohne das Bilden eigener Simulationsmodelle nach Anleitung oder in einem vorgefertigten Excel-Arbeitsblatt durchführen. Das Argument, Simulationen fördern Modellierungen im Stochastikunterricht, wird damit hinfällig. Dies könnte u. E. eine Ursache dafür sein, dass Fehlvorstellungen von wichtigen stochastischen Begriffen durch Simulationen nicht vermieden werden. Als kritisch einzustufen sind auch Simulationsaufgaben, die die Schüler bereits analytisch lösen können. Dies führt häufig dazu, dass die Simulationsergebnisse mit den rechnerisch bestimmten Ergebnissen verglichen werden. Kommen im Unterricht hauptsächlich derartige Aufgaben zum Einsatz, bleibt den Schülern der Sinn von Simulationen verborgen. Gleichzeitig schwindet die durch Simulationen erhoffte gesteigerte Motivation, insbesondere dann, wenn die angebotenen Aufgaben effektiver mithilfe von Kombinatorik oder Wahrscheinlichkeitsrechnung gelöst werden können.

5.3.2 Konsequenzen für die Entwicklung der Unterrichtseinheiten

Aus den vorangegangenen Ausführungen wird deutlich, welche Anforderungen wir an Simulationen stellen. Im Unterricht eingesetzte Simulationen sollen von Schülern selbstständig und möglichst vollständig entsprechend den Prozessschritten nach KÜTTING 1994 (siehe Abschnitt 5.3.1) durchgeführt werden und die Bedeutung von Simulationen in der Finanzmathematik aufzeigen. Den Einsatz von Black-Boxes für Simulationen lehnen wir aus den bereits genannten Gründen ab. Diese von uns formulierten Ansprüche führen dazu, dass wir für unsere geplanten Unterrichtseinheiten nur wenige Einsatzmöglichkeiten für Simulationen sehen, auch wenn Simulationen in der Finanzmathematik eine wichtige Rolle spielen, wie bereits im Kapitel 1.13 durch die Simulation von künftigen Aktienkursentwicklungen mithilfe des Black-Scholes-Modells aufgezeigt wurde. Dieses ist u. E. für den Unterricht zu komplex und kann nur in ausgewählten Schülergruppen eingesetzt werden.

Eine der wenigen Möglichkeiten zur sinnvollen Simulation in den geplanten Unterrichtseinheiten sehen wir in der Simulation des Random-Walk-Modells, wobei eine entsprechende Simulationsaufgabe die folgende sein könnte (siehe Abschnitt 6.3.2).

Die Abbildung 5.1 zeigt das Linienchart für die Wochenschlusskurse der Adidas-Aktie im Zeitraum vom 21.01.08 bis 30.06.08. Das Linienchart soll durch Modellierung der künftigen Aktienkurse fortgesetzt werden. Entwicklen Sie ein Experiment, mit dem Sie unter Anwendung des Random-Walk-Modells das Linienchart fortsetzen können. Führen Sie das Experiment durch und setzen Sie das Linienchart entsprechend fort. Gehen Sie von einem Aktienkurs von €38,04 am 30.06.08 und $u = 1,03$ sowie $d = 0,99$ aus.

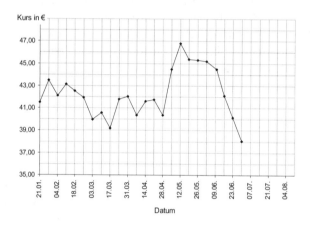

Abb. 5.1: Linienchart der Adidas-Aktie im Zeitraum vom 21.01.08 bis 30.06.08

Um das Linienchart fortzusetzen, können wir z. B. für jede Woche eine Münze werfen. Wenn Kopf fällt, steigt der Aktienkurs in der betreffenden Woche. Erscheint dagegen Zahl, dann sinkt der Aktienkurs in der betreffenden Woche. Steht der Computer zur Verfügung, kann die Simulation mit diesem durchgeführt werden. Das mit dem Computer über einen noch längeren Zeitraum erzeugte Linienchart erinnert stark an eine Aktienkursbewegung. Diesen Effekt kann man auch erreichen, wenn die Ergebnisse des Experiments auf einzelnen Blättern festgehalten und durch Zusammenfügen dieser einzelnen Aktienkursbewegungen ein Aktienkursprozess über einen längeren Zeitraum simuliert wird. Die Abbildung 5.2 verdeutlicht diese Idee.

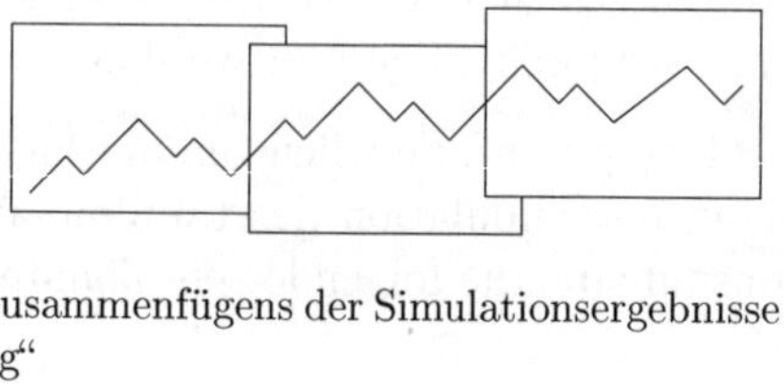

Abb. 5.2: Prinzip des Zusammenfügens der Simulationsergebnisse zu einer gemeinsamen „Aktienkursentwicklung"

Durch Simulationen werden die wesentlichen Modellannahmen wiederholt und vertieft, wodurch ein tiefergehendes Verständnis des Random-Walk-Modells zu erwarten ist. Erst wenn das Modell hinreichend verinnerlicht wurde, werden die Schüler ein passendes Simulationsmodell bilden und simulieren können.

5.4 Computereinsatz

Mit der Entwicklung neuer Technologien begann in den sechziger Jahren eine noch heute andauernde internationale Diskussion über die notwendigen Veränderungen in den Zielen und Methoden eines computergestützten Mathematikunterrichts. Die fachdidaktische Auseinandersetzung mit den Möglichkeiten eines sinnvollen Computereinsatzes erreichte wenig später auch den Stochastikunterricht. Bereits 1984 heißt es in den „Empfehlungen über den Einfluß von Rechnern und Computern auf das Lehren von Stochastik" einer Round Table Conference des Internationalen Statistischen Instituts:

> „Rechner und Computer sind Werkzeuge von grundlegender Wichtigkeit, sowohl für das Lehren von Stochastik als auch für die stochastische Praxis. Sie sollten möglichst allen Lehrenden und Lernenden in diesem Bereich zugänglich gemacht werden; Lehrpläne und Lehrmethoden zur Stochastik sollten ihre Existenz berücksichtigen." (RADE/SPEED 1985, zititert nach SCHUPP 1992, S. 96).

Seitdem sind die Einsatzmöglichkeiten von Computern – nicht zuletzt durch eine verbesserte Ausstattung der meisten Schulen – im Stochastikunterricht gestiegen. Im Folgenden sollen diese Möglichkeiten für den Mathematikunterricht im Allgemeinen und die wesentlichen Funktionen des Computers als Werkzeug im Stochastikunterricht diskutiert werden.

5.4.1 Einsatzmöglichkeiten des Computers

Im Wesentlichen werden die folgenden Formen des Computereinsatzes unterschieden und analysiert (vgl. SCHMIDT 1988, SCHUPP 1992, MEHLHASE 1994, WEIGAND/WETH 2002):

Als **Werkzeug** soll der Computer die aktive Auseinandersetzung der Schüler mit Mathematik fördern. Durch die Delegation zeitintensiver und wenig Gewinn bringender Routineaufgaben wird der operative Umgang der Schüler mit mathematischen Phänomenen und Fragestellungen erleichtert und zum Verständnis von mathematischen Ideen und Verfahren beigetragen. Dem Computer als Werkzeug gilt das Hauptinteresse für den Einsatz im Stochastikunterricht.

Als **Medium** dient der Computer der Darstellung, Demonstration und Veranschaulichung von mathematischen Phänomenen und Zusammenhängen, die mit herkömmlichen Medien wie Papier und Stift, Tafel und Kreide oder plastischen Modellen nur schwer oder mit großem Aufwand realisierbar sind. Die Übergänge zwischen dem Computer als Medium und dem Computer als Werkzeug sind mitunter fließend.

Als **Tutor** z. B. in Form von Lernprogrammen übernimmt der Computer die Rolle des Lehrers und stellt eine Lernumgebung für einen bestimmten, beschränkten Lerninhalt bereit. Innerhalb der Stochastik gibt es bisher keine tutoriellen Systeme. Dies lässt sich insbesondere mit der „außerordentlich aufwendigen Planung und Erprobung entsprechender Software" (SCHUPP 1992, S. 97) begründen.

Als **Lerngegenstand** trägt der Computer zur Entwicklung einer Medienkompetenz im Sinne des Wissens bzgl. der technischen Struktur sowie der Bedienung neuer Medien bei. Zu Recht sollte nach SCHUPP 1992 der Computer als Lerngegenstand nicht im Mittelpunkt des Stochastikunterrichts stehen, auch weil heute diese Aufgabe oft dem Informatikunterricht zufällt. Dennoch ist es möglich, dass durch den Einsatz des Computers als Lerngegenstand zum Verständnis der Arbeitsweise des Computers etwa bei der Konstruktion und Analyse von Zufallsgeneratoren beigetragen werden kann.

Der Einsatz des Computers als **Lernender** zielt auf seine Programmierbarkeit ab. Bei der Erarbeitung und Programmierung eines Algorithmus erfahren die Schüler die Leistungsfähigkeit und die Grenzen ihrer Rechner und dringen aufgrund der unumgänglichen Fehlersuche tiefer in den Sachverhalt vor. Im heutigen Stochastikunterricht kommt der Computer als Lernender kaum zum Einsatz, auch wenn von ENGEL 1991 interessante Beispiele vorliegen.

Wie aus den obigen Ausführungen deutlich wird, spielt der Computer als Werkzeug im Stochastikunterricht die größte Rolle, alle anderen Einsatzmöglichkeiten sind von geringer Bedeutung auch für den Unterricht von finanzmathematischen Themen. Aus diesem Grund werden im Folgenden lediglich die Funktionen des „Werkzeugs Computer" aufgezeigt.

5.4.2   Computer als Werkzeug

Nach SCHUPP 1992 (S. 95ff.) lassen sich die folgenden Funktionen des Werkzeugs Computer im Stochastikunterricht unterscheiden: Rechner, Datenverwalter, Zeichner und Simulator.

Computer als Rechner: Insbesondere bei einer praxisnahen Ausrichtung des Stochastikunterrichts sind bereits in der Schule immer wieder umfangreiche und zeitintensive Rechnungen, wie das Bestimmen von Lage- und Streuungsmaßen bei Stichproben oder die Berechnung von Wahrscheinlichkeiten binomial- oder normalverteilter Zufallsgrößen, durchzuführen. Zunächst erlernen die Schüler an relativ einfachen Beispielen (z. B. kleiner Stichprobenumfang bei der Einführung der Begriffe

Mittelwert und Standardabweichung) die notwendigen Techniken ohne Computer-unterstützung. Sind die mathematischen Hintergründe verstanden und können die erhaltenen Ergebnisse beurteilt bzw. interpretiert werden, sind die routinemäßigen Rechenarbeiten an den Computer zu delegieren.

Computer als Datenverwalter: Bei der Bearbeitung von realen Beispielen fallen oft umfangreiche und komplexe Datenmengen an, die es zu archivieren und zu bearbeiten gilt, um sie den Methoden der beschreibenden und beurteilenden Statistik zugänglich zu machen. Die Bearbeitung der Datenmengen kann aus den folgenden Schritten bestehen: „Aufnahme von Daten, Sortieren, Klassifizieren, Bildung von Auswahlen und Zusammenfassungen, Darstellungen, insbesondere Visualisierungen, Berechnungen" (TIETZE/KLIKA/WOLPERS 2002, S. 120). In einem computergestützten Stochastikunterricht können nahezu beliebig viele Daten verwaltet bzw. verarbeitet werden. Dies ist im Gegensatz zum traditionellen Stochastikunterricht, in dem der Computer nicht zum Einsatz kommt, ein wesentlicher Unterschied. Hier wird dem großen Aufwand bei der Aufbereitung von Datenmengen durch eine Reduktion auf wenige Daten entgegengewirkt.

Computer als Zeichner: Im Stochastikunterricht können durch Visualisierung von Daten (z. B. in Häufigkeitsdiagrammen) stochastische Zusammenhänge, die aus einer tabellarischen Darstellung nur schwer zu erkennen sind, aufgedeckt werden. Das händische Anfertigen derartiger Diagramme wird insbesondere mit größer werdendem Stichprobenumfang immer zeitintensiver und aufwändiger. Für einen schnellen Überblick über die Datenmenge können diese Arbeiten vom Computer erledigt werden.

Computer als Simulator: Wie bereits in Kapitel 5.3 aufgezeigt, spielen Simulationen in der Technik und in den Naturwissenschaften eine große Rolle und sind daher auch im Stochastikunterricht von Bedeutung. Simulationen auf dem Computer sind dabei schnell, eindrucksvoll und effektiv, insbesondere weil innerhalb kurzer Zeit große Folgen einzelner Simulationen erzeugt werden können. Dennoch sollte, auch um den Computersimulator besser zu verstehen, nicht auf ursprüngliche Zufallsgeneratoren wie Münze, Würfel oder Glücksrad verzichtet werden. In der stochastischen Praxis ist die einfache, schnelle und im Vergleich zu Realexperimenten preiswertere Computersimulation aufgrund der Komplexität vieler stochastischer Probleme eine legitime Methode.

Bei der Evaluation des Computereinsatzes im Mathematik- bzw. Stochastikunterricht stellt sich die Situation ähnlich wie bei Simulationen dar. Es gibt eine Vielzahl von Literatur, die konkrete Unterrichtsvorschläge unterbreitet oder die entsprechende Software analysiert, aber nur wenige Autoren beschäftigen sich mit den Auswirkungen des Computereinsatzes. MACKIE 1992 zeigte in seiner Untersuchung, dass Studenten der Ingenieurstudiengänge, die in ihren Mathematikvorlesungen den Computer nutzten, ihr Verständnis für mathematische Konzepte oder Ideen (z. B. Simplexmethode) verbesserten und mehr Interesse an den Mathematikkursen erkennen ließen.

5.4.3 Konsequenzen für die Entwicklung der Unterrichtseinheiten

Wie bereits angedeutet, wird der Computer als Werkzeug in die Unterrichtseinheiten integriert. Ein Einsatz als Tutor wäre vorstellbar, wenn entgegen der aktuellen Situation geeignete Tutorensysteme zur Verfügung stünden. Für die Rolle als Lerngegenstand und Lernender sehen wir im Zusammenhang mit finanzmathematischen Inhalten keine Verwendung. Darüber hinaus achten wir bei der Konzeption der Unterrichtsvorschläge bewusst darauf, dass nur exemplarisch anhand weniger Aufgabenbeispiele ein möglicher Computereinsatz direkt aufgezeigt wird, um die neuen finanzmathematischen Unterrichtsinhalte und nicht den Computereinsatz in den Vordergrund zu stellen. Diese Entscheidung resultiert einerseits aus der Tatsache, dass die erwarteten positiven Auswirkungen des Computereinsatzes, z. B. auf die Lerneinstellung oder auf Fähigkeiten im Problemlösen, u. E. noch nicht ausreichend genug nachgewiesen werden konnten und andererseits in vielen Schulen trotz einer verbesserten Ausstattung aufgrund der vorherrschenden Organisationsstrukturen ein kontinuierlicher Rechnereinsatz nicht möglich ist. Dennoch sehen wir die Möglichkeit, dass der Computer in den Unterrichtsvorschlägen begleitend in allen im vorherigen Abschnitt erläuterten didaktischen Funktionen Anwendung finden kann.

In der stochastischen Finanzmathematik sind an vielen Stellen umfangreiche Rechnungen durchzuführen. So sind die Drift und die Volatilität als wichtige Kenngrößen zur Beschreibung von historischen Aktienkursen oder Korrelationskoeffizienten als Maß für die „Abhängigkeit" zwischen der Entwicklung verschiedener Aktienkurse zu bestimmen. Haben die Schüler sich die Grundlagen an relativ einfachen Beispielen mit wenigen Daten erarbeitet, können diese Routinearbeiten an den Computer delegiert werden, so dass dieser in der Funktion als Rechner Einsatz findet. Dies wird insofern notwendig, als dass sinnvolle Aussagen, die auf einer statistischen Analyse beruhen, große Datenmengen erfordern, deren händische Auswertung sehr zeitintensiv ist.

Um weitere Eigenschaften in den Verteilungen von Aktienrenditen oder Korrelationen zwischen Renditen verschiedener Aktien innerhalb gleicher Zeiträume aufzuspüren, ist ein Übergang von einer tabellarischen Darstellung zu einer graphischen Darstellung sinnvoll. Diese sind besonders mit entsprechender Software variabel und schnell verfügbar, der Computer nimmt die Funktion des Zeichners ein. Die Vermutung, dass z. B. Renditen zweier Aktien korrelieren, kann durch die Hinzunahme neuer Daten und die Erstellung weiterer Diagramme sofort per Knopfdruck überprüft werden.

Eine weitere Funktion, die der Computer in den Unterrichtseinheiten u. E. einnehmen kann, ist die des Datenverwalters. Um möglichst authentisch zu arbeiten, ist die Verarbeitung von realen, zeitnahen Aktienkursen sinnvoll. Diese können mit herkömmlichen Tabellenkalkulationsprogrammen wie Excel archiviert und bearbeitet werden. So ist es möglich, anhand eines kontinuierlich eingesetzten Beispiels neue Aspekte kennen zu lernen, wie wir dies z. B. in der Unterrichtseinheit „Statistik der

Aktienmärkte" (siehe Kapitel 6) umsetzen. Zu Beginn sollen sich die Schüler einen Aktienkorb zusammenstellen, der im Laufe des Unterrichts an verschiedenen Stellen, z. B. bei der Einführung des Begriffs der einfachen Rendite, wieder aufgegriffen wird. Durch den Einsatz des Computers als Datenverwalter stehen die notwendigen Daten zur weiteren Verarbeitung schnell zur Verfügung.

Im Kapitel 5.3 wurde aufgezeigt, dass Simulationen von Aktienkursprozessen in den Unterrichtsvorschlägen von Bedeutung sind. Die Simulation künftiger Aktienkurse mittels Random-Walk-Modell kann an den Computer delegiert werden, da sich mit dessen Hilfe eindrucksvollere Simulationen erzeugen lassen, wie die Abbildung 5.3 verdeutlicht. In diesem Zusammenhang tritt der Computer in den Unterrichtsvorschlägen als Simulator auf.

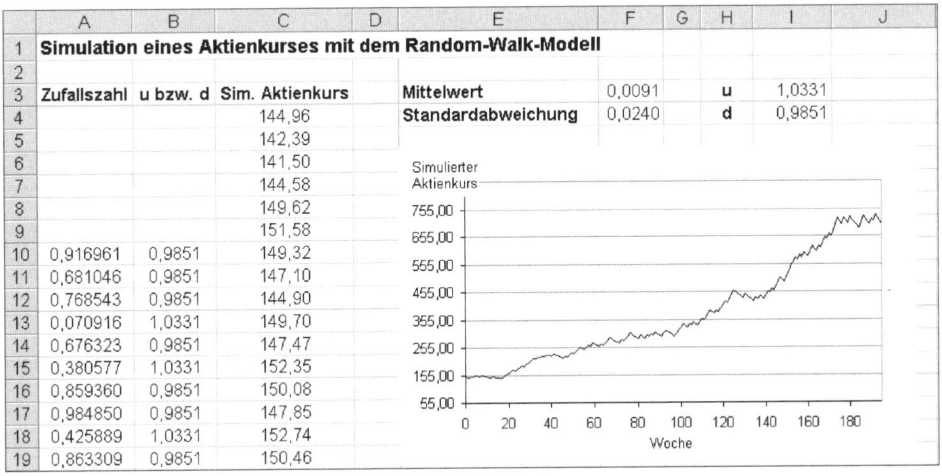

	A	B	C	D	E	F	G	H	I	J
1	**Simulation eines Aktienkurses mit dem Random-Walk-Modell**									
2										
3	**Zufallszahl**	**u bzw. d**	**Sim. Aktienkurs**		**Mittelwert**	0,0091		**u**	1,0331	
4			144,96		**Standardabweichung**	0,0240		**d**	0,9851	
5			142,39							
6			141,50							
7			144,58							
8			149,62							
9			151,58							
10	0,916961	0,9851	149,32							
11	0,681046	0,9851	147,10							
12	0,768543	0,9851	144,90							
13	0,070916	1,0331	149,70							
14	0,676323	0,9851	147,47							
15	0,380577	1,0331	152,35							
16	0,859360	0,9851	150,08							
17	0,984850	0,9851	147,85							
18	0,425889	1,0331	152,74							
19	0,863309	0,9851	150,46							

Abb. 5.3: Auszug aus einem Excel-Tabellenblatt zur Simulation eines Aktienkursprozesses mit dem Random-Walk-Modell

Über die bisher beschriebenen Funktionen hinaus sehen wir noch die Möglichkeit, dass der Computer als „Informationsquelle" fungiert. So lassen sich direkt aus dem Internet[2] aktuelle Aktienkurse in Tabellenkalkulationsblätter laden und wichtige Informationen aus Börsenlexika[3] beziehen.

Zusammenfassend lässt sich feststellen, dass die Finanzmathematik ein Gebiet des Stochastikunterrichts ist, in dem der Computer u. E. vielfältig und den Unterricht bereichernd eingesetzt werden kann. Wird der Computer nicht direkt im Unterricht eingesetzt, ist er dennoch in allen erläuterten Funktionen ein wichtiges Hilfsmittel für den Lehrer bei seiner Unterrichtsvorbereitung.

---

[2] Diverse Anbieter stellen die benötigten Aktienkurse kostenlos zur Verfügung. Besonders zu empfehlen ist die folgende Adresse: `http://de.finance.yahoo.com` (Stand: 10.10.08).

[3] Zu empfehlen sind z. B. `http://boerse.lycos.de/lycos/lexikon.htm` (Stand: 10.10.08) und `http://boerse.ard.de/lexikon.jsp` (Stand: 10.10.08).

Teil III

Vorstellung der Unterrichtseinheiten zu den Themen Aktien und Optionen

Kapitel 6

Statistik der Aktienmärkte

Im Folgenden präsentieren wir einen Entwurf für eine Unterrichtseinheit zur statistischen Analyse von Aktienrenditen. Der Unterrichtsvorschlag ist für einen Einsatz am Ende der Sekundarstufe I vorgesehen. Bei der Konzeption wurden die unter der Leitidee „Daten und Zufall" zusammengefassten „Bildungsstandards im Fach Mathematik für den Mittleren Schulabschluss" (vgl. KMK 2004, S. 12) berücksichtigt.

6.1 Inhaltliche und konzeptionelle Zusammenfassung

Die Unterrichtseinheit besteht aus einem Basismodul und zwei thematisch passenden Ergänzungsmodulen. Das Basismodul ist in sechs Abschnitte mit folgenden Themen gegliedert:

1. Ökonomische Grundlagen

2. Aktienindex

3. Graphische Darstellung von Aktienkursverläufen

4. Einfache Rendite einer Aktie

5. Drift und Volatilität einer Aktie

6. Statistische Analyse von Renditen

Die einzelnen Abschnitte des Basismoduls bauen aufeinander auf und sollten möglichst vollständig und in der genannten Reihenfolge unterrichtet werden. Das Ziel dieses Basismoduls ist es, wesentliche Inhalte der beschreibenden Statistik anhand von Daten der Aktienmärkte zu erarbeiten und zu festigen.

Die zwei Ergänzungsmodule widmen sich folgenden Themen:

1. Kurs einer Aktie

2. Random-Walk-Modell

Die Abbildung 6.1 zeigt einen Vorschlag für einen chronologischen Ablauf der Unterrichtseinheit. Die Ergänzungsmodule wurden entsprechend zeitlich an passender Stelle eingeordnet.

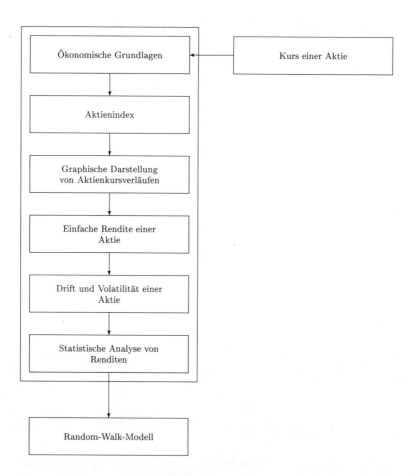

Abb. 6.1: Möglicher chronologischer Ablauf der Unterrichtseinheit „Statistik der Aktienmärkte"

Im Folgenden werden die Inhalte und Ziele der einzelnen Abschnitte des Basismoduls und der Ergänzungsmodule vorgestellt. Die vermittelten mathematischen und ökonomischen Inhalte ergeben sich dabei vollständig aus Kapitel 1.

6.2 Das Basismodul

6.2.1 Ökonomische Grundlagen

Vielen Schülern sind trotz täglicher Börsenberichte in Rundfunk, Fernsehen und Zeitungen die ökonomischen Grundlagen im Bereich der Aktien unbekannt. Aus diesem Grund sollte am Anfang dieses Kurses eine Einführung in die Thematik stehen. Dies kann auf verschiedenen Wegen erfolgen. Neben einem Kurzvortrag über Aktien oder der Teilnahme an einem Börsenspiel kann die Diskussion über Aktien anhand des Zeitungsartikels „Schüler-Aktien für 2,50 Euro: Wie Jugendliche ihre eigene Firma leiten" (siehe Abbildung 6.2) eröffnet werden. Ziel dieser Diskussion ist insbesondere die Klärung der für das Verständnis des Artikels notwendigen Begriffe.

Schüler-Aktien für 2,50 Euro
Wie Jugendliche ihre eigenen Firmen leiten

BERLIN. Rebecca Jacob ist 17 und schon Vorstandsvorsitzende. Lässig sagt sie Sätze wie: „Das Marketing muss sitzen." Oder: „Wir müssen auf dem Markt bestehen." Während ihre Mitarbeiter neben ihr tuscheln, preist die Gymnasiastin das erste Produkt ihres Unternehmens „Bärlini" an: einen Berlin-Stadtführer für Kinder und Eltern, den sie mit acht Mitschülern der Tempelhofer Luise-Henriette-Oberschule entworfen hat. Bei der zweiten Schülerfirmenmesse im FEZ hat sich „Bärlini" an den vergangenen zwei Tagen erstmals vorgestellt, neben mehr als 100 anderen von Schülern geführten Kleinstunternehmen aus ganz Deutschland. Rebecca muss sich bemühen, die Kollegin am Stand nebenan zu übertönen, die für ihre Dekoartikel aus Metall wirbt. „Kommunikation ist die Hauptaufgabe einer Vorstandsvorsitzenden", sagt die 17-Jährige. Und Marktlücken zu entdecken: Der Bärlini-Stadtführer bietet Basteltipps, Rätsel und eine Geschichten-CD für Kinder, zudem Infos für die Eltern. Die Idee dazu entstand in der Wirtschafts-AG der Schule, vom Institut der Deutschen Wirtschaft Köln gab es ein Startkapital von 900 Euro. Doch es reichte nicht. Deshalb sind jetzt Werbepartner verzweifelt gesucht, schließlich soll der Stadtführer ab Dezember zu haben sein. Das wird knapp. Denn die neun Bärlinis müssen nicht nur die Finanzierung sichern, sie kümmern sich auch um Recherche, Layout und sogar die Bilder sind selbst gemalt. „All das ist einfach ein tierischer Zeitaufwand", sagt Rebecca. Zeitdruck verspürt auch André Stiebe, 19, und Vorstandsvorsitzender einer Aktiengesellschaft. Seine Firma hat sich seit März am Leonard-Bernstein-Gymnasium in Hellersdorf mit 2.000 Aktien zu je 2,50 Euro das Startkapital von den Mitschülern besorgt. „So können sie Wirtschaft hautnah miterleben", meint André. Die Schüler profitieren dabei doppelt: Denn im Firmenshop in der Schule soll es bald Schreibzeug weitaus billiger als draußen zu kaufen geben, außerdem gebrauchte Schulbücher und Unterrichtsunterlagen. Doch es läuft noch nicht so richtig. „Wir wollen auf dem Großmarkt einkaufen. Das geht nur mit einer Steuernummer, die wir als Schülerfirma aber nicht kriegen", sagt André. Auf der Messe hofft er auf Unterstützung. Das hat er gelernt als Chef: auf fremde Menschen zuzugehen, sich gut zu verkaufen und mit Problemen umzugehen. Was André von richtigen Firmenbossen unterscheidet? „Ich kann das alles durchspielen, ohne mit meiner Existenz dran zu hängen."

Berliner Zeitung (15.10.05)

Abb. 6.2: Zeitungsartikel „Schüler-Aktien für 2,50 Euro". Quelle: Berliner Zeitung vom 15.10.05

Da für die Erarbeitung der nachfolgenden mathematischen Inhalte keine tiefergehenden wirtschaftlichen Kenntnisse über Aktien notwendig sind, kann man sich auf einige wenige wesentliche Begriffe beschränken. Der Begriff der Rendite ist zunächst auszuklammern, da die Erarbeitung einem eigenen Abschnitt vorbehalten ist. Für die Begriffsklärung erhalten die Schüler die Aufgabe 6.2.1, für deren Bearbeitung neben entsprechender Fachliteratur[1] auch Börsenlexika aus dem Internet[2] genutzt werden können.

---

[1] z. B. BEIKE/SCHLÜTZ 2001 und BUSCH/HÖLZNER 2001.

[2] z. B. http://boerse.lycos.de/lycos/lexikon.htm (Stand 10.10.08) oder http://boerse.ard.de/lexikon.jsp (Stand 10.10.08).

Aufgabe 6.2.1. *Beantworten Sie die folgenden Fragen:*

(a) *Was sind Aktien, Aktiengesellschaften und Aktionäre? Was versteht man unter einer Börse?*

(b) *Aus welchen Gründen geben Aktiengesellschaften Aktien heraus?*

(c) *Im Text wird davon gesprochen, dass André Vorstandschef einer Aktiengesellschaft ist? Welche Aufgaben hat der Vorstandschef einer Aktiengesellschaft? Neben dem Vorstand gibt es in Aktiengesellschaften weitere wichtige Gremien: die Hauptversammlung und den Aufsichtsrat. Welche Funktionen haben diese Gremien und wie hängen alle drei Gremien miteinander zusammen? Stellen Sie den organisatorischen Aufbau einer Aktiengesellschaft auch graphisch dar.*

Im Ergebnis der Bearbeitung der Aufgabe 6.2.1 sollten die Schüler mit folgenden Grundlagen vertraut sein: **Aktien** sind Beteiligungspapiere an einer Firma, der **Aktiengesellschaft**. Sie dokumentieren, dass der Inhaber von Aktien, der **Aktionär**, ein gewisses Kapital in das Unternehmen eingebracht hat. Wie bereits aus dem Artikel deutlich wird, nutzen Aktiengesellschaften die Herausgabe von Aktien dazu, das eigene Kapital aufzustocken, um etwa neue Investitionen zu tätigen. Aktien werden an Börsen gehandelt, wobei zwischen Präsenzbörsen und Computerbörsen unterschieden wird. Die wichtigsten Gremien einer Aktiengesellschaft sind die Hauptversammlung, der Aufsichtsrat und der Vorstand. Der **Vorstand** leitet die Geschäfte der Firma und trägt die Hauptverantwortung für wirtschaftliche Erfolge und Misserfolge. Schwerwiegende Entscheidungen wie der Verkauf von Unternehmensanteilen muss der Vorstand mit dem **Aufsichtsrat** absprechen. Dieser überwacht die Geschäftstätigkeit der Firma und setzt den Vorstand ein. Die **Hauptversammlung** setzt sich aus allen Aktionären zusammen und findet in der Regel einmal jährlich statt. Sie entscheidet über die Verwendung der erzielten Gewinne, legt die Höhe der Dividende fest und wählt den Aufsichtsrat. Die Abbildung 6.3 stellt den organisatorischen Aufbau einer Aktiengesellschaft graphisch dar.

Lehrziele: Angesichts der beschriebenen Unterrichtsinhalte ergeben sich für den Abschnitt „Ökonomische Grundlagen" die folgenden Lehrziele. Die Schüler ...

– ... kennen die wichtigsten Grundbegriffe zum Thema Aktie und erläutern den Aufbau von Aktiengesellschaften.

Vorgeschlagene Unterrichtsmaterialien: Zeitungsartikel mit aktienspezifischen Inhalten, z. B. „Schüler-Aktien für 2,50 Euro – Wie Jugendliche ihre eigenen Firmen leiten" (Arbeitsblatt[3]), Fachliteratur, Internet.

---

[3]Sämtliche für alle Unterrichtseinheiten vorgeschlagenen Arbeitsmaterialien sowie die Lösungen der Arbeitsblätter befinden sich auf der dem Buch beiliegenden CD.

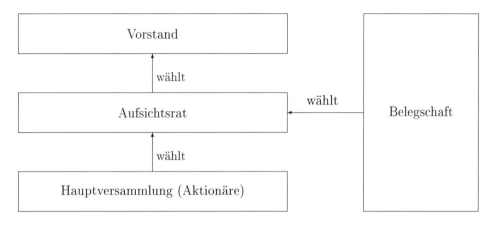

Abb. 6.3: Organisation einer Aktiengesellschaft (vgl. BEIKE/SCHLÜTZ 2001)

6.2.2 Aktienindex

In diesem Unterrichtsabschnitt steht der Aktienindex im Vordergrund. Als Motivation für dessen Einführung kann das folgende Spiel, das bereits einige Tage vor dem Beginn der Unterrichtseinheit gestartet wird, eingesetzt werden:

> *Für den Kauf von Aktien stehen Ihnen €10.000,00 zur Verfügung. Stellen Sie sich damit einen Aktienkorb zusammen, der insgesamt Aktien von fünf Unternehmen aus dem DAX enthält und mindestens €9.900,00 wert ist. Sammeln Sie für diese Aktien die Aktienkurse über einen Zeitraum von zwei Wochen. Vergleichen Sie die Entwicklung Ihres Aktienkorbes mit der Entwicklung des Aktienkorbes eines Mitschülers. Welcher Aktienkorb hat sich günstiger entwickelt?*

Als Vergleichsgröße verschiedener Aktienkörbe wird der **Aktienindex** eingeführt, mit dem der Sieger des Spiels ermittelt wird:

Der Aktienindex gibt an, wie sich der Wert einer ganzen Gruppe von Aktien im Vergleich zu einem früheren Zeitpunkt verändert hat. Für die Berechnung eines Aktienindexes I_2 zum Zeitpunkt T_2 bei gegebenen Aktienindex zur Zeit T_1 und Gesamtwerten des Aktienkorbes G_1 zur Zeit T_1 und G_2 zur Zeit T_2 gilt:

$$I_2 = \frac{G_2}{G_1} \cdot I_1.$$

Beispiel 6.2.2. *Die Tabelle 6.1 zeigt für das Eingangsspiel eine mögliche Zusammensetzung des Aktienkorbes, im Folgenden auch als Aktienkorb des Lehrers bezeichnet. Neben den Tagesschlusskursen am 23.06.08 und 04.07.08 sind die Gesamtwerte der im Aktienkorb enthaltenen Aktien und des Aktienkorbes an diesen Tagen angegeben.*

Aktie	Anzahl	Kurs in € 23.06.08	Kurs in € 04.07.08	Wert in € 23.06.08	Wert in € 04.07.08
Adidas	30	42, 47	38, 23	1.274, 10	1.146, 90
Dt. Bank	50	57, 65	54, 23	2.882, 50	2.711, 50
Lufthansa	50	14, 26	13, 48	713, 00	674, 00
SAP	40	33, 20	33, 00	1.328, 00	1.320, 00
Volkswagen	20	181, 63	175, 68	3.632, 60	3.513, 60
Gesamtwert				**9.830,20**	**9.366,00**

Tab. 6.1: Mögliche Zusammensetzung eines Aktienkorbes

Mithilfe des Aktienindexes soll in Hinblick auf die Vergleichbarkeit verschiedener Aktienkörbe überprüft werden, wie sich der Aktienkorb innerhalb eines Zeitraum von zwei Wochen entwickelt hat. Der Gesamtwert des Aktienkorbes am 23.06.08 betrug €9.830,20. Zwei Wochen später lag der Gesamtwert des Aktienkorbes bei €9.366,00. Mit der Festlegung eines Startwertes von 1.000 Punkten für den Aktienindex am 20.06.08 ergibt sich für den Aktienindex am 04.07.08:

$$I = \frac{€9.366,00}{€9.830,20} \cdot 1.000 \text{ Punkte} = 952,78 \text{ Punkte.}$$

Mit dem Aktienindex über den gesamten Zeitraum kann der Sieger des Spiels gekürt werden. Fließen wie im Beispiel 6.2.2 lediglich die Kursänderungen in die Berechnung des Aktienindexes ein, spricht man vom **Kursindex**. Zu den Kursindizes zählt u. a. der Dow Jones, der die Geschehnisse am amerikanischen Aktienmarkt repräsentiert. Neben dem Kursindex gibt es den **Performanceindex**, zu dem beispielsweise der DAX gehört. Neben den Aktienkursen fließen die Dividendenzahlungen in die Berechnung des Aktienindexes ein. Es wird angenommen, dass die Gewinne durch die Dividendenzahlung sofort wieder in die gleiche Aktie investiert werden. Zur Festigung des Begriffs des Aktienindexes und zur Einführung der neuen Begriffe Kurs- und Perfomanceindex dient die Aufgabe 6.2.3.

Aufgabe 6.2.3. *Am 04.06.07 befanden sich im Aktienkorb eines Aktionärs 20 Adidas-Aktien, 35 Volkswagen-Aktien und 20 Aktien der Bayer-Schering-AG. Ein Jahr später soll geprüft werden, wie sich der Aktienkorb entwickelt hat. Die folgende Tabelle gibt eine Übersicht über die Aktienkurse der im Aktienkorb enthaltenen Aktien am 04.06.07 und am 04.06.08.*

Aktie	Kurs in € 04.06.07	Kurs in € 04.06.08
Adidas	46, 78	44, 81
Volkswagen	115, 20	172, 57
Bayer Schering	102, 90	104, 17

1. *Zur Beurteilung der Entwicklung des Aktienkorbes nach einem Jahr ist der Aktienindex zu bestimmen.*

   (a) *Bestimmen Sie jeweils den Wert des Aktienkorbes am 04.06.07 und am 04.06.08.*[4]

   (b) *Bestimmen Sie den Wert des Aktienindexes am 04.06.08. Gehen Sie davon aus, dass der Startwert am 04.06.07 genau 1.000 Punkte betrug. Runden Sie das Ergebnis auf zwei Stellen nach dem Komma.*[5]

2. *In der Aufgabe 1 sind lediglich die Aktienkurse in die Berechnungen des Aktienindexes eingeflossen. In diesem Fall spricht man auch vom Kursindex. Neben dem Kursindex gibt es den Performanceindex, in dessen Berechnung zusätzlich zu den Aktienkursen die Dividendenzahlungen einfließen. Bei der Bestimmung des Performanceindexes wird angenommen, dass der Gewinn, der durch die Dividendenzahlung erzielt wird, sofort wieder in die gleiche Aktie investiert wird. Dabei ist auch der Kauf von Bruchteilen möglich. Für den obigen Aktienkorb sind folgende Angaben für die Dividendenzahlungen innerhalb des betrachteten Zeitraums bekannt:*

Aktie	Dividendenhöhe in €	Aktienkurs in €
Adidas	0,50	44,50
Volkswagen	1,80	184,01
Bayer-Schering	–	–

   (a) *Bestimmen Sie den Wert des Aktienkorbes am 04.06.08. Beachten Sie dabei die Dividendenzahlung.*

   (b) *Bestimmen Sie den Aktienindex am 04.06.08 unter Berücksichtigung der Dividendenzahlung.*

An dieser Stelle wird exemplarisch der Lösungsweg für Aufgabe 2 angegeben: Für die Volkswagen-Aktie wurde eine Dividende von €1,80 pro Aktie – für alle 35 Volkswagen-Aktien insgesamt €63,00 – ausgezahlt. Es wird angenommen, dass diese Zahlungen sofort wieder in die gleichen Aktien investiert wurden. Da der Kurs

---

[4]Der Gesamtwert des Aktienkorbes am 04.06.07 betrug €7.025,60, ein Jahr später €9.019,55.
[5]Der Aktienindex am 04.06.08 betrug 1.283,81 Punkte.

bei Ausschüttung der Dividende bei €184,01 lag, konnten 0,34 Volkswagen-Aktien gekauft werden. Das Depot erhöhte sich außerdem um 0,22 Adidas-Aktien. Die folgende Tabelle fasst die Zusammensetzung des Aktienkorbes am 04.06.08 zusammen.

Aktie	Anzahl	Aktienkurs in €	Wert in €
Adidas	20, 22	44, 81	960, 06
Volkswagen	35, 34	172, 57	6.098, 62
Bayer-Schering	20, 00	104, 17	2.083, 40
Gesamtwert			**9.142,08**

Für den Aktienindex am 04.06.08 ergibt sich unter Berücksichtigung der Dividendenzahlung

$$I = \frac{€9.142,08}{€7.025,60} \cdot 1.000 \text{ Punkte} = 1.301,25 \text{ Punkte}.$$

Der bekannteste Index des deutschen Aktienmarktes ist der Deutsche Aktienindex (**DAX**). Er umfasst die 30 Aktienwerte mit dem größten Börsenumsatz. Die Deutsche Börse führte den DAX 1987 mit einem Anfangsstand von 1.000 Punkten ein.

Lehrziele: Angesichts der beschriebenen Unterrichtsinhalte ergeben sich für den Abschnitt „Aktienindex" die folgenden Lehrziele. Die Schüler ...

- ... kennen den Begriff des Aktienindexes als Vergleichsgröße zwischen den Entwicklungen verschiedener Aktienkörbe.

- ... unterscheiden zwischen Performance- und Kursindex und wenden ihre Kenntnisse in einfachen Rechnungen an.

Vorgeschlagene Unterrichtsmaterialien: Arbeitsblatt 2.

6.2.3 Graphische Darstellung von Aktienkursverläufen

Die graphische Darstellung des Kursverlaufs von Aktien erfolgt in Form von **Charts**. Dieser Begriff stammt aus dem Englischen und stand ursprünglich für „Seekarte". Das Aktienchart kann man sich als Diagramm vorstellen, bei dem auf der Abszisse die Zeit und auf der Ordinate die Kurse abgetragen werden. Der „Erfinder" dieser Charts war Charles Dow, nach dem auch der amerikanische Aktienindex, der Dow Jones, benannt ist. Dow verfolgte ursprünglich das Ziel, aus der unüberschaubaren Flut von kurzfristigen Kursschwankungen einen Trend herauszulesen.

Zur Einführung von Aktiencharts eignet sich ein Wiederaufgreifen des Aktienkorbes der Schüler. Bereits bei der Zusammenstellung des Aktienkorbes erhalten die Schüler die Aufgabe, die Schlusskurse aller im Aktienkorb befindlichen Aktien über einen Zeitraum von zwei Wochen zu sammeln. Erfahrungsgemäß wählen die Schüler unterschiedliche Darstellungsformen, die im folgenden Unterricht aufgegriffen werden können.Dabei ist insbesondere über die Vor- und Nachteile der einzelnen Darstellungsarten zu diskutieren. Unterstützend kann dabei die Aufgabe 6.2.4 eingesetzt werden.

Aufgabe 6.2.4. *In der folgenden Tabelle sind die Tagesschlusskurse der Adidas-Aktie vom 23.06.08 bis 04.07.08 zusammengefasst.*

Datum	Aktienkurs in €	Datum	Aktienkurs in €
23.06.	$42,47$	30.06.	$40,11$
24.06.	$42,00$	01.07.	$38,90$
25.06.	$42,82$	02.07.	$38,81$
26.06.	$41,12$	03.07.	$38,95$
27.06.	$40,40$	04.07.	$38,23$

(a) Erstellen Sie ein Linienchart, indem Sie die Daten in ein Koordinatensystem eintragen und die Punkte verbinden.

(b) Beurteilen Sie die Darstellung von Aktienkursen in Tabellen und Liniencharts hinsichtlich ihrer Vor- und Nachteile.

(c) In den typischen Liniencharts, die wir oft in Börsennachrichten oder Wirtschaftsteilen diverser Tageszeitungen finden, werden die Punkte, die die Aktienkurse zu einem bestimmten Zeitpunkt (z. B. Tagesende, Monatsende) repräsentieren, miteinander verbunden. Beurteilen Sie diese Praxis aus mathematischer Sichtweise.

Die Abbildung 6.4 zeigt das **Linienchart** der Adidas-Aktie im Zeitraum vom 23.06.08 bis 04.07.08. Im Gegensatz zur tabellarischen Darstellung ist im Linienchart unmittelbar der Abwärtstrend der Adidas-Aktie zu erkennen. Die graphische Darstellung kann im Vergleich zur tabellarischen Darstellung von Aktienkursen bzw. Aktienkursentwicklungen als übersichtlicher angesehen werden. Insbesondere bei sehr langen Beobachtungszeiträumen und damit verbunden einer großen Menge an Datenmaterial ist die Darstellung von Aktienkursen in Aktiencharts anschaulicher. Werden jedoch keine Tendenzen benötigt, sondern die konkreten Aktienkurse, etwa zur Berechnung der Renditen (siehe Abschnitt 6.2.4), verlieren Aktiencharts ihren Vorteil gegenüber der tabellarischen Darstellung. Dies ist insbesondere darin begründet, dass der genaue Aktienkurs aus den Liniencharts nicht ablesbar ist. Dieser kann lediglich geschätzt werden. Ferner sind Tabellen schneller erstellt als Charts.

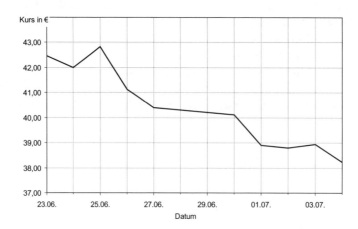

Abb. 6.4: Linienchart der Adidas-Aktie im Zeitraum vom 23.06.08 bis 04.07.08

Aus mathematischer Sicht sind die Liniencharts dahingehend zu kritisieren, dass ein Verbinden der Punkte nicht korrekt ist. Die Streckenzüge in Liniencharts täuschen vor, dass der Aktienkurs von einem Tag zum nächsten stetig monoton gefallen oder gestiegen ist. Dies ist jedoch nicht der Fall, Aktienkurse entwickeln sich „sprunghaft". Darüber hinaus werden bei Aktiencharts über größere Zeiträume (z.B. Betrachtung der Wochenschlusskurse) die Entwicklungen zwischen diesen Zeiträumen (z.B. an den einzelnen Tagen) nicht beachtet. Neben Liniencharts gibt es eine Vielzahl weiterer Möglichkeiten von Aktiencharts, die es im weiteren Unterrichtsverlauf zu erarbeiten gilt. Dazu erhalten die Schüler die Aufgabe 6.2.5.

Aufgabe 6.2.5. *In der folgenden Tabelle sind für die Adidas-Aktie im Zeitraum vom 23.06.08 bis 04.07.08 die Eröffnungskurse, Höchstkurse, Tiefstkurse und Schlusskurse sowie das Volumen, d. h. die Anzahl der gehandelten Aktien pro Tag, angegeben.*

Datum	Eröffnungskurs in €	Höchstkurs in €	Tiefstkurs in €	Schlusskurs in €	Volumen
23.06.	42,23	42,66	42,02	42,47	1.067.400
24.06.	42,57	42,57	41,31	42,00	1.218.000
25.06.	42,18	43,02	42,03	42,82	1.948.700
26.06.	42,18	42,20	41,05	41,12	2.142.200
27.06.	40,80	40,97	40,15	40,40	2.133.600
30.06.	40,11	40,44	39,39	40,11	2.011.600
01.07.	40,04	40,04	38,26	38,90	3.031.000
02.07.	39,00	39,24	38,81	38,81	1.788.900
03.07.	38,52	39,44	38,04	38,95	2.224.600
04.07.	39,00	39,12	38,15	38,23	1.130.100

Die Abbildung 6.5 zeigt die Darstellung dieser Aktienkurse in einem Balkenchart, in einem Candlestickchart und in einem Volumen-Candlestickchart. Beschreiben Sie diese Aktiencharts und beurteilen Sie sie jeweils bezüglich ihres Informationsgehalts.

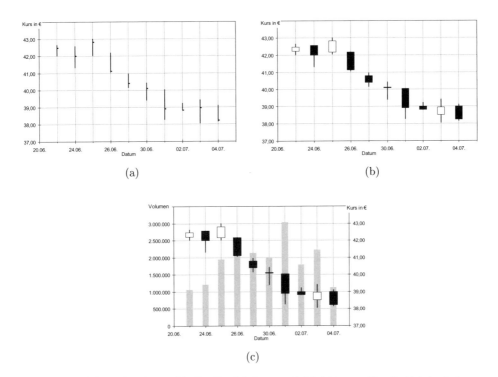

Abb. 6.5: (a) Balkenchart, (b) Candlestickchart und (c) Volumen-Candlestickchart der Adidas-Aktie im Zeitraum vom 23.06.08 bis 04.07.08

Das **Balkenchart** ist die graphische Darstellung des Tiefst-, Höchst- und des Schlusskurses des jeweiligen Tages. Das untere Ende des Balkens entspricht dem Tiefstkurs, das obere Ende dem Höchstkurs des Tages. Der an dem Balken angesetzte Punkt kennzeichnet den Schlusskurs des Tages. Damit ist das Balkenchart informativer als das Linienchart. Noch mehr Informationen stecken im **Candlestickchart**. Die Enden der Rechtecke geben die Eröffnungs- und Schlusskurse wider. Liegt der Eröffnungskurs über dem Schlusskurs, wie dies zum Beispiel am 26.06.08 der Fall war, so ist das Rechteck farbig gefüllt. Liegt hingegen der Schlusskurs über dem Eröffnungskurs, wie z. B. am 21.06.08, dann bleibt das Rechteck weiß. Die Höchst- und Tiefstkurse sind an den Endpunkten der Linien oberhalb und unterhalb der Rechtecke ablesbar. Im **Volumen-Candlestickchart** wird zusätzlich zu den Informationen, die schon im Candlestickchart stecken, durch die grauen Säulen auch die Anzahl der umgesetzten Aktien pro Tag dargestellt.

Zum Abschluss dieses Unterrichtsabschnittes werden Möglichkeiten zur Manipulation von Daten durch ungeeignete graphische Darstellungen erarbeitet. Die oft anschauliche und mit einem Blick erfassbare Darstellung von Daten in Schaubildern geht einher mit der Gefahr, dass durch bewusste oder unbewusste Fehler schnell ein falscher Eindruck entsteht. Dieser Effekt wird u. a. in der Werbebranche bewusst genutzt. Aus diesem Grund sollte die Problematik der Datenmanipulation im Mathematikunterricht aufgegriffen werden. Zur selbstständigen Erarbeitung von Manipulationsmöglichkeiten bietet sich die Aufgabe 6.2.6 an, die gleichzeitig die Erstellung von Liniencharts vertieft.

Aufgabe 6.2.6. *Die Aktiengesellschaft „Lügenscheid" möchte ihr Kapital durch die Herausgabe von neuen Aktien weiter aufstocken. In der folgenden Tabelle sind die Wochenschlusskurse über einen Zeitraum von 12 Wochen angegeben.*

Woche	Kurs in €	Woche	Kurs in €	Woche	Kurs in €
1	130, 36	5	129, 79	9	134, 26
2	134, 97	6	133, 96	10	136, 28
3	136, 17	7	130, 56	11	132, 97
4	133, 38	8	129, 47	12	136, 57

Um die Aktie möglichst gut zu verkaufen, möchte die Firma 500.000 potentielle Anleger mit Werbeprospekten zum Kauf der Aktie anregen. Erfahrungsgemäß gibt es zwei Anlegertypen: Ein Teil der Anleger ist eher vorsichtig und setzt auf Aktien, die eine gleichmäßige Aktienkursentwicklung aufweisen. Die anderen Anleger hingegen scheuen das Risiko nicht, sie möchten daher Aktien mit großen Kursschwankungen kaufen. Aus diesem Grund entschließt sich „Lügenscheid" zu folgender Strategie: Es werden zwei verschiedene Werbeprospekte erstellt und entsprechend dem Anlegerverhalten versendet, das die Firma aus einer zuvor durchgeführten Umfrage kennt. Die Werbefirma „Schweigsam" wird mit der Erstellung der Werbeprospekte beauftragt. Neben unterschiedlich formulierten Texten sollen auch Schaubilder eingesetzt werden, die den Aktienkursverlauf der Lügenscheid-Aktie repräsentieren. Durch welche Kunstgriffe in die graphische Trickkiste gelingt es der Werbefirma, den Ansprüchen von Lügenscheid gerecht zu werden? Erstellen Sie je ein Linienchart für die risikoscheuen und risikofreudigen Anleger.

Die Abbildung 6.6(a) zeigt ein Linienchart, das im Werbeprospekt für die risikoscheuen Anleger eingesetzt werden kann. In Abbildung 6.6(b) ist ein Linienchart für die Werbung risikofreudiger Anleger dargestellt. Durch eine geschickte Wahl der Skalen werden Aktienkurssprünge verschwiegen oder besonders hervorgehoben. Die beiden Darstellungen, die denselben Aktienkursverlauf repräsentieren, wirken aufgrund der jeweiligen Wahl der Lage des Koordinatenursprungs verschieden. Durch das (mathematisch korrekte) Verlegen des Koordinatenursprungs in den Nullpunkt werden die Kurssprünge weniger deutlich und eine gleichmäßige Aktienkursentwicklung vorgetäuscht. So können risikoscheue Anleger von einer „sicheren" Aktie ausgehen. Im Gegensatz dazu werden im Linienchart für die risikofreudigen Anleger durch die Wahl der Skala alle wichtigen Informationen deutlich.

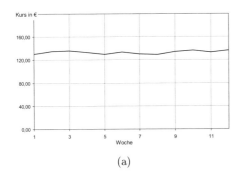
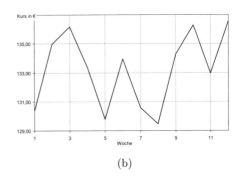

(a)   (b)

Abb. 6.6: Manipulierte Darstellungen von Aktienkursentwicklungen für (a) risikoscheue und (b) risikofreudige Anleger

Um den Schülern aufzuzeigen, dass Werbeprospekte oder auch Tageszeitungen tatsächlich mit derart manipulierten Schaubildern arbeiten, ist es sinnvoll, abschließend die Schüler aufzufordern, als etwas längerfristige Hausaufgabe, nach Graphiken zu suchen, die die zugrunde liegenden Daten nicht angemessen darstellen und somit einen nicht gerechtfertigten Eindruck hinterlassen. Einen Fundus für derartige Abbildungen, die bei vorhandener Zeit zusätzlich zu den in diesem Unterrrichtsvorschlag vorgestellten Themen eingesetzt werden können, liefert z. B. HERGET/SCHOLZ 1998.

Lehrziele: Angesichts der beschriebenen Unterrichtsinhalte ergeben sich für den Abschnitt „Graphische Darstellung von Aktienkursverläufen" die folgenden Lehrziele. Die Schüler ...

- ... vergleichen die Möglichkeiten der Darstellung von Aktienkursen in Tabellen und Aktiencharts.

- ... erläutern und interpretieren verschiedene Formen von Aktiencharts.

- ... diskutieren die Möglichkeit mit graphischen Darstellungen zu manipulieren.

Vorgeschlagene Unterrichtsmaterialien: Arbeitsblatt 3, Arbeitsblatt 4, Werbeprospekte und Tageszeitungen.

6.2.4 Einfache Rendite einer Aktie

Für die Analyse von Aktienkursentwicklungen sind die Renditen die geeigneteren Größen als die Kurse selbst. Sie erlauben es, Aussagen zur Ertragskraft einer Aktie zu machen und die Erträge verschiedener Aktien miteinander zu vergleichen. Zur raschen und einsichtigen Einführung des Begriffs der Rendite eignet sich der Vergleich der Kursentwicklungen verschiedener Aktien. Zum Einstieg in diesen Abschnitt ist die Aufgabe 6.2.7 denkbar, die den Aktienkorb der Schüler erneut aufgreift.

Aufgabe 6.2.7. *Sie erhalten die Chance, diejenige Aktie aus Ihrem Aktienkorb zu entfernen, die sich in den vergangenen zwei Wochen am ungünstigsten entwickelt hat. Welche Aktie wählen Sie? Begründen Sie Ihre Entscheidung.*

Die oft von Schülern vorgeschlagene Betrachtung der absoluten Gewinne bzw. Verluste jeder einzelnen Aktie ist insbesondere bei Aktien mit stark voneinander abweichenden Aktienkursen (bzw. bei Aktien unterschiedlicher Währungen) wenig sinnvoll. Dies sollte in einer Diskussion gemeinsam mit den Schülern herausgearbeitet werden. Erkennen die Schüler die Notwendigkeit der Betrachtung der relativen Gewinne nicht, wird im Unterricht der Aktienkorb des Lehrers diskutiert. Die Tabelle 6.2 zeigt neben den Aktienkursen der im Aktienkorb enthaltenen Aktien die absoluten und relativen Gewinne.

Aktie	Kurs in € 23.06.08	Kurs in € 04.07.08	Absoluter Gewinn in €	Relativer Gewinn in %
Adidas	42,47	38,23	$-4,24$	$-10,0$
Deutsche Bank	57,65	54,23	$-3,42$	$-\ 5,9$
Lufthansa	14,26	13,48	$-0,78$	$-\ 5,5$
SAP	33,20	33,00	$-0,20$	$-\ 0,6$
Volkswagen	181,83	175,68	$-6,15$	$-\ 3,4$

Tab. 6.2: Vergleich der absoluten und relativen Gewinne von Aktien

Der absolute Verlust der Lufthansa-Aktie ist deutlich niedriger als der absolute Verlust der Volkswagen-Aktie. Beim Vergleich der prozentualen bzw. relativen Verluste zeigt sich jedoch, dass sich der Kurs der Lufthansa-Aktie ungünstiger als der Kurs der Volkswagen-Aktie entwickelte. Der Kurs der Volkswagen-Aktie hat in den letzten zwei Wochen 3,4%, der der Lufthansa-Aktie 5,5% verloren. Die Betrachtung der relativen Gewinne führt uns unmittelbar zum Begriff der einfachen Rendite einer Aktie.

Die einfache Rendite E_a^b im Zeitraum $[t_a; t_b]$ berechnet sich aus den Kursen S_a am Anfang und S_b am Ende des Zeitraumes gemäß der Formel

$$E_a^b = \frac{S_b - S_a}{S_a}.$$

Dabei geben positive Renditen Kursgewinne, negative Renditen Kursverluste an.

Die relativen Kursänderungen sind für den Aktionär interessanter, da sie unmittelbar für die Vermehrung bzw. Verringerung des angelegten Kapitals stehen. Nachdem der Begriff der Rendite eingeführt und an einigen Beispielen geübt wurde, kann abschließend durch die Bearbeitung der Aufgabe 6.2.8 aufgezeigt werden, dass die Rendite nicht nur den Vergleich der Erträge verschiedener Aktien, sondern auch den Vergleich der Erträge verschiedener Anlageformen ermöglicht.

Aufgabe 6.2.8. *Renditen können auch als prozentuale Gewinne oder Verluste anderer Anlageformen (z. B. Gold, Sparbuch) angesehen werden. Eine Bank untersuchte die durchschnittlichen jährlichen Renditen verschiedener Anlageformen in einem Zeitraum von 10 Jahren. Die Tabelle 6.3 enthält neben den jährlichen Durchschnittsrenditen die minimalen und maximalen Renditen, die mit den verschiedenen Anlagen in den letzten 10 Jahren erreicht wurden.*

Anlageform	Durchschnittliche Rendite pro Jahr in %	Minimale Rendite in %	Maximale Rendite in %
Sparbuch	3,00	2,25	5,75
Aktien	11,52	−27,98	59,87
Gold	5,15	−29,79	141,37
Immobilien	7,25	−42,25	73,62
Anleihen	10,59	−16,59	41,34

Tab. 6.3: Vergleich der durchschnittlichen, minimalen und maximalen Renditen verschiedener Anlageformen

(a) *Vergleichen Sie die minimalen und maximalen Renditen. Welcher Zusammenhang besteht zwischen der Chance auf Gewinne und dem Risiko von Verlusten?*

(b) *Ein Anleger investiert heute €2.500,00 in jede der Anlageformen. Berechnen Sie den Betrag, der dem Anleger in 10 Jahren ausgezahlt wird. Gehen Sie davon aus, dass die in der Tabelle angegebenen durchschnittlichen Renditen erzielt und die ausgeschütteten Gewinne sofort wieder in die gleiche Anlageform investiert werden.*

(c) *Informieren Sie sich über die in der Tabelle aufgeführten Anlageformen, die Ihnen noch unbekannt sind.*

Eine hohe Chance auf Gewinne ist eng verbunden mit einem hohen Risiko von Verlusten. Dies spiegelt sich in den maximalen und minimalen Renditen wider. Eine höhere maximale Rendite (Chance) ist in der Regel nur durch eine kleinere minimale Rendite (Risiko) zu erhalten. Die sichere Geldanlage „Sparbuch" beispielsweise weist die niedrigste maximale Rendite bei gleichzeitig größter minimaler Rendite auf. Allgemein gilt für die Berechnung des Kapitals nach 10 Jahren bei einem Startkapital von €2.500,00 und einem Zinssatz von $p\%$ die Formel:

$$K = 2.500 \cdot \left(1 + \frac{p}{100}\right)^{10}.$$

Legen wir die durchschnittliche Rendite als Zinssatz $p\%$ zugrunde, ergeben sich nach 10 Jahren die in Tabelle 6.4 angegebenen Auszahlungsbeträge. Es zeigt sich, dass mit Aktien durchschnittlich die höchsten Gewinne erzielt werden können.

Anlageform	Auszahlungsbetrag in €
Sparbuch	3.359, 79
Aktien	7.438, 20
Gold	4.130, 79
Immobilien	5.034, 00
Anleihen	6.840, 67

Tab. 6.4: Auszahlungsbeträge verschiedener Anlageformen nach 10 Jahren bei einem Startkapital von €2.500 und einem Zinssatz von $p\%$

Die meisten gegebenen Anlageformen sind den Schülern in der Regel bekannt. Aus diesem Grund wird an dieser Stelle nur die Anlageform Anleihe erläutert. Braucht eine staatliche Institution oder ein privates Unternehmen eine größere Menge an Kapital, besteht eine Möglichkeit darin, eine Anleihe herauszugeben. Mit einer Anleihe nimmt der Herausgeber Kredit bei den Anlegern auf. Dazu wird der Kreditbetrag in Anteile zerstückelt. Der Herausgeber der Anleihe verpflichtet sich, die Anteile nach einer festgelegten Zeit (Laufzeit der Anleihe) zurückzuzahlen. Die Anleger erhalten für das von ihnen geliehene Geld während der Laufzeit der Anleihe in regelmäßigen Abständen Zinsen.

Lehrziele: Angesichts der beschriebenen Unterrichtsinhalte ergeben sich für den Abschnitt „Einfache Rendite einer Aktie" die folgenden Lehrziele. Die Schüler ...

- ... erkennen die einfache Rendite als geeignete Größe zur Beschreibung von Aktienkursentwicklungen.

- ... nutzen die einfache Rendite zum Vergleich verschiedener Aktien und Anlageformen.

- ... berechnen die einfache Rendite über verschiedene Zeiträume.

Vorgeschlagene Unterrichtsmaterialien: Arbeitsblatt 5.

6.2.5 Drift und Volatilität einer Aktie

Nachdem der Begriff der Rendite erarbeitet und an einigen Beispielen vertieft wurde, werden im nächsten Schritt die zwei wichtigen Kenngrößen Drift und Volatilität einer Aktie eingeführt. Sie können Aufschlüsse über das Aktienkursverhalten geben.

Seien $E_0^1, E_1^2, \ldots, E_{n-1}^n$ die letzten n Renditen einer Aktie bezogen auf den gleichen Zeitraum (z. B. die letzten n Monatsrenditen). Das arithmetische Mittel

$$\overline{E} = \frac{E_0^1 + E_1^2 + \ldots + E_{n-1}^n}{n}$$

bezeichnet man als Drift dieser Aktie für diesen Zeitraum. Die empirische Standardabweichung

$$s = \sqrt{\frac{(E_0^1 - \overline{E})^2 + (E_1^2 - \overline{E})^2 + \ldots + (E_{n-1}^n - \overline{E})^2}{n}}$$

heißt Volatilität der Aktie für diesen Zeitraum.

Da der Schwerpunkt dieses Unterrichtsabschnitts nicht nur in der Berechnung, sondern in der inhaltlichen Interpretation der Kenngrößen liegen sollte, sind Kenntnisse zu den Begriffen Mittelwert und empirische Standardabweichung, im Folgenden mit Standardabweichung bezeichnet, notwendig. Falls die Schüler die Begriffe aus dem bisherigen Unterricht nicht kennen, sind diese zunächst anhand aktienfremder Beispiele, wie etwa bei SCHULZ/STOYE 1997, einzuführen. Werden Standardabweichung und Mittelwert nur anhand von Aktienmärkten eingeführt, besteht einerseits die Gefahr, dass die Schüler diese beiden Größen nicht als wichtige Kenngrößen bei der Beschreibung von Datenmengen erkennen. Andererseits ist die inhaltliche Interpretation von Drift und Volatilität deutlich schwerer, wenn nicht bereits an anderen Beispielen die Bedeutung von Mittelwert und Standardabweichung erarbeitet wurde.

Mit Drift und Volatilität kann das Verhalten von vergangenen Aktienkursen charakterisiert werden. Um die Bedeutung dieser Kenngrößen zu klären, bietet sich die Aufgabe 6.2.9 als Einstiegsaufgabe an.

Aufgabe 6.2.9. *In der Tabelle 6.5 sind für zwei fiktive Aktien 15 mögliche Wochenschlusskurse gegeben.*

(a) Stellen Sie beide Aktienkursverläufe in einem Linienchart graphisch dar.

(b) Berechnen Sie die Renditen, die Drift und die Volatilität beider Aktien.

Woche	Aktie 1 Kurs in €	Aktie 2 Kurs in €
1	18,01	16,09
2	15,72	18,07
3	19,27	18,41
4	18,21	17,98
5	15,73	17,09
6	17,93	18,82
7	13,91	18,62
8	13,09	18,01
9	17,94	18,98
10	20,97	18,59
11	16,49	18,98
12	14,97	19,03
13	20,09	17,98
14	21,07	18,88
15	16,95	18,89

Tab. 6.5: Mögliche Wochenschlusskurse zweier fiktiver Aktien

*(c) Interpretieren Sie diese Werte im Zusammenhang mit dem Verlauf der ver-
gangenen Aktienkursentwicklung. Nutzen Sie dazu auch das in (a) erstellte
Linienchart. Welche Aussagen lassen sich hinsichtlich der mittleren Kursänderungen und Chancen bzw. Risiken treffen?*

Die Abbildung 6.7 zeigt die Aktienkursverläufe der beiden Aktien in einem Linienchart. Die Drift der Aktie 1 beträgt ca. 0,01, die Volatilität beträgt ca. 0,20. Für die
Aktie 2 ergibt sich eine Drift von ca. 0,01 und eine Volatilität von ca. 0,05.

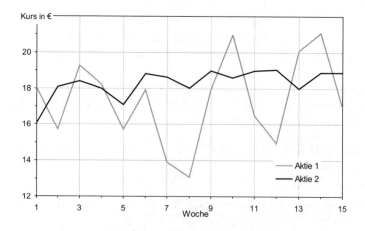

Abb. 6.7: Fiktive Kursverläufe zweier Aktien

Die Drift gibt die durchschnittliche Kursänderung pro Zeitraum an und stellt somit ein Trendmaß dar. Im Mittel sind die beiden Aktien pro Woche leicht gestiegen. Obwohl die Driften beider Aktien gleich sind, unterscheiden sich ihre Aktienkursentwicklungen voneinander. Während der Kurs von Aktie 2 relativ gleichmäßig verläuft, unterliegt der Kurs der Aktie 1 größeren Schwankungen. Dies spiegelt sich auch in den Volatilitäten der Aktien wider. Die Volatilität der Aktie 1 ist mit 0,20 viermal so groß wie die der Aktie 2, die 0,05 beträgt. Je größer die Volatilität ist, desto mehr schlägt der Kurs nach oben oder unten aus. Damit steigt einerseits die Chance auf Gewinne, andererseits auch das Risiko von hohen Kursverlusten. Die Volatilität stellt in diesem Kontext betrachtet ein Chancen- bzw. Risikomaß dar. Diese Interpretation sollte im Unterricht durch weitere Beispiele verifiziert werden[6].

Lehrziele: Angesichts der beschriebenen Unterrichtsinhalte ergeben sich für den Abschnitt „Drift und Volatilität einer Aktie" die folgenden Lehrziele. Die Schüler ...

- ... berechnen mithilfe der Definition die Drift und die Volatilität von Aktien.

- ... interpretieren inhaltlich die Bedeutung von Drift und Volatilität als wichtige Kenngrößen von Aktien.

- ... untersuchen den Nutzen der Volatilität einer Aktie für den Anleger.

Vorgeschlagene Unterrichtsmaterialien: Arbeitsblatt 6.

6.2.6 Statistische Analyse von Renditen

In diesem Abschnitt wird die Frage untersucht, ob Aktienkurse bzw. Renditen gleicher, aber auch verschiedener Aktien typische Verhaltensweisen in der Vergangenheit aufweisen. Die Frage nach „Gesetzmäßigkeiten" kann zunächst mit den Schülern diskutiert werden. Treten z. B. höhere Kurssprünge seltener auf als kleinere Kurssprünge? Diese Frage lässt sich nicht unmittelbar aus den entsprechenden Aktiencharts ablesen und führt somit zur statistischen Analyse von Aktienrenditen. Als Einstieg in die Problematik bietet sich die Aufgabe 6.2.10 an. Um die charakteristischen Verteilungen von Aktienrenditen feststellen zu können, ist es notwendig, die Renditen verschiedener Aktien zu untersuchen. Im Unterricht kann dies u. a. dadurch realisiert werden, dass jeweils eine gewisse Anzahl von Schülern eine bestimmte Aktie untersucht. Auf der dem Buch beiliegenden CD befindet sich mit den Arbeitsblättern 7a-7d das aufbereitete Datenmaterial von vier verschiedenen Aktien.

---

[6]Die Arbeit mit realen Daten ist hierbei nicht einfach. Aus der Vielzahl aller Aktien müssen zwei Aktien gefunden werden, deren Driften bei unterschiedlicher Volatilität annähernd gleich sind. Darüber hinaus ist es zur Erstellung der beiden Aktienkursverläufe in einem Linienchart sinnvoll, dass die Aktienkurse beider Aktien im gleichen Größenbereich liegen. Es empfiehlt sich, mit fiktiven Daten zu rechnen.

Aufgabe 6.2.10. *In der Tabelle 6.6 sind 51 der Größe nach geordnete Wochenren-diten der Adidas-Aktie im Zeitraum vom 11.07.07 bis zum 04.07.08 angegeben.*

Rendite	Rendite	Rendite
$-0,0419$	$-0,0006$	$0,0174$
$-0,0321$	$0,0025$	$0,0180$
$-0,0293$	$0,0029$	$0,0186$
$-0,0235$	$0,0039$	$0,0191$
$-0,0228$	$0,0055$	$0,0218$
$-0,0220$	$0,0067$	$0,0239$
$-0,0212$	$0,0070$	$0,0288$
$-0,0185$	$0,0090$	$0,0322$
$-0,0181$	$0,0108$	$0,0349$
$-0,0163$	$0,0113$	$0,0363$
$-0,0104$	$0,0124$	$0,0385$
$-0,0087$	$0,0124$	$0,0451$
$-0,0076$	$0,0131$	$0,0458$
$-0,0067$	$0,0131$	$0,0472$
$-0,0063$	$0,0140$	$0,0501$
$-0,0059$	$0,0142$	$0,0612$
$-0,0008$	$0,0152$	$0,0623$

Tab. 6.6: Der Größe nach geordnete Wochenrenditen der Adidas-Aktie im Zeitraum vom 11.07.07 bis 04.07.08

(a) *Erstellen Sie ein Häufigkeitsdiagramm. Bilden Sie dabei für die notwendige Klasseneinteilung neun gleich große Klassen.*

(b) *Die Drift $\overline{E}$ der vergangenen 51 Wochenrenditen betrug 0,0091, die Volatilität s betrug 0,0240. Wie viele Renditen liegen im Intervall $[\overline{E} - s; \overline{E} + s]$, wie viele Renditen liegen im Intervall $[\overline{E} - 2s; \overline{E} + 2s]$?*

(c) *Beschreiben Sie die Verteilung der Wochenrenditen der Adidas-Aktie auch unter Berücksichtigung von Drift, Volatilität und der in der Teilaufgabe (b) bestimmten Häufigkeiten.*

Ist den Schülern die Klasseneinteilung aus dem bisherigen Unterricht nicht bekannt, werden sie bei der Erstellung des Häufigkeitsdiagramms erfahrungsgemäß schnell erkennen, dass die Mehrzahl der Renditen mit einer absoluten Häufigkeit von eins auftritt, so dass Häufigkeitsdiagramme in der bekannten Form, in der jedem in der Datenmenge auftretenden Wert die absolute Häufigkeit zugeordnet wird, keine geeignete Darstellung liefert. Zur Erhöhung der Übersichtlichkeit schlagen die Schüler daher oft vor, mehrere benachbarte Renditen zu einem Intervall, im statistischen

Begriffssystem als Klasse bezeichnet, zusammenzufassen. Um die Verteilungen der verschiedenen Aktien bzw. Renditen miteinander vergleichen zu können, wird in der Einstiegsaufgabe die Anzahl und Größe der zu wählenden Klassen vorgegeben.[7]

Aus dem kleinsten Renditewert x_{min}, dem größten Renditewert x_{max} und der Klassenanzahl $k = 9$ berechnet sich die Klassenbreite Δx gemäß der Formel:

$$\Delta x = \frac{1}{k} \cdot (x_{max} - x_{min}) = \frac{1}{9} \cdot (0,0623 + 0,0419) \approx 0,0116.$$

Mit einer Klassenanzahl von neun Klassen und einer Klassenbreite von $0,0116$ ergibt sich die in Tabelle 6.7 angegebene Klasseneinteilung.

Klasse/Renditebereich	Absolute Häufigkeit
$[-0,0419 \; ; \; -0,0303)$	2
$[-0,0303 \; ; \; -0,0187)$	5
$[-0,0187 \; ; \; -0,0071)$	6
$[-0,0071 \; ; \; 0,0045)$	8
$[0,0045 \; ; \; 0,0161)$	13
$[0,0161 \; ; \; 0,0277)$	6
$[0,0277 \; ; \; 0,0393)$	5
$[0,0393 \; ; \; 0,0509)$	4
$[0,0509 \; ; \; 0,0625)$	2

Tab. 6.7: Absolute Häufigkeiten der Wochenrenditen der Adidas-Aktie im Zeitraum vom 11.07.07 bis 04.07.08

Die Abbildung 6.8 zeigt das Häufigkeitsdiagramm[8] der Wochenrenditen der Adidas-Aktie im Zeitraum vom 11.07.07 bis 04.07.08. Man erkennt, dass betragsmäßig kleinere Wochenrenditen und damit verbunden kleinere Kursschwankungen häufiger auftreten als größere. Die Renditen sind fast symmetrisch um den Mittelwert verteilt. 32 Wochenrenditen liegen im Intervall $[\overline{E} - s; \overline{E} + s] = [-0,0149; 0,0331]$, dies sind etwas weniger als zwei Drittel aller Renditen. Mit 48 Renditen liegen etwa 94% aller Renditen im Intervall $[\overline{E} - 2s; \overline{E} + 2s] = [-0,389; 0,0571]$.

[7]Die Frage nach der konkret zu wählenden Klassenanzahl lässt sich nur schwer beantworten. Sie hängt von der Anzahl der Daten, dem konkreten Merkmal und der Art der gewünschten Darstellung der Daten ab. In der Literatur gibt es verschiedene Faustregeln wie $k = \sqrt{N}$ (vgl. HENZE 2000, S. 29) oder $k = 5 \log_{10} N$ (vgl. WARMUTH/WARMUTH 1998, S. 12), wobei k die Klassenanzahl und N die Anzahl der Beobachtungswerte ist. Alle Faustregeln zielen darauf ab, dass weder zu viele noch zu wenige Klassen gewählt werden. Bei zu wenigen Klassen gehen viele Informationen verloren, so dass kaum Aussagen über den interessierenden Sachverhalt möglich sind. Bei einer zu großen Klassenanzahl bleibt die Darstellung unübersichtlich.

[8]Da alle Schüler dieselbe Anzahl von Beobachtungswerten zur Verfügung haben, ist es für die Vergleichbarkeit der Verteilungen nicht zwingend notwendig, zu den relativen Häufigkeiten der Klassen überzugehen.

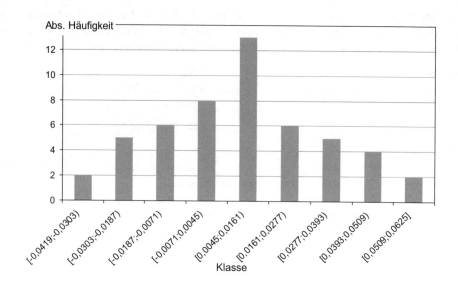

Abb. 6.8: Statistische Verteilung der Wochenrenditen der Adidas-Aktie vom
11.07.07 bis 04.07.08

Nach der Auswertung verschiedener Datenmengen zeigt sich, dass die Verteilung der
Wochenrenditen der Adidas-Aktie durchaus typisch ist für die Verteilung von Aktienrenditen. In vielen Fällen ist die Verteilung von Aktienrenditen näherungsweise
eine Normalverteilung. Für die Modellierung von Aktienkursen mittels Normalverteilung, wie sie in der Sekundarstufe II unterrichtet werden kann, wird auf Kapitel
7 des vorliegenden Buches und auf ADELMEYER/WARMUTH 2003 verwiesen. Die
Modellierung von künftigen Aktienkursen ist in dieser Unterrichtseinheit nicht vorgesehen. Dennoch stellt die verbale Beschreibung der Normalverteilung eine gute
Grundlage für die spätere exakte Behandlung dar.

Sind die Schüler mit dem Tabellenkalkulationsprogramm Excel vertraut und lassen
es die Voraussetzungen zu, kann die einführende Aufgabenstellung, die erneut den
Aktienkorb der Schüler aus den Anfangsstunden aufgreift, modifiziert werden, wie
dies in der Aufgabe 6.2.11 vorgestellt wird.

Aufgabe 6.2.11. *Untersuchen Sie mit Excel die statistische Verteilung der Tagesrenditen[9] der letzten sechs Monate einer beliebigen Aktie aus Ihrem Aktienkorb.*

   *(a) Erstellen Sie ein Häufigkeitsdiagramm. Bilden Sie dabei für die notwendige
      Klasseneinteilung 11 gleich große Klassen.*

---

[9]Durch den Einsatz des Computers können größere Datenmengen untersucht werden. Dadurch
wird die typische Verteilung der Aktienrenditen deutlicher. Außerdem kann börsentäglich mit den
neuesten Daten gearbeitet werden, so dass hier auf die Angabe eines Zeitintervalls verzichtet wird.

(b) Berechnen Sie die Drift und die Volatilität der Tagesrenditen. Wie viele Renditen liegen im Intervall $[\overline{E} - s; \overline{E} + s]$, wie viele Renditen liegen im Intervall $[\overline{E} - 2s; \overline{E} + 2s]$?

(c) Vergleichen Sie Ihr Häufigkeitsdiagramm mit Diagrammen Ihrer Mitschüler. Welche Gemeinsamkeiten, welche Unterschiede gibt es?

(d) Beschreiben Sie die Verteilung der Tagesrenditen auch unter Berücksichtigung der unter (b) berechneten Kenngrößen.

Als Beispiel zur Untersuchung der statistischen Verteilung wählen wir die Aktie der Commerzbank im Zeitraum vom 04.01.08 bis 04.07.08. Die Abbildung 6.9 zeigt einen Ausschnitt aus dem entsprechenden Excel-Arbeitsblatt.

	A	B	C	D	E	F	G	H	I	J
1	Commerzbank									
2										
3	Datum	Kurs (€)	Rendite		größte Rendite	0,1772		obere Kl.-grenze	Häufigkeit	Klasse
4	04. Jan 08	25,48			kleinste Rendite	-0,1006		-0,0754	3	[-0,1006;-0,0754)
5	07. Jan 08	25,55	0,0027					-0,0502	4	[-0,0754;-0,0502)
6	08. Jan 08	25,27	-0,0110		Klassenanzahl	11		-0,0250	21	[-0,0502;-0,0250)
7	09. Jan 08	25,03	-0,0095		Klassenbreite	0,0252		0,0002	45	[-0,0250;0,0002)
8	10. Jan 08	24,78	-0,0100					0,0254	31	[0,0002;0,0254)
9	11. Jan 08	25,24	0,0186		Drift E	-0,0004		0,0506	12	[0,0254;0,0506)
10	14. Jan 08	25,27	0,0012		Volatilität s	0,0381		0,0758	11	[0,0506;0,0758)
11	15. Jan 08	23,17	-0,0831					0,1010	1	[0,0758;0,1010)
12	16. Jan 08	22,71	-0,0199		Intervall	Häufigkeit		0,1262	0	[0,1010;0,1262)
13	17. Jan 08	21,90	-0,0357		[-0,0385;0,0377]	96		0,1514	0	[0,1262;0,1514)
14	18. Jan 08	21,08	-0,0374		[-0,0765;0,0757]	123		0,1766	1	[0,1514;0,1766)

Abb. 6.9: Auszug aus einem Excel-Arbeitsblatt zur statistischen Untersuchung von Renditen

Nachdem die für die statistische Analyse notwendigen 129 Kursdaten in das Tabellenblatt geladen wurden, werden die Tagesrenditen berechnet. Mit der kleinsten und der größten Rendite und der gegebenen Klassenanzahl von 11 Klassen ergibt sich eine Klassenbreite von 0,0252. Die Drift beträgt $-0,0004$, die Volatilität beträgt 0,0381. 96 Renditen liegen im Intervall $[\overline{E} - s; \overline{E} + s]$, dies sind etwas mehr als zwei Drittel aller Renditen. Mit 123 Renditen liegen etwa 95% aller Renditen im Intervall $[\overline{E} - 2s; \overline{E} + 2s]$. Die Abbildung 6.10 zeigt die Häufigkeitsverteilung der 129 Tagesrenditen der Commerzbank im Zeitraum vom 04.01.08 bis 04.07.08.

Auch hier wird die typische Verteilung der Aktienrenditen deutlich. Betragsmäßig kleinere Tagesrenditen und damit verbunden kleinere Kursschwankungen treten häufiger auf als größere Kursschwankungen. Die Renditen sind fast symmetrisch um den Mittelwert verteilt.

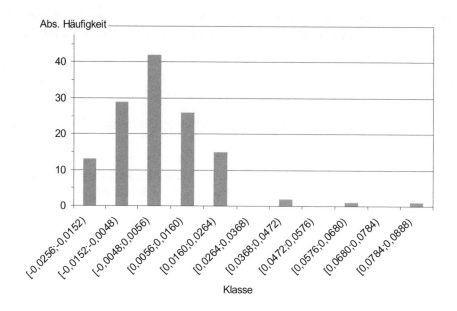

Abb. 6.10: Häufigkeitsverteilung der Wochenrenditen der Commerzbank-Aktie im Zeitraum vom 04.01.08 und 04.07.08

Mit Erarbeitung der beschriebenen Eigenschaften der Verteilung von Aktienrenditen ist das Basismodul der Unterrichtseinheit „Statistik der Aktienmärkte" abgeschlossen.

Lehrziele: Angesichts der beschriebenen Unterrichtsinhalte ergeben sich für den Abschnitt „Statistische Analyse von Renditen" die folgenden Lehrziele. Die Schüler ...

- ... erstellen Häufigkeitsdiagramme aus gegebenen Aktienrenditen.

- ... beschreiben die typische Verteilung von Renditen.

- ... analysieren die Häufigkeit von Renditen in den Intervallen $[\overline{E} - s; \overline{E} + s]$ und $[\overline{E} - 2s; \overline{E} + 2s]$.

Vorgeschlagene Unterrichtsmaterialien: Arbeitsblätter 7a-7d.

6.3 Die Ergänzungsmodule

6.3.1 Kurs einer Aktie

Vielen Schülern ist „der Kurs einer Aktie" ein Begriff. Dennoch wissen die wenigsten, wie der Kurs einer Aktie, hinter dem sich der Preis verbirgt, zu dem die Aktie gekauft bzw. verkauft wird, bestimmt wird. Zur selbstständigen Erarbeitung des Preisbildungsprozesses durch das Prinzip „Angebot und Nachfrage" bietet sich der Einsatz eines informativen Arbeitsblattes an. Dazu erhalten die Schüler zunächst die Aufgabe, den folgenden grau unterlegten Text (siehe Arbeitsblatt 8) aufmerksam durchzulesen und wesentliche Punkte des Handels mit Aktien zu notieren.

Der Kurs einer Aktie

Der Preis einer Aktie wird u. a. durch das Prinzip „Angebot und Nachfrage" geregelt. Dazu sammelt der so genannte Skontroführer in seinem Order- bzw. Skontrobuch (ital. scontro libro = Buch der Gegeneinanderaufrechnung) alle eingehenden Kauf- und Verkaufswünsche. Das Orderbuch wird im Börsenverlauf regelmäßig geschlossen, bei regem Handel sogar alle paar Sekunden. Aus den vorliegenden Werten wird derjenige Preis bestimmt, bei dem die meisten Aktien **umgesetzt** werden. Was bedeutet „umgesetzt werden"? Gibt es z.B. nur für 150 Aktien bei 200 angebotenen Aktien Interessenten, dann können auch nur 150 Aktien umgesetzt werden. Für 50 Aktien gibt es keinen Käufer. Hat der Skontroführer einen Preis für eine Aktie festgelegt, dann wird dieser Kurs als aktueller Kurs öffentlich bekannt gegeben.

Betrachten wir dazu folgendes Beispiel: Der Sportverein „Mathenio" ist an der Frankfurter Börse notiert. Herr „Finanzia" ist als Skontroführer mit der Aufgabe betraut, den Kurs der Aktie zu bestimmen. Die folgende Tabelle stellt einen Auszug aus seinem Orderbuch dar.

Kurs in €	Anzahl der Käufer	Anzahl der Verkäufer
28,00	350	550
28,50	400	330
29,00	250	450
29,50	300	400
30,00	280	320
30,50	250	210
31,00	100	270
31,50	150	150

Wie ist zum Beispiel die zweite Zeile dieser Tabelle zu lesen? 350 Aktien des Vereins „Mathenio" finden für einen Preis von **höchstens** €28,00 einen Käufer. Dem gegenüber stehen 550 Aktien bei einem Kurs von **mindestens** €28,00 zum Verkauf.

Wer bereit ist, seine Aktie für mindestens €28,00 zu verkaufen, verkauft seine Aktie natürlich auch zu einem höheren Preis von z.B. €28,50. Aus den 550 Verkäufern, die ihre Aktie für mindestens €28,00 verkaufen möchten und den 330 Verkäufern, die ihre Aktie für mindestens €28,50 verkaufen möchten, ergeben sich **insgesamt** 880 Verkäufer, die ihre Aktie verkaufen, wenn der Preis bei €28,50 festgelegt wird.

Analog verhält es sich mit den Käufern. Wer für seine Aktie höchstens €31,50 ausgeben möchte, kauft natürlich auch bei einem niedrigeren Preis von z. B. €31,00. Aus den 150 Käufern, die höchstens €31,50 für ihre Aktie ausgeben möchten und den 100 Käufern, die höchstens €31,00 für ihre Aktie ausgeben möchten, ergeben sich **insgesamt** 250 Käufer, die eine Aktie kaufen, wenn der Preis bei €31,00 festgelegt wird.

Was bedeutet dies nun für die Festlegung des Aktienkurses? Der Skontroführer hat zunächst die Gesamtzahlen der Käufer und Verkäufer bei einem bestimmten Preis zu bestimmen, diese zu vergleichen und den Aktienkurs bei demjenigen Preis festzulegen, bei dem die meisten Aktien umgesetzt werden.

Nachdem die Schüler den Text gelesen haben, werden in einem Gespräch die wichtigsten Punkte bei der Preisbestimmung zusammengetragen und so eventuelle Verständnisschwierigkeiten beseitigt. Anschließend erhalten die Schüler die Aufgabe, einen Kurs für die Aktie von „Mathenio" festzulegen und diesen zu begründen. Entsprechend den Ausführungen zur Bestimmung des Kurses einer Aktie werden die Anzahl der Käufer und Verkäufer bei einem bestimmten Preis und die Anzahl der umsetzbaren Aktien bestimmt. Diese sind in Tabelle 6.8 zusammengefasst.

Kurs in €	Anzahl der Käufer	Anzahl der Käufer **insgesamt**	Anzahl der Verkäufer	Anzahl der Verkäufer **insgesamt**	Umsetzbare Aktien
28,00	350	2.080	550	550	550
28,50	400	1.730	330	880	880
29,00	250	1.330	450	1.330	1.330
29,50	300	1.080	400	1.730	1.080
30,00	280	780	320	2.050	780
30,50	250	500	210	2.260	500
31,00	100	250	270	2.530	250
31,50	150	150	150	2.680	150

Tab. 6.8: Preisbildungsprozess für den Kurs einer Aktie der Firma „Mathenio"

Bei einem Preis von €29,00 sind mit 1330 Aktien die meisten Aktien umsetzbar. Der Skontroführer wird diesen Preis als neuen Kurs der Aktie von „Mathenio" ausrufen.

Das Einstiegsbeispiel ist derart gewählt, dass sich die Anzahl der Käufer und Verkäufer ausgleicht. Dies ist in der Realität selten der Fall. Aus diesem Grund sind in der sich anschließenden Übungsphase bewusst Beispiele einzusetzen, in denen die Problematik der unausgeglichenen Käufer-Verkäufer-Zahlen auftritt, wie dies zum Beispiel in der Aufgabe 6.3.1 der Fall ist.

Aufgabe 6.3.1. *Herr Geldig ist für die Aktie der Firma „Gelbrein" als Skontroführer beauftragt. Ihm liegen Kaufaufträge von 29 Aktien zu €156,00; 55 Aktien zu €155,00; 37 Aktien zu €154,00; 54 Aktien zu €153,00; 35 Aktien zu €152,00 und 18 Aktien zu €151,00 vor. Dem gegenüber stehen 34 Aktien zu €156,00; 99 Aktien zu €155,00; 31 Aktien zu €154,00; 38 Aktien zu €153,00; 25 Aktien zu €152,00 und 10 Aktien zu €151,00 zum Verkauf.*

Bestimmen Sie den Aktienkurs der Firma „Gelbrein".

Die Tabelle 6.9 zeigt den entsprechenden Auszug aus dem Skontrobuch des Skontroführers.

Kurs in €	Anzahl der Käufer	Anzahl der Käufer **insgesamt**	Anzahl der Verkäufer	Anzahl der Verkäufer **insgesamt**	Umsetzbare Aktien
151,00	18	228	10	10	10
152,00	35	210	25	35	35
153,00	54	175	38	73	73
154,00	37	121	31	104	104
155,00	55	84	99	203	84
156,00	29	29	34	237	29

Tab. 6.9: Preisbildungsprozess für den Aktienkurs der Firma „Gelbrein"

Da die meisten Aktien bei einem Preis von €154,00 umgesetzt werden könnten, ist der Kurs der Aktie bei €154,00 festzulegen. Aufmerksame Schüler werden jedoch feststellen, dass die Anzahl der Verkäufer mit 104 und die Anzahl der Käufer mit 121 nicht ausgeglichen ist. Wie hat Herr Geldig mit diesem Problem umzugehen? Diese Frage kann zur Diskussion gestellt werden. Vorschläge seitens der Schüler könnten z. B. die folgenden sein:

– Es wird ausgelost, wer von den 121 potentiellen Käufern eine Aktie erhält.

– Es werden die 104 Aktien an diejenigen Käufer verkauft, die als erste ihre Kaufwünsche geäußert haben.

– Das Skontrobuch wird wieder geöffnet, so dass weitere Kauf- und Verkaufswünsche eingehen können. Diese führen u. U. zu einem ausgeglichenen Skontrobuch.

– Es wird kein aktueller Aktienkurs festgelegt. Das Skontrobuch wird gelöscht, die Phase des Handelns beginnt neu.

– Herr Geldig verkauft Aktien aus seinem eigenen Aktienbestand.

Wie sieht es in der Realität aus? Der Skontroführer versucht, für die bei einem Kurs von €154,00 fehlenden Verkäufer oder entsprechend dem Meistausführungsgebot die für einen Preis von €155,00 fehlenden Käufer zu finden. Dazu ruft er vorerst nur einen geschätzten Kurs von „4 zu 5" (€154,00 zu €155,00) aus.[10] Das Ausrufen des geschätzten Kurses hat in der Regel zur Folge, dass die Händler weitere Aufträge

---

[10]Fehlen wie in diesem Beispiel Verkäufer bei einem bestimmten Preis, wird der nächsthöhere Preis zum Schätzwert hinzugenommen. Fehlen hingegen Käufer bei einem bestimmten Preis, so wird der nächstniedrige Preis in den Schätzpreis aufgenommen. Wäre in unserem Beispiel die Anzahl der Käufer kleiner als die Anzahl der Verkäufer, dann würde Herr Geldig den vorläufigen Kurs mit „4 zu 3" angeben.

abgeben, was zu einem Gleichgewicht zwischen der Anzahl der Käufer und der Anzahl der Verkäufer führen kann. Lassen sich z. B. noch 17 Verkäufer von Aktien zu €154,00 finden, so wird der Skontroführer zu einem Preis von €154,00 verkaufen. Der aktuelle Aktienkurs wird bei €154,00 festgelegt. Hat der Skontroführer damit keinen Erfolg, kann er selbst als Käufer oder Verkäufer auf eigenes Risiko tätig werden. Dabei darf er lediglich die kleinste Differenz zwischen angebotenen und nachgefragten Aktien ausgleichen.

Um sich abschließend ein Bild über den Alltag und die Hektik an den Börsen zu machen, bietet sich ein Besuch einer Börse an, sofern dies möglich ist. In Deutschland gibt es die folgenden Börsenplätze: Berlin, Bremen, Düsseldorf, Frankfurt, Hamburg, Hannover, München und Stuttgart.

Lehrziele: Angesichts der beschriebenen Unterrichtsinhalte ergeben sich für den Abschnitt „Kurs einer Aktie" die folgenden Lehrziele. Die Schüler ...

- ... erfassen den Preisbildungsprozess bei Aktien durch das Prinzip „Angebot und Nachfrage" und können dieses erklären und anwenden.

- ... bestimmen Aktienkurse aus gegebenen Angeboten und Nachfragen.

- ... sind sich darüber bewusst, dass die Anzahl der Käufer und Verkäufer nicht ausgeglichen sein muss und problematisieren diesbezüglich Lösungen.

Vorgeschlagene Unterrichtsmaterialien: Arbeitsblatt 8.

6.3.2   Random-Walk-Modell

Mit dem Random-Walk-Modell lernen die Schüler in diesem Abschnitt ein erstes einfaches Modell kennen, mit dem es möglich ist, einen Kursrahmen für künftige Aktienkursentwicklungen abzustecken. Bevor das Random-Walk-Modell erarbeitet wird, ist es sinnvoll, mit den Schülern die Frage zu diskutieren, ob Aktienkurse prognostizierbar sind. Diese Frage wird jeder Finanzmathematiker mit „Nein" beantworten. Aus den statistischen Analysen der Aktienrenditen wird ersichtlich, dass Aktienkurse keinem deterministischen Muster folgen, sondern vielmehr eine so genannte zufällige Irrfahrt vollführen. Positive und negative Renditen und damit verbunden Kursanstiege und Kursabfälle, wechseln sich in unvorhersehbarer Reihenfolge ab. Diese Theorie wird auch von Wirtschaftswissensschaftlern vertreten. Ihrer Auffassung nach spiegeln Aktienkurse jederzeit das wirtschaftliche, politische und gesellschaftliche Geschehen in Aktiengesellschaften oder in deren Umfeld wider. Dabei ist nicht vorhersehbar, wann neue kursrelevante Ereignisse geschehen, die die Aktienkurse steigen oder sinken lassen. Aus diesem Grund sind Aktienkurse nicht sicher prognostizierbar. Es gibt lediglich eine „Methode", mit der Kursprognosen, die mit ziemlicher Sicherheit eintreffen, erstellt werden können – die Verwendung von Insiderwissen. Weiß man z. B. bereits vor der Verkündigung in der Öffentlichkeit vom Konkurs einer Firma, so kann man einen Einbruch des künftigen Aktienkurses prognostizieren. Es gibt immer wieder Situationen, in denen Aktionäre versuchen, Insiderinformationen zu nutzen. So gab es z. B. Aktionäre, die in Verbindung zu den Drahtziehern der Anschläge auf das Word-Trade-Center am 11. September 01 in New York standen und somit durch entsprechende Verkäufe bestimmter Aktien hohe Gewinne erzielen konnten. Um das Funktionieren der Börse zu sichern, ist die Verwendung von Insiderwissen verboten. Personen, die unter Verdacht der Bereicherung durch entsprechende Informationen stehen, werden daher strafrechtlich verfolgt.

Die Entwicklung von Modellen zur „Prognose" von künftigen Aktienkursen hat in der Historie der Finanzmathematik viel Zeit und Erfahrung gebraucht. Auch heute ist die Arbeit nicht abgeschlossen, der Prozess ist vielmehr dynamisch. Darüber hinaus sind die Aktienmärkte sehr komplex, so dass die Schüler diese nur schwer in allen Details erfassen können. Aus diesem Grund ist es wenig sinnvoll, wenn die Schüler aufgefordert werden, derartige Modelle selbstständig zu entwickeln. Günstiger ist es also, wenn sich Schüler das Random-Walk-Modell durch Studium des folgenden grau unterlegten Textes (siehe Arbeitsblatt 9) eigenständig erarbeiten.

Random Walk einer Aktie

Aktienkurse sind nicht sicher prognostizierbar. Dies haben wir bereits bei der statistischen Analyse von Aktienrenditen gesehen. Positive und negative Renditen wechseln sich in unvorhersehbarer Reihenfolge ab. Gleichermaßen wechseln sich steigende und sinkende Aktienkurse ab. Dennoch lässt sich mit einem mathematischen Modell, dem so genannten Random-Walk-Modell, ein Rahmen für künftige Kursentwicklungen abstecken. Innerhalb dieses Rahmens sind verschiedene Kursentwicklungen möglich.

Im Random-Walk-Modell vereinfachen wir das tatsächliche Kursgeschehen wie folgt:

1. Der betrachtete Zeitraum wird in Perioden, z.B. Tage, Wochen oder Monate unterteilt. Der Aktienkurs soll sich nur am Ende einer Periode ändern.

2. Nach jeder Kursänderung kann der Aktienkurs genau zwei Werte annehmen: Er ist um einen gewissen Faktor u (up) gestiegen oder um einen bestimmten Faktor d (down) gesunken. Dabei wird jeder Wert mit jeweils einer Wahrscheinlichkeit von $\frac{1}{2}$ angenommen.

Doch wie groß sind u und d in unserem Modell zu wählen? Hierfür nehmen wir uns die Kennzahlen Drift und Volatilität zur Hilfe und legen folgende Wachstumsfaktoren fest:

1. Die Aktie steigt um $u = 1 + \overline{E} + s$.

2. Die Aktie sinkt um $d = 1 + \overline{E} - s$.

Die verwendeten Kennzahlen geben uns dabei die Einteilung in Perioden vor. Nehmen wir beispielsweise die Wochenrenditen zur Berechnung der Kennzahlen, dann können wir einen Kursrahmen abstecken, der eine mögliche Entwicklung des Aktienkurses nach einer Woche anzeigt. Die Entwicklung des Aktienkurses an den einzelnen Tagen innerhalb dieser Woche ist dann mit unserem Modell nicht beschreibbar.

Die Überlegungen zum Random-Walk-Modell können in der folgenden Abbildung zusammengefasst werden.

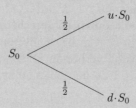

Ausgehend von diesen modellierten Aktienkursen $S_1 = u \cdot S_0$ und $S_2 = d \cdot S_0$ kann für die darauf folgende Periode erneut ein Kursrahmen abgesteckt werden. Dabei verwenden wir die gleichen Wachstumsfaktoren wie in der Periode zuvor.

Nachdem die Schüler sich das Random-Walk-Modell selbst erarbeitet haben, schließt sich eine Anwendungsphase an, in der Aufgaben der folgenden Art bearbeitet werden. Dabei wird gleichzeitig geprüft, inwiefern die Schüler das Random-Walk-Modell verstanden haben.

Aufgabe 6.3.2. *Wir betrachten die Adidas-Aktie. Im Zeitraum vom 11.07.07 bis 04.07.08 betrug die Drift der Aktie rund 0,01, die Volatilität rund 0,02. Am 04.07.08 möchten wir eine Aussage darüber treffen, wie sich der Kurs der Aktie nach einer Woche am 11.07.08 entwickelt haben wird.*

   (a) *Bestimmen Sie die beiden Werte, die der Aktienkurs nach dem Random-Walk-Modell eine Woche später am 11.07.08 annehmen kann, wenn am 04.07.08 der Kurs bei €38,32 lag. Vergleichen Sie die modellierten Werte mit dem realen Aktienkurs vom 11.07.08, der €36,11 betrug.*

   (b) *Ausgehend vom modellierten Aktienkurs vom 11.07.08 können weitere „Prognosen" für die darauf folgende Woche getätigt werden. Erläutern Sie, wie man zu dem Kursrahmen in Abbildung 6.11 kommt. Begründen Sie insbesondere die gleichen auftretenden Werte.*

Im Folgenden betrachten wir die Lösungen der Aufgabe.

   (a) Nach dem Random-Walk-Modell kann der Aktienkurs am 11.07.08 genau zwei Werte annehmen. Entweder ist er um $u = 1 + \overline{E} + s = 1 + 0,01 + 0,02 = 1,03$ gestiegen oder er ist um $d = 1 + \overline{E} - s = 1 + 0,01 - 0,02 = 0,99$ gesunken. Ist der Aktienkurs am 11.07.08 gestiegen, so liegt er mit einer Wahrscheinlichkeit von $\frac{1}{2}$ bei

$$S_1 = u \cdot S_0 = 1,03 \cdot €38,32 = €39,47.$$

Abb. 6.11: Kursrahmen für die Entwicklung der Adidas-Aktie im Zeitraum vom 04.07.08 bis 18.07.08

Ist der Aktienkurs am 11.07.08 hingegen gesunken, so liegt er mit einer Wahrscheinlichkeit von $\frac{1}{2}$ bei

$$S_1 = d \cdot S_0 = 0,99 \cdot €38,32 = €37,94.$$

Der tatsächliche Aktienkurs am 11.07.08 betrug €36,11 und liegt in der Nähe von unserem modellierten Aktienkurs.

(b) Der Kursrahmen wurde erneut mit dem Random-Walk-Modell abgesteckt. Die modellierten Kurse vom 11.07.08 wurden in der ersten Teilaufgabe bereits berechnet. Ausgehend von diesen Werten am 11.07.08 wird mit den bereits bestimmten Paramtern $u = 1,03$ und $d = 0,99$ erneut ein Kursrahmen für den 18.07.08 abgesteckt. Betrachten wir zunächst den modellierten Wert von €39,47 am 11.07.08, dann kann von diesem Wert aus der Aktienkurs eine Woche später um u gestiegen oder um d gesunken sein. Steigt der Aktienkurs zum 18.07.08, dann liegt der neue Kurs bei

$$S_2 = u \cdot €39,47 = €40,65.$$

Sinkt der Aktienkurs hingegen, dann liegt der neue Kurs bei

$$S_2 = d \cdot €39,47 = €39,07.$$

Analog werden die beiden anderen möglichen Aktienkurse €39,07 und €37,56 ausgehend von €37,94 bestimmt. Interessant ist die Frage, warum zweimal die gleichen möglichen Aktienkurse am 18.07.08 auftreten? Dies lässt sich mit der Berechnungsvorschrift der Werte begründen. Ist der Anfangskurs S_0 am Ende der ersten Periode gestiegen und anschließend gefallen, dann berechnet sich der Aktienkurs S_2 nach zwei Perioden gemäß der Formel

$$S_2 = d \cdot (u \cdot S_0).$$

Fällt hingegen der Aktienkurs zunächst, ehe er steigt, dann ergibt sich der neue Aktienkurs gemäß der Formel

$$S_2 = u \cdot (d \cdot S_0).$$

Wendet man das Assoziativgesetz und Kommutativgesetz der Multiplikation an, so erkennt man, dass beide Aktienkurse gleich sind. Es ist also nicht von Bedeutung, ob der Aktienkurs erst fällt und dann steigt oder erst steigt und dann sinkt. Rechnerisch erhalten wir die gleichen „Prognosen".

Sind die Schüler bereits mit den Pfadregeln[11] vertraut, können diese wiederholt und vertieft werden. Neben der Bestimmung der möglichen Werte für die Aktienkurse am Ende einer Periode können die Schüler dazu aufgefordert werden, gleichzeitig Wahrscheinlichkeitsaussagen für das Auftreten der einzelnen Aktienkurse zu tätigen. So tritt z. B. am 11.07.08 mit einer Wahrscheinlichkeit von

$$P(\text{Aktienkurs beträgt } €39{,}07) = \frac{1}{2} \cdot \frac{1}{2} + \frac{1}{2} \cdot \frac{1}{2} = \frac{1}{2}$$

ein Aktienkurs in Höhe von €39,07 auf. Eine weitere Aufgabe, die das Random-Walk-Modell vertieft, ist die Aufgabe 6.3.3.

Aufgabe 6.3.3. *Die Abbildung 6.12 zeigt das Linienchart für die Wochenschluss-kurse der Adidas-Aktie im Zeitraum vom 21.01.08 bis 30.06.08*

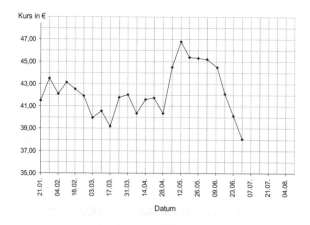

Abb. 6.12: Linienchart der Adidas-Aktie im Zeitraum vom 21.01.08 bis 30.06.08

---

[11]Die erste Pfadregel besagt, dass die Wahrscheinlichkeit eines Ergebnisses in einem mehrstufigen Vorgang gleich dem Produkt der Wahrscheinlichkeiten entlang des Pfades ist, der diesem Ergebnis im Baumdiagramm entspricht. Die zweite Pfadregel besagt, dass die Wahrscheinlichkeit eines Ereignisses in einem mehrstufigen Vorgang gleich der Summe der Wahrscheinlichkeiten der Pfade ist, die für dieses Ereignis günstig sind.

Das Linienchart soll durch Modellierung der künftigen Aktienkurse mit dem Ran-dom-Walk-Modell fortgesetzt werden. Entwicklen Sie ein Experiment, mit dem Sie unter Anwendung des Random-Walk-Modells das Linienchart fortsetzen können. Führen Sie das Experiment durch und setzen Sie das Linienchart entsprechend fort. Gehen Sie von einem Aktienkurs von €38,04 am 30.06.08 und u = 1,03 sowie d = 0,99 aus.

Um das Linienchart fortzusetzen, können wir z. B. für jede Woche eine Münze werfen. Wenn Kopf fällt, steigt der Aktienkurs in der betreffenden Woche. Erscheint dagegen Zahl, dann sinkt der Aktienkurs in der betreffenden Woche. Die Abbildung 6.13 zeigt ein durch Modellierung der künftigen Aktienkurse entstandenes Linienchart. Der gestrichelte Teil stellt dabei die Fortsetzung des Liniencharts mithilfe des Random-Walk-Modells dar. Es wird erkennbar, dass beim Werfen der Münze zunächst Kopf fiel, der Aktienkurs also um den Faktor u gestiegen ist. Anschließend wurde viermal hintereinander Zahl geworfen, in jeder Woche fiel also der Aktienkurs um den Faktor d. Der letzte Wurf zeigt Kopf, der Aktienkurs stieg also erneut um den Faktor u.

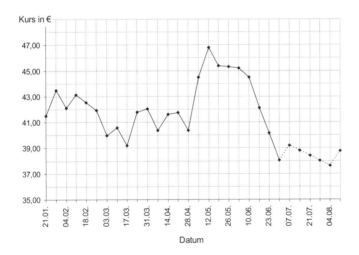

Abb. 6.13: Mit Random-Walk-Modell modelliertes Linienchart für die Adidas-Aktie im Zeitraum vom 21.01.08 bis 11.08.08

Wie schwer eine Identifizierung von modellierten Liniencharts ist, zeigt die Aufgabe 6.3.4.

Aufgabe 6.3.4. *In der Abbildung 6.14 ist von den vier Kursverläufen im Zeitraum vom 02.01.01 bis 31.12.01 ein Kursverlauf mit dem Random-Walk-Modell erzeugt worden. Die anderen drei Liniencharts sind echt. Analysieren Sie die Abbildung. Welche der Abbildungen ist Ihrer Meinung nach das modellierte Linienchart? Begründen Sie Ihre Vermutung.*

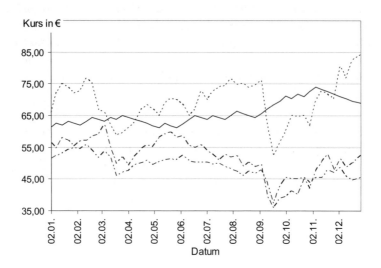

Abb. 6.14: Vergleich dreier realer Liniencharts mit einem modellierten Liniencharts im Zeitraum vom 02.01.01 bis 31.12.01

Die Ähnlichkeit der einzelnen Liniencharts ist verblüffend. Das modellierte Linienchart lässt sich auf den ersten Blick nicht von den realen Liniencharts (Adidas, Linde und Volkswagen) unterscheiden. Dennoch ist der modellierte Aktienkursverlauf in einem kleinen Detail von den anderen verschieden. Unmittelbar nach den Anschlägen auf das World-Trade-Center in New York am 11. September 01 sind alle Aktienkurse stark gesunken. Diese Entwicklung spiegelt sich auch in drei der vier Aktiencharts wider, das vierte Chart scheint von den Ereignissen unbeeindruckt. Es kann daher davon ausgegangen werden, dass es sich bei diesem Aktienchart um das mit dem Random-Walk-Modell erzeugte Chart handelt. Gäbe es den Anhaltspunkt des 11. Septembers nicht, wäre eine Identifizierung ohne Kenntnisse über die echten Kurswerte kaum möglich.

Den Abschluss der Unterrichtseinheit sollte eine kritische Auseinandersetzung mit der Modellierung von Aktienkursen mittels Random-Walk-Modell bilden. Als Einstieg in die abschließende Diskussion dient die Aufgabe 6.3.5.

Aufgabe 6.3.5. *In einem mathematischen Modell wird stets versucht, die Realität zu beschreiben und diese zu idealisieren. Die Wirklichkeit wird meist stark vereinfacht, es werden nicht alle Faktoren bei der Modellierung berücksichtigt. Daher ist es wichtig, immer wieder zu hinterfragen, ob das Modell die Beobachtungen der Realität gut beschreibt. Darüber hinaus gibt es in einem Modell stets Kritikpunkte. Überlegen Sie, was im Random-Walk-Modell kritisch zu bewerten ist. Welche Vorteile hat das Random-Walk-Modell?*

Als Vorteil des Modells ist insbesondere die einfache Handhabung zu nennen, da lediglich die Parameter u und d bestimmt werden müssen. Als kritisch hingegen sind folgende Punkte zu bewerten:

- Das modellierte Aktienkursgeschehen ist bei sehr großen Perioden fern der Realität, da sich der Aktienkurs nicht nur am Ende einer Periode (z. B. am Ende einer Woche), sondern auch dazwischen (z. B. an den einzelnen Tagen dieser Woche) ändert. Eine (theoretische) Verkleinerung der Periodenlänge zu „Tagesrenditen", „Stundenrenditen", „Minutenrenditen" oder „Sekundenrenditen" nähert sich dem tatsächlichen Aktiengeschehen immer besser an.

- Aus Daten der Vergangenheit werden „Prognosen" für die Zukunft abgeleitet.

- Firmenrelevante Daten (Insiderwissen) und unvorhersehbare Ereignisse (z. B. Anschlag auf das World Trade Center) werden in diesem Modell nicht berücksichtigt.

- Die Parameter u und d werden als zeitlich konstant betrachtet. Neue Kursinformationen bleiben unberücksichtigt. Dies ist insbesondere problematisch, wenn über sehr lange Zeiträume „Prognosen" getätigt werden.

Abschließend kann der Lehrer die Schüler darauf hinweisen, dass es mittlerweile eine Vielzahl leistungsfähigerer Modelle (vgl. Kapitel 7) gibt, die jedoch aufgrund ihrer Komplexität nicht für den Mathematikunterricht in der Sekundarstufe I geeignet sind. In der aktuellen finanzmathematischen Forschung wird insbesondere nach Modellen gesucht, die den letztgenannten Kritikpunkt stärker berücksichtigen.

Lehrziele: Angesichts der beschriebenen Unterrichtsinhalte ergeben sich für den Abschnitt „Random Walk" die folgenden Lehrziele. Die Schüler ...

- ... erarbeiten das Random-Walk-Modell zur „Prognose" von Aktienkursentwicklungen und können mit diesem Modell Berechnungen von Kursprognosen durchführen.

- ... simulieren mit dem Random-Walk-Modell künftige Aktienkursentwicklungen.

- ... beurteilen das Modell kritisch und reflektieren die Grenzen des Modells.

Vorgeschlagene Unterrichtsmaterialien: Arbeitsblatt 9, Arbeitsblatt 10.

Kapitel 7

Die zufällige Irrfahrt einer Aktie

Im Folgenden präsentieren wir einen Vorschlag für eine Unterrichtseinheit zur stochastischen Modellierung von Aktienkursen mittels Normalverteilung. Der Unterrichtsvorschlag ist für einen Einsatz im Stochastikunterricht der Sekundarstufe II vorgesehen. Bei der Konzeption wurden die unter der Leitidee „Zufall" zusammengefassten Inhalte der „Einheitlichen Prüfungsanforderungen in der Abiturprüfung Mathematik" (vgl. KMK 2002, S. 8) berücksichtigt.

Die Unterrichtseinheit baut auf der Unterrichtseinheit „Statistik der Aktienmärkte" auf. Wir setzen daher voraus, dass deren Inhalte bekannt sind. Dennoch kann diese Unterrichtseinheit auch dann eingesetzt werden, wenn die Unterrichtseinheit „Statistik der Aktienmärke" nicht unterrichtet wurde. Zur Einführung in die bisher unbekannten Themen verweisen wir auf die Ausführungen im Kapitel 6.

7.1 Inhaltliche und konzeptionelle Zusammenfassung

Die Unterrichtseinheit „Die zufällige Irrfahrt einer Aktie" besteht aus einem Basismodul und drei thematisch passenden Ergänzungsmodulen. Das Basismodul ist in sechs Abschnitte mit folgenden Themen gegliedert:

1. *Ökonomische Grundlagen*

2. *Einfache und logarithmische Rendite einer Aktie*

3. *Drift und Volatilität einer Aktie*

4. *Statistische Analyse von Renditen*

5. Normalverteilung als Modell zur Aktienkursprognose

6. Beurteilung eines Wertpapieres

Die kursiv gesetzten Module sind gleichfalls Module in der Unterrichtseinheit „Statistik der Aktienmärkte". In den folgenden Ausführungen werden sie durch neue Aspekte erweitert, die bereits bekannten Aspekte sind im Laufe des Unterrichts jeweils kurz zu wiederholen. Die einzelnen Abschnitte des Basismoduls bauen aufeinander auf und sollten möglichst vollständig und in der genannten Reihenfolge unterrichtet werden. Das Ziel dieses Basismoduls ist es, den Schülern bewusst zu machen, dass Aktienkurse nicht sicher prognostizierbar sind, dass aber dennoch mithilfe stochastischer Methoden Wahrscheinlichkeitsaussagen zu künftigen Aktienkursentwicklungen möglich sind. Insbesondere wird die Möglichkeit vorgestellt, wie Aktienkurse mittels Normalverteilung modelliert werden können.

Die drei Ergänzungsmodule widmen sich folgenden Themen:

1. Modellierungsprozess

2. Korrelationsanalyse

3. *Random-Walk-Modell*[1]

Die Abbildung 7.1 zeigt einen Vorschlag für einen chronologischen Ablauf der Unterrichtseinheit. Die Ergänzungsmodule wurden zeitlich an passender Stelle eingeordnet.

Im Folgenden werden die Inhalte und Ziele der einzelnen Abschnitte des Basismoduls und der Ergänzungsmodule vorgestellt. Die vermittelten mathematischen und ökonomischen Inhalte ergeben sich dabei vollständig aus Kapitel 1.

---

[1]Mit dem Random-Walk-Modell steht den Schülern ein diskretes Modell für die Prognose künftiger Aktienkurse zur Verfügung und kann somit zur Beurteilung des Wertpapieres am Ende der Unterrichtseinheit herangezogen werden. Wurde das Random-Walk-Modell bereits unterrichtet, ist es sinnvoll, dieses zu wiederholen. Andernfalls ist mit Hinblick auf zeitliche Aspekte vom unterrichtenden Lehrer zu entscheiden, ob das Modell zusätzlich zur Normalverteilung eingeführt wird.

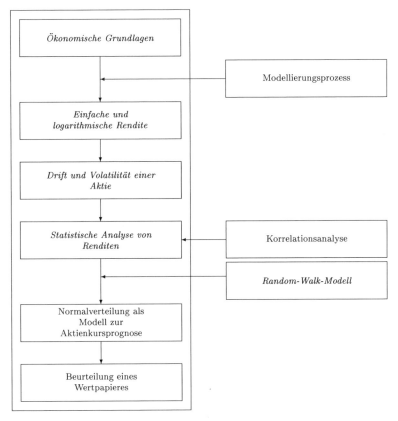

Abb. 7.1: Möglicher chronologischer Ablauf der Unterrichtseinheit „Die zufällige Irrfahrt einer Aktie"

7.2 Das Basismodul

7.2.1 Ökonomische Grundlagen

Nach einer kurzen Wiederholung der wichtigsten Begriffe, die im Zusammenhang mit der Thematik stehen (siehe Abschnitt 6.2.1), wird ein real existierendes Wertpapier vorgestellt, auf dessen Bewertung die gesamte Unterrichtseinheit abzielt. Die Schüler können sich durch das Studium eines entsprechenden Werbeprospekts mit dem Wertpapier vertraut machen, es ist aber auch eine Vorstellung durch den Lehrer möglich. Diese hat den Vorteil, dass eine bereits gefilterte und damit gut verständliche Darstellung des Wertpapieres möglich ist. Die Werbeprospekte der Banken enthalten oft zusätzliche Informationen und neue ökonomische Begriffe, die einer weiteren Klärung bedürfen, die jedoch für die Bewertung des Wertpapieres nicht von Bedeutung sind.

Diverse Banken bringen derzeit verschiedene Wertpapiere, deren Zinszahlungen auf Aktienkursentwicklungen beruhen, auf den Markt. Zur Beurteilung im Unterricht eignet sich nach unserer Auffassung besonders gut das VarioZinsGarantX[2] der Berliner Volksbank. Im Folgenden wird die Funktionsweise des VarioZinsGarant4, vorgestellt:

Im Aktienkorb des VarioZinsGarant4 sind 20 Aktien (siehe Abbildung 7.2) zusammengefasst.

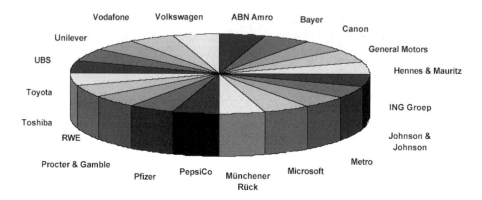

Abb. 7.2: Zusammensetzung des Aktienkorbes des VarioZinsGarant4

Am 12.09.03[3] wurde eine für die Höhe der jährlichen Zinszahlung maßgebliche Kursbarriere für jede Aktie ermittelt. Diese ergibt sich aus 75% des Schlusskurses der betreffenden Aktie. An 12 Stichtagen im Jahr (jeweils der sechste Tag im Monat) wird der Kurswert der im Aktienkorb befindlichen Aktien ermittelt und am Ende des Jahres wird die Zinszahlung für das abgelaufene Jahr wie folgt festgelegt:

- *Zinszahlung 2,5%: Drei oder mehr der im Aktienkorb enthaltenen Aktien befinden sich an einem der zwölf Tage unter der 75%-igen Kursbarriere.*

- *Zinszahlung 3%: Maximal zwei der im Aktienkorb enthaltenen Aktien befinden sich an einem der zwölf Tage unter der 75%-igen Kursbarriere.*

- *Zinszahlung 8%: Keine der im Aktienkorb enthaltenen Aktien befindet sich an den zwölf Tagen unter der 75%-igen Kursbarriere.*

---

[2]Die Berliner Volksbank bringt in regelmäßigen Abständen dieses Zertifikat mit fortlaufender Nummerierung heraus. Alle Zertifikate mit dem Namen VarioZinsGarantX funktionieren dabei nach dem gleichen Prinzip. Sie sind unter `http://www.berliner-volksbank.de` → „Wertpapier & Börse" → „Zertifikate" → „Platzierte Zertifikate" (Stand: 10.10.08) zu finden.

[3]Die Bewertung eines älteren Wertpapieres hat den Vorteil, dass die Schüler im Anschluss an die Unterrichtseinheit überprüfen können, welche Zinsen in jedem Jahr gezahlt wurden. Natürlich können auch neuere Wertpapiere in der Unterrichtseinheit betrachtet werden.

Die Zinszahlungen unterliegen einer jährlichen Betrachtung. In jedem Jahr werden erneut die Schlusskurse der Aktien an den Stichtagen geprüft und die Einlagen entsprechend verzinst. Der Ausgabepreis betrug 100 Euro zuzüglich 3,5% Ausgabeaufschlag pro Zertifikat. Die Berliner Volksbank garantiert eine Rückzahlung von 100 Euro pro Zertifikat am Ende der Laufzeit (18.09.09). Für das dazugehörige Depot fallen keine Gebühren an.

In einer ersten Diskussion sollte an dieser Stelle zunächst eine intuitive Einschätzung des Wertpapieres erfolgen. Der Einstieg in diese Diskussion gestaltet sich sehr offen, wenn die Schüler nach der Attraktivität des Pakets gefragt werden und unter welchen Gesichtspunkten sich das Wertpapier beurteilen ließe. Etwas enger geführt wird die Einstiegsdiskussion, wenn die folgenden Fragen an die Schüler gerichtet werden:

- *Wie schätzen Sie die Wahrscheinlichkeit dafür ein, dass die Anleger tatsächlich 8% Zinsen erhalten?*
- *Welche Position beziehen Sie zu diesem Wertpapier?*
- *Welche Personengruppen sollten Ihrer Meinung nach mit dem Wertpapier angesprochen werden?*
- *Wie stellen Sie sich eine Bewertung des Wertpapiers mit Mitteln der Wahrscheinlichkeitsrechnung vor?*

Es ist nicht zu erwarten, dass die Schüler einen vollständigen Lösungsweg zur Bewertung des Zertifikats vorschlagen. Die Schüler sollten jedoch erkennen, dass die Frage nach der Wahrscheinlichkeit, den Höchstzinssatz zu erreichen, nur über Wahrscheinlichkeitsaussagen zu Kursentwicklungen der im Aktienkorb enthaltenen Aktien beantwortbar ist. Das Ziel der nächsten Unterrichtsabschnitte wird es daher sein, Modelle für künftige Aktienkursentwicklungen zu erarbeiten.

Lehrziele: Angesichts der beschriebenen Unterrichtsinhalte ergeben sich für den Abschnitt „Ökonomische Grundlagen" die folgenden Lehrziele. Die Schüler ...

- ... erfassen den Aufbau und die Funktionsweise des am Ende der Unterrichtseinheit zu bewertenden Wertpapiers.

Vorgeschlagene Unterrichtsmaterialien: Werbeprospekte für ein am Ende der Unterrichtseinheit zu beurteilendes Wertpapier, vorzugsweise VarioZinsGarantX der Berliner Volksbank.

7.2.2 Einfache und logarithmische Rendite einer Aktie

Für die Analyse von Aktienkursentwicklungen sind die Renditen bekanntermaßen die geeigneteren Größen als die Kurse selbst. Sie erlauben es, Aussagen zur Ertragskraft einer Aktie zu machen und die Erträge verschiedener Aktien miteinander zu vergleichen. Dabei wird zwischen der einfachen und der logarithmischen Rendite unterschieden. Zunächst wird der bekannte Begriff der einfachen Rendite wiederholt.

Als einfache Rendite E_a^b im Zeitraum $[t_a; t_b]$ bezeichnet man das Verhältnis aus Gewinn und Einsatz bzw. aus Verlust und Einsatz. Sie wird üblicherweise in Prozent angegeben und berechnet sich aus den Kursen S_a am Anfang und S_b am Ende des Zeitraums gemäß der Formel

$$E_a^b = \frac{S_b - S_a}{S_a}.$$

In der Finanzmathematik hingegen wird aus guten Gründen mit der logarithmischen Rendite gearbeitet. Die logarithmische Rendite liefert im Gegensatz zu der einfachen Rendite nicht unmittelbar die Gewinne bzw. Verluste einer Aktie und ist somit für Schüler weniger anschaulich. Aus diesem Grund ist es sinnvoll, den Schülern die Definition der logarithmischen Rendite zur Verfügung zu stellen.

Als logarithmische Rendite L_a^b im Zeitraum $[t_a; t_b]$ bezeichnet man den natürlichen Logarithmus aus dem Verhältnis der Kurse am Ende und zu Beginn des Zeitraumes, d. h.

$$L_a^b = \ln\left(\frac{S_b}{S_a}\right).$$

Die logarithmische Rendite weist gegenüber der einfachen Rendite einige Vorteile auf, die in den folgenden Ausführungen näher erläutert werden und die es im Unterricht anhand einer geeigneten Auswahl von Aufgaben zu erarbeiten gilt. Eine erste Aufgabe, die gleichzeitig die Begriffe der einfachen und der logarithmischen Rendite festigt, ist die Aufgabe 7.2.1.

Aufgabe 7.2.1. *In der nachfolgenden Tabelle ist die Kursentwicklung der Borussia-Dortmund-Aktie über einen Zeitraum von drei Wochen festgehalten.*

Woche	Aktienkurs in €
0	3,52
1	4,89
2	5,31

Berechnen Sie jeweils die einfachen und die logarithmischen Renditen auf drei Stellen genau[4] über die Teilzeiträume (Einwochenrenditen) und die Renditen über den gesamten Zeitraum (Zweiwochenrenditen). Was stellen Sie in Bezug auf die Renditen in den unterschiedlichen Zeiträumen fest?

Neben der Berechnung der Renditen[5] durch Anwendung der Definitionen der einfachen und der logarithmischen Rendite soll mit dieser Aufgabe insbesondere die Additivitätseigenschaft der logarithmischen Rendite als wesentlicher Vorteil gegenüber der einfachen Rendite entdeckt werden. Die **Additivitätseigenschaft** besagt:

> Wird ein Zeitraum in n Teilzeiträume unterteilt, so lässt sich die logarithmische Gesamtrendite L_0^n über diesen Zeitraum als Summe der logarithmischen Teilrenditen $L_0^1, L_1^2, \ldots, L_{n-1}^n$ in den Teilzeiträumen berechnen. Es gilt also:
>
> $$L_0^1 + L_1^2 + \ldots + L_{n-1}^n = L_0^n.$$

Beweis. Es seien $S_0, S_1, \ldots, S_{n-1}, S_n$ die Aktienkurse zu den $n+1$ aufeinanderfolgenden Zeitpunkten $t_0, t_1, t_2, \ldots, t_{n-1}, t_n$. Für die Summe der logarithmischen Renditen in den n aufeinanderfolgenden Zeiträumen $[t_0; t_1], [t_1; t_2], \ldots, [t_{n-1}; t_n]$ gilt dann:

$$
\begin{aligned}
L_0^1 + L_1^2 + \ldots + L_{n-1}^n &= \ln\left(\frac{S_1}{S_0}\right) + \ln\left(\frac{S_2}{S_1}\right) + \ldots + \ln\left(\frac{S_n}{S_{n-1}}\right) \\
&= \ln\left(\frac{S_1}{S_0} \cdot \frac{S_2}{S_1} \cdot \ldots \cdot \frac{S_n}{S_{n-1}}\right) \\
&= \ln\left(\frac{S_n}{S_0}\right) \\
&= L_0^n.
\end{aligned}
$$

Dabei ist L_0^n die logarithmische Rendite im Gesamtzeitraum $[t_0; t_n]$. $\square$

Der Grund für die Additivität der logarithmischen Renditen liegt also im folgenden Logarithmengesetz:

$$\ln(a \cdot b) = \ln(a) + \ln(b).$$

Da diese Eigenschaft des Logarithmus bekannt ist, kann der Beweis der Additivitätseigenschaft durch die Schüler erbracht werden.

---

[4]Um die im Folgenden beschriebene Additivitätseigenschaft der logarithmischen Rendite feststellen zu können, ist die Angabe auf „drei Stellen genau" notwendig.

[5]$E_0^1 = 0,389,\ E_1^2 = 0,086,\ E_0^2 = 0,509,\ L_0^1 = 0,329,\ L_1^2 = 0,082,\ L_0^2 = 0,411 = L_0^1 + L_1^2.$

Die Additivitätseigenschaft ist der entscheidende Grund dafür, warum Finanzmathematiker die logarithmische Rendite der einfachen Rendite vorziehen. Diese sollte daher im Unterricht erarbeitet werden. Steht genügend Zeit zur Verfügung, werden weitere Vorteile der logarithmischen Rendite gegenüber der einfachen Rendite erarbeitet. Dies kann u. a. mit den Aufgaben 7.2.2 und 7.2.3 erfolgen.

Aufgabe 7.2.2. *Wir fassen die einfache und die logarithmische Rendite jeweils als Funktion in Abhängigkeit vom Endkurs bei einem festen Anfangskurs auf. Bestimmen Sie die Wertebereiche dieser beiden Funktionen. Skizzieren Sie den Verlauf der Renditefunktionen mit einem Anfangskurs von €10,00 in Abhängigkeit vom Endkurs.*

Die Skizze der Renditefunktionen (Abbildung 7.3) und der Vergleich der Wertebereiche zeigt, dass negative logarithmische Renditen beliebig klein werden können, positive logarithmische Renditen beliebig groß. Die einfachen Renditen hingegen nehmen Werte zwischen -1 und $+\infty$ an. Es gibt also eine Asymmetrie zwischen den positiven und negativen einfachen Renditen.

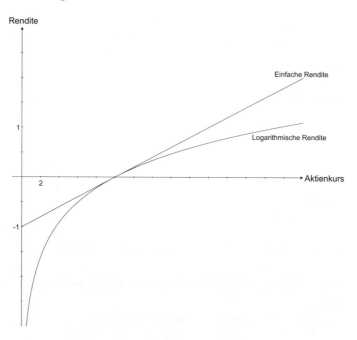

Abb. 7.3: Vergleich der einfachen und logarithmischen Renditen

Aufgabe 7.2.3. *In der Tabelle 7.1 sind für einige Kursverhältnisse zwischen 0 und 10 die einfache und die logarithmische Rendite einander gegenübergestellt. Vergleichen Sie die einfachen mit den logarithmischen Renditen. Fassen Sie mögliche Vorteile der logarithmischen Rendite gegenüber der einfachen Rendite zusammen.*

Kursverhältnis	einfache Rendite	logarithmische Rendite
$\dfrac{\text{Endkurs}}{\text{Anfangskurs}}$	$\dfrac{\text{Endkurs}}{\text{Anfangskurs}} - 1$	$\ln\left(\dfrac{\text{Endkurs}}{\text{Anfangskurs}}\right)$
0,00	−1,00	−∞
0,10	−0,90	−2,303
0,50	−0,50	−0,693
0,90	−0,10	−0,105
0,95	−0,05	−0,051
1,00	0,00	0,000
1,05	0,05	0,049
1,10	0,10	0,095
1,50	0,50	0,405
2,00	1,00	0,693
5,00	4,00	1,609
10,00	9,00	2,303
∞	∞	∞

Tab. 7.1: Vergleich der einfachen und logarithmischen Renditen

Es sollen folgende Gesichtspunkte erarbeitet werden:

- **Symmetrieeigenschaft der logarithmischen Renditen:** Betrachtet man die logarithmische Rendite bei gegebenem festem Anfangskurs S_a als Funktion des Endkurses $S_b = n \cdot S_a$ mit $n \in \mathbb{R}$, so erkennt man die Gesetzmäßigkeit

$$L_a^b(n \cdot S_b) = -L_a^b\left(\frac{1}{n} S_b\right).$$

  Das bedeutet: Die logarithmischen Renditen liegen im Gegensatz zu den einfachen Renditen „symmetrisch" bezüglich 0. Beträgt die logarithmische Rendite in einem Zeitraum beispielsweise −0,693, so muss die logarithmische Rendite des nächsten Zeitraumes +0,693 betragen, um den Verlust aus dem ersten Zeitraum zu kompensieren. Bei der einfachen Rendite verhält es sich dagegen wie folgt: Um einen Verlust von −50% (dies entspricht einer logarithmischen Rendite von −0,693) im ersten Zeitraum zu kompensieren, muss die einfache Rendite im folgenden Zeitraum +100% betragen.

- Liegen die einfachen Renditen zwischen −10% und +10%, so stimmen einfache und logarithmische Rendite annähernd überein, so dass in diesem Bereich auch die logarithmische Rendite eine anschauliche Vorstellung über die Entwicklung des Aktienkurses liefert.

In den folgenden Ausführungen verwenden wir – wenn nicht anders angegeben – die logarithmischen Renditen. Im nächsten Unterrichtsabschnitt „Drift und Volatilität einer Aktie" werden wir einen weiteren Vorteil der logarithmischen Rendite gegenüber der einfachen Rendite kennen lernen.

Lehrziele: Angesichts der beschriebenen Unterrichtsinhalte ergeben sich für den Abschnitt „Einfache und logarithmische Rendite einer Aktie" die folgenden Lehrziele. Die Schüler ...

- ... berechnen einfache und logarithmische Renditen einer Aktie über verschiedene Zeiträume.

- ... erfassen die logarithmische Rendite als eine weitere geeignete Größe zum Vergleich verschiedener Aktien und Anlageformen.

- ... vergleichen die logarithmische Rendite mit der einfachen Rendite.

Vorgeschlagene Unterrichtsmaterialien: Arbeitsblatt 1.

7.2.3 Drift und Volatilität einer Aktie

Zunächst werden die beiden wichtigen Kenngrößen Drift und Volatilität einer Aktie und die inhaltliche Interpretation dieser Kenngrößen im Zusammenhang mit Aktienkursentwicklungen wiederholt.

Seien $L_0^1, L_1^2, \ldots, L_{n-1}^n$ die letzten n logarithmischen Renditen einer Aktie bezogen auf den gleichen Zeitraum (z. B. die letzten n Monatsrenditen). Das arithmetische Mittel

$$\overline{L} = \frac{L_0^1 + L_1^2 + \ldots + L_{n-1}^n}{n}$$

bezeichnet man als Drift dieser Aktie für diesen Zeitraum. Die empirische Standardabweichung

$$s = \sqrt{\frac{(L_0^1 - \overline{L})^2 + (L_1^2 - \overline{L})^2 + \ldots + (L_{n-1}^n - \overline{L})^2}{n}}$$

heißt Volatilität der Aktie für diesen Zeitraum.

Die Drift gibt die durchschnittliche Kursänderung pro Zeitraum an und stellt somit ein Trendmaß dar. Die Volatilität ist ein Chancen- bzw. Risikomaß. Je größer die Volatilität ist, desto stärkere Kursschwankungen treten auf. Verbunden mit großen Kursschwankungen sind die höhere Chance auf große Gewinne und das größere Risiko von hohen Verlusten.

Die in Aktienanalysen angegebenen Volatilitäten beziehen sich stets auf ein Jahr. Diese Jahreskenngrößen lassen sich jedoch nicht aus den statistischen Daten bestimmen, sondern müssen vielmehr geschätzt werden. Die Renditen und damit verbunden auch deren arithmetisches Mittel und die Standardabweichung hängen vom zugrunde gelegten Zeitraum ab. Damit stellt sich die Frage, ob sich die Kenngrößen einer Aktie bezogen auf einen Zeitraum in die Kenngrößen der Aktie bezogen auf einen anderen Zeitraum umrechnen lassen? Der Zusammenhang soll im Folgenden untersucht werden. Dazu bietet sich die Aufgabe 7.2.4 an. Mit der Aufgabe wird gleichzeitig die Additivität von logarithmischen Renditen wiederholt.

Aufgabe 7.2.4. *In der Tabelle 7.2 sind die Kurse und die logarithmischen Renditen der Unilever-Aktie im Zweiwochenrhythmus im Zeitraum vom 11.02.08 bis zum 28.07.08 angegeben.*

Woche Nr.	Datum	Kurs in €	log. Rendite
0	11.02.08	$20,65$	
2	25.02.08	$20,53$	$-0,0063$
4	10.03.08	$20,90$	$0,0183$
6	25.03.08	$21,25$	$0,0166$
8	07.04.08	$21,03$	$-0,0104$
10	21.04.08	$21,14$	$0,0052$
12	05.05.08	$22,08$	$0,0435$
14	19.05.08	$20,42$	$-0,0782$
16	02.06.08	$20,49$	$0,0034$
18	16.06.08	$18,88$	$-0,0818$
20	30.06.08	$17,87$	$-0,0550$
22	14.07.08	$17,88$	$0,0006$
24	28.07.08	$17,33$	$-0,0312$

Tab. 7.2: Kurse und logarithmische Renditen der Unilever-Aktie im Zweiwochenrhythmus im Zeitraum vom 11.02.08 bis zum 28.07.08

(a) *Bestimmen Sie die Vierwochenrenditen der Unilever-Aktie im angegebenen Zeitraum.*

(b) *Berechnen Sie das arithmetische Mittel und die Standardabweichung der Vierwochenrenditen. Vergleichen Sie diese mit dem arithmetischen Mittel und der Standardabweichung der Zweiwochenrenditen. Diese betrugen $-0,0146$ bzw. $0,0376$. Welcher Zusammenhang besteht zwischen den Kenngrößen der Zwei- und Vierwochenrenditen?*

In der Tabelle 7.3 sind die Vierwochenrenditen der Unilever-Aktie im Zeitraum vom 11.02.08 bis zum 28.07.08 angegeben. Die Vierwochenrenditen können dabei unmittelbar aus den Zweiwochenrenditen unter Ausnutzung der Additivität der logarithmischen Rendite bestimmt werden.

Woche Nr.	Datum	Kurs in €	log. Rendite
0	11.02.08	20, 65	
4	10.03.08	20, 90	0, 0120
8	07.04.08	21, 03	0, 0062
12	05.05.08	22, 08	0, 0487
16	02.06.08	20, 49	−0, 0747
20	30.06.08	17, 87	−0, 1368
24	28.07.08	17, 33	−0, 0307

Tab. 7.3: Kurse und logarithmische Renditen der Unilever-Aktie im Vierwochenrhythmus im Zeitraum vom 11.02.08 bis zum 28.07.08

Das arithmetische Mittel der Vierwochenrenditen beträgt $-0,0292$, die Standardabweichung $0,0615$. Auffällig ist, dass das arithmetische Mittel der Vierwochenrendite genau doppelt so groß ist wie dasjenige der Zweiwochenrendite:

$$\overline{L}_{Vierwochen} = 2 \cdot \overline{L}_{Zweiwochen}.$$

Der Zusammenhang zwischen den entsprechenden Standardabweichungen hingegen ist weniger offensichtlich. Hier werden die Schüler zunächst keinen Zusammenhang vermuten. Daher gilt es, diesen den Schülern aufzuzeigen:

$$s_{Vierwochen} = \sqrt{2} \cdot s_{Zweiwochen}.$$

Um die Kenngrößen bezogen auf einen Zeitraum in die Kenngrößen bezogen auf einen anderen Zeitraum umzurechnen, können wir als Ergebnis der vorangegangenen Aufgabe die folgenden Gesetzmäßigkeiten festhalten:

Bezeichnen $\overline{L}_1$ und s_1 die Drift bzw. die Volatilität einer Aktie bezogen auf den Zeitraum der Dauer T_1, sowie $\overline{L}_2$ und s_2 die Drift bzw. die Volatilität einer Aktie bezogen auf einen anderen Zeitraum der Dauer T_2, so gilt:

$$\overline{L}_2 = \frac{T_2}{T_1} \cdot \overline{L}_1. \tag{7.1}$$

Wenn zudem die Korrelation zwischen den Renditen annähernd null ist, gilt näherungsweise:

$$s_2 \approx \sqrt{\frac{T_2}{T_1}} \cdot s_1 \tag{7.2}$$

Etwas vereinfacht kann man sagen, dass die Renditen eines Zeitraums unkorreliert sind, wenn auf positive oder negative Renditen im Folgezeitraum gleichhäufig positive oder negative Renditen folgen. Eine genaue Definition der Korrelation wird in Abschnitt 7.3.2 gegeben.

Die Gleichung (7.1) gilt es anschließend durch die Schüler zu beweisen. Eine Herleitung der Gleichung (7.2) ist nur schwer möglich und für Schüler kaum leistbar. Wir verweisen interessierte Leser auf ADELMEYER/WARMUTH 2003 (S. 64).

Beweis. Es sei $T = n \cdot T_1 = m \cdot T_2$ die Dauer des gesamten Zeitraumes der zurückliegenden betrachteten Renditen. Daraus folgt:

$$\frac{n}{m} = \frac{T_2}{T_1}. \tag{7.3}$$

Wir bezeichnen zudem mit $(L_0^1)_1, (L_1^2)_1, \ldots, (L_{n-1}^n)_1$ die n aufeinanderfolgenden Renditen bezogen auf einen Zeitraum der Dauer T_1 und $(L_0^1)_2, (L_1^2)_2, \ldots, (L_{m-1}^m)_2$ die m aufeinanderfolgenden Renditen bezogen auf einen Zeitraum der Dauer T_2. Dann gilt aufgrund der Addidivität der logarithmischen Renditen:

$$(L_0^1)_1 + (L_1^2)_1 + \ldots + (L_{n-1}^n)_1 = (L_0^1)_2 + (L_1^2)_2 + \ldots + (L_{m-1}^m)_2. \tag{7.4}$$

Weiterhin gilt mit der Definition des arithmetischen Mittels:

$$
\begin{aligned}
\overline{L}_2 &= \frac{(L_0^1)_2 + (L_1^2)_2 + \ldots + (L_{m-1}^m)_2}{m} \overset{(7.4)}{=} \frac{(L_0^1)_1 + (L_1^2)_1 + \ldots + (L_{n-1}^n)_1}{m} \\
&= \frac{n}{m} \cdot \frac{(L_0^1)_1 + (L_1^2)_1 + \ldots + (L_{n-1}^n)_1}{n} = \frac{n}{m} \cdot \overline{L}_1 \\
&\overset{(7.3)}{=} \frac{T_2}{T_1} \cdot \overline{L}_1.
\end{aligned}
$$

$\square$

Aus dem Beweis, in dem wir die Additivität der logarithmischen Renditen ausgenutzt haben, wird deutlich, dass die gegebenen Formeln nur für die Kenngrößen, die aus den logarithmischen Renditen berechnet wurden, gelten. Mit diesen Formeln lassen sich insbesondere die Jahreskenngrößen einer Aktie schätzen und die Kenngrößen verschiedener Aktien miteinander vergleichen. Für einfache Renditen gibt es keine derartigen Umrechnungen.

Lehrziele: Angesichts der beschriebenen Unterrichtsinhalte ergeben sich für den Abschnitt „Drift und Volatilität einer Aktie" die folgenden Lehrziele. Die Schüler ...

  – ... kennen die Bedeutung von Drift und Volatilität als wichtige Kenngrößen von Aktien und können diese berechnen.

  – ... kennen die Zusammenhänge der Kenngrößen Drift und Volatilität bezogen auf verschiedene Zeiträume.

Unterrichtmaterialien: Arbeitsblatt 2.

7.2.4 Statistische Analyse von Renditen

Um Wahrscheinlichkeitsaussagen zu künftigen Aktienkursentwicklungen treffen zu können, müssen typische Verhaltensweisen von Aktienkursen in der Vergangenheit untersucht werden. Dies führt uns zur statistischen Analyse der Renditen.[6] Als Grundlage für diese Untersuchung bietet sich die Aufgabe 7.2.5 an.

Aufgabe 7.2.5. *In der Tabelle 7.4 sind die der Größe nach geordneten logarithmischen Wochenrenditen der Unilever-Aktie[7] im Zeitraum vom 03.08.07 bis zum 18.08.08 angegeben.*

Rendite	Rendite	Rendite
$-0{,}0663$	$-0{,}0087$	$0{,}0084$
$-0{,}0566$	$-0{,}0075$	$0{,}0092$
$-0{,}0493$	$-0{,}0058$	$0{,}0110$
$-0{,}0472$	$-0{,}0057$	$0{,}0128$
$-0{,}0413$	$-0{,}0054$	$0{,}0146$
$-0{,}0287$	$-0{,}0046$	$0{,}0155$
$-0{,}0203$	$-0{,}0014$	$0{,}0163$
$-0{,}0196$	$-0{,}0006$	$0{,}0164$
$-0{,}0126$	$-0{,}0006$	$0{,}0172$
$-0{,}0126$	$0{,}0018$	$0{,}0192$
$-0{,}0117$	$0{,}0026$	$0{,}0220$
$-0{,}0116$	$0{,}0028$	$0{,}0222$
$-0{,}0110$	$0{,}0031$	$0{,}0277$
$-0{,}0107$	$0{,}0042$	$0{,}0278$
$-0{,}0100$	$0{,}0051$	$0{,}0281$
$-0{,}0095$	$0{,}0074$	$0{,}0412$
$-0{,}0090$	$0{,}0077$	$0{,}0420$

Tab. 7.4: Logarithmische Renditen der Unilver-Aktie im Zeitraum vom 03.08.07 bis zum 18.08.08

Der Mittelwert dieser 51 Wochenrenditen beträgt $\overline{L} = -0{,}0018$, die Standardabweichung beträgt $s = 0{,}0223$. Sind größere Kursschwankungen genauso häufig wie kleinere? Überprüfen Sie Ihre Vermutung anhand der Daten der Unilever-Aktie durch das Erstellen eines Histogramms. Beschreiben Sie die Verteilung der Wochenrenditen auch unter Berücksichtigung des Mittelwertes und der Standardabweichung.

---

[6]Im Gegensatz zu der Unterrichtseinheit „Statistik der Aktienmärkte" erfolgt die Analyse mit den logarithmischen Renditen und erfordert die Darstellung der Verteilung in einem Histogramm.

[7]Um das Gesamtziel der Unterrichtseinheit, die Bewertung des Wertpapieres, im Auge zu behalten, ist es sinnvoll, für die statistische Analyse eine Aktie aus dem Aktienkorb des in Abschnitt 7.2.1 vorgestellten VarioZinsGarant4 zu wählen.

Vielen Schülern ist der Unterschied zwischen einem Säulendiagramm und einem Histogramm nicht bewusst, so dass diese oft gleichgesetzt werden. Da im weiteren Verlauf dieser Unterrichtseinheit für den Übergang zur Normalverteilung auf das erstellte Histogramm zurückgegriffen werden soll, ist unter Umständen an dieser Stelle zunächst eine kleine Wiederholung bzw. Gegenüberstellung von Histogramm und Säulendiagramm notwendig. In einem Säulendiagramm werden die absoluten bzw. relativen Häufigkeiten als Höhe von Säulen interpretiert. In einem Histogramm hingegen werden die relativen Häufigkeiten durch den Flächeninhalt der Rechtecke bzw. Säulen repräsentiert. Die Visualisierung der relativen Häufigkeiten als Flächen wird im Abschnitt „Normalverteilung als Modell zur Aktienkursprognose" als Darstellung von Wahrscheinlichkeiten mithilfe der Dichtefunktion erneut aufgegriffen.

Für die Erstellung des Histogramms ist zunächst eine Klasseneinteilung notwendig. Durch die Klasseneinteilung geht einerseits Information verloren, anderseits wird die Übersichtlichkeit erhöht. Dies ist bei der Wahl der Klassenanzahl zu beachten. Ist die Klassenanzahl zu hoch, wird unter Umständen die gewünschte Übersichtlichkeit nicht erreicht, bei zu niedriger Klassenanzahl liefert die Darstellung kaum noch Information. In der Literatur gibt es neben der im Folgenden vorgestellten Faustregel eine Vielzahl weiterer Empfehlungen für die Bestimmung der Klassenanzahl.

Für die Anzahl n und die Breite Δx der Klassen wähle man:

$$n \approx 5 \log_{10} N \quad \text{und} \quad \Delta x \approx \frac{x_{\max} - x_{\min}}{n},$$

wobei N der Umfang der Stichprobe, $x_{\max}$ der größte und $x_{\min}$ der kleinste Wert der Stichprobe ist.

Mit der gegebenen Faustregel ergibt sich die in Tabelle 7.5 angegebene Klasseneinteilung. Die Anzahl der Klassen beträgt $n = 9$, die Klassenbreite $\Delta x = 0,0121$. Bei der Erstellung der Histogramme ist darauf zu achten, dass die Flächeninhalte der über den Klassen abgetragenen Rechtecke den relativen Häufigkeiten der einzelnen Klassen entsprechen. Daher ist aus der Klassenbreite Δx und der relativen Häufigkeit $h_n(x)$ die Höhe des über der Klasse abgetragenen Rechtecks gemäß der Formel $h = \frac{h_n(x)}{\Delta x}$ zu bestimmen.[8]

---

[8]Wird bei der Erstellung des Histogramms der Computer eingesetzt, ist zu beachten, dass die meisten Programme (u. a. Excel, Statistiklabor) unter der Funktion „Histogramm" lediglich ein Säulendiagramm darstellen. Darauf sollten die Schüler aufmerksam gemacht werden. Um die Erarbeitung der Normalverteilung anhand der untersuchten Verteilung zu gewährleisten, sollte für das Einstiegsbeispiel ein Histogramm erstellt werden. Für die Untersuchung weiterer Beispiele ist die Darstellung in Säulendiagrammen möglich, da auch hier die typischen Eigenschaften der Verteilung der Aktienrenditen sichtbar werden.

Renditebereich	Absolute Häufigkeit	Relative Häufigkeit[9]
$[-0,0663\ ;\ -0,0542)$	2	0,04
$[-0,0542\ ;\ -0,0421)$	2	0,04
$[-0,0421\ ;\ -0,0300)$	1	0,03
$[-0,0300\ ;\ -0,0179)$	3	0,06
$[-0,0179\ ;\ -0,0058)$	11	0,22
$[-0,0058\ ;\ \ \ 0,0063)$	13	0,25
$[\ \ \ 0,0063\ ;\ \ \ 0,0184)$	11	0,22
$[\ \ \ 0,0184\ ;\ \ \ 0,0305)$	6	0,12
$[\ \ \ 0,0305\ ;\ \ \ 0,0426)$	2	0,04

Tab. 7.5: Absolute und relative Häufigkeiten der logarithmischen Wochenrenditen der Unilever-Aktie im Zeitraum vom 03.08.07 bis zum 18.07.08

Die Abbildung 7.4 zeigt die Darstellung der Häufigkeitsverteilung der 51 Wochenrenditen der Unilever-Aktie in einem Histogramm.

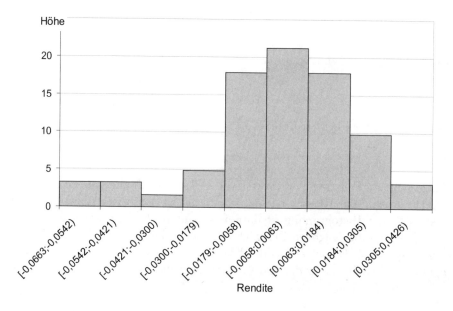

Abb. 7.4: Histogramm der logarithmischen Wochenrenditen der Unilever-Aktie im Zeitraum vom 03.08.07 bis zum 18.07.08

---

[9]Die relativen Häufigkeiten sind auf zwei Nachkommastellen gerundet und ergeben in der Summe daher nicht exakt eins.

Man erkennt, dass betragsmäßig kleinere Renditen und damit verbunden kleinere Kursschwankungen häufiger auftreten als größere. Die Verteilung ist darüber hinaus durch folgende Eigenschaften charakterisiert:

- Die Aktienrenditen sind annähernd symmetrisch um ihren Mittelwert verteilt.

- Die Verteilung hat eine fast glockenförmige Gestalt.

- Etwa $\frac{2}{3}$ aller Daten liegen im Intervall $[\overline{L} - s; \overline{L} + s]$, etwa 95% aller Daten liegen im Intervall $[\overline{L} - 2s; \overline{L} + 2s]$.

Da die letzte genannte Eigenschaft der Verteilung nicht aus dem Histogramm offensichtlich wird, sollten die Schüler dazu angeregt werden, sich auch mit den relativen Häufigkeiten bestimmter Intervalle auseinanderzusetzen.

Die Verteilung der Unilever-Aktie kann durchaus als typische Verteilung von Aktienrenditen angesehen werden. Dies sollte im Anschluss an die Untersuchung der Unilever-Aktie anhand weiterer Beispiele verifiziert werden. Bei der statistischen Analyse der Aktien ist darauf zu achten, dass Aktienverteilungen durchaus vom Idealbild der glockenförmigen Verteilung stark abweichen können. Aus diesem Grund sollte der unterrichtende Lehrer die zu untersuchenden Aktien auf ihre Verteilung hin testen. Besonders gut zur Analyse geeignet sind die Aktien des DAX, da sie ähnliche Verteilungen aufweisen wie die Unilever-Aktie. Mit den beschriebenen Eigenschaften der Verteilung von Aktienrenditen kann zur Normalverteilung und zu Wahrscheinlichkeitsaussagen künftiger Aktienkurse übergegangen werden.

Lehrziele: Angesichts der beschriebenen Unterrichtsinhalte ergeben sich für den Abschnitt „Statistische Analyse von Renditen" die folgenden Lehrziele. Die Schüler ...

- ... erstellen ein Histogramm aus den gegebenen Aktienrenditen und beschreiben die typische Verteilung logarithmischer Renditen.

Vorgeschlagene Unterrichtsmaterialien: Arbeitsblatt 3.

7.2.5 Normalverteilung als Modell zur Aktienkursprognose

Als Einstieg in diesen Abschnitt ist eine Diskussion darüber sinnvoll, inwiefern Aktienkurse prognostiziert werden können.

Können anhand der statistischen Daten Wahrscheinlichkeitsaussagen zum „morgigen" Aktienkurs bzw. zur „morgigen" Rendite getroffen werden?

Mit der Schätzung von Wahrscheinlichkeiten durch relative Häufigkeiten, die die Schüler aus dem anfänglichen Stochastikunterricht kennen, sind erste Wahrscheinlichkeitsaussagen möglich. Diese resultieren unmittelbar aus der für das Histogramm vorgenommenen Klasseneinteilung und den zu den einzelnen Klassen gehörenden relativen Häufigkeiten (siehe Tabelle 7.5, S. 164). So liegt beispielsweise die „morgige" Wochenrendite der Unilever-Aktie mit einer Wahrscheinlichkeit von 0,22 in dem Intervall $[-0,0179; -0,0058)$. Durch Variation der Intervallgrenzen werden die Schüler schnell die Grenzen dieses ersten einfachen Modells zur „Aktienkursprognose" erkennen. Es ist zwar möglich für alle beliebigen Intervalle eine Wahrscheinlichkeit anzugeben, aber bei jeder Änderung der Intervallgrenzen ist die relative Häufigkeit erneut zu bestimmen, was einen erheblichen Zeitaufwand darstellt. Dies wird noch deutlicher, wenn die Schüler aufgefordert werden, aus größeren Datenmengen (z. B. 200 Tagesrenditen) die Wahrscheinlichkeiten beliebiger Intervalle anzugeben, in die die „morgige" Rendite fällt. Die Grenzen dieses Modells sollten Motivation genug für die Einführung eines weiteren, weniger zeitintensiven Modells sein. Das nächste Ziel wird es daher sein, eine Funktion zu suchen, die die Verteilung der Renditen und damit verbunden die Realität gut beschreibt und dennoch einfach zu handhaben ist. Anhand folgender Frage, in der auf das im Abschnitt „Statistische Analyse von Renditen" erstellte Histogramm zurückgegriffen wird, können zunächst Bedingungen erarbeitet werden, die die Funktion ausgehend von der beobachteten Verteilung erfüllen muss, um als Beschreibung der Realität zu dienen.

Welche Eigenschaften muss die gesuchte Funktion besitzen, damit sie die beobachtete Verteilung der Aktienrenditen gut beschreibt?

Die beobachtete Verteilung legt eine glockenförmige Gestalt der gesuchten Funktion nahe, die darüber hinaus symmetrisch zum Mittelwert der logarithmischen Renditen sein sollte. Weiterhin beträgt der gesamte Flächeninhalt unter der Funktion eins und der Flächeninhalt unter der Funktion in einem bestimmten Intervall entspricht der relativen Häufigkeit, mit der die Renditen in diesem Intervall vorkommen. Der Aspekt, dass der Flächeninhalt unter der Funktion die Wahrscheinlichkeit repräsentiert, ist neu und muss daher mit den Schülern gemeinsam in einer Diskussion erarbeitet werden. Die Abbildung 7.5 verdeutlicht die Idee der gesuchten Funktion.

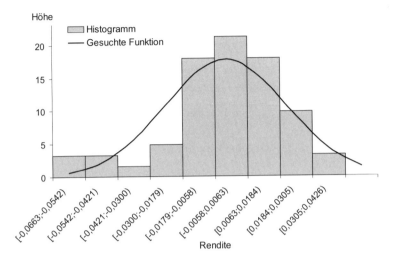

Abb. 7.5: Eigenschaften der gesuchten Funktion

Ausgehend von den genannten Eigenschaften wird die allgemeine Normalverteilung[10] eingeführt.

Eine stetige Zufallsgröße X ist normalverteilt mit den Parametern μ und σ^2 ($\mu, \sigma \in \mathbb{R}$, $\sigma > 0$) genau dann, wenn sie folgende für alle $x \in \mathbb{R}$ definierte Dichtefunktion besitzt:

$$\varphi_{\mu,\sigma^2}(x) = \frac{1}{\sigma\sqrt{2\pi}} \cdot e^{-\frac{1}{2}\left(\frac{x-\mu}{\sigma}\right)^2}.$$

Man sagt auch: X besitzt eine Normalverteilung mit den Parametern μ und σ^2. Man schreibt: $X \sim N(\mu, \sigma^2)$.

In diesem Zusammenhang sind unter Rückgriff auf die Kenntnisse aus dem Bereich der Analysis die analytischen Eigenschaften der Dichtefunktion φ_{μ,σ^2} zu untersuchen und je nach Kenntnisstand und zur Verfügung stehender Zeit zu beweisen. Dabei können u. a. folgende Gesichtspunkte erarbeitet werden:

- Die Dichtefunktion ist achsensymmetrisch bezüglich der Geraden $x = \mu$, d. h., die Werte von X fallen mit gleicher Wahrscheinlichkeit in Intervalle, die symmetrisch bezüglich der Geraden $x = \mu$ liegen.

---

[10]Die Normalverteilung findet in vielen auch nicht-finanzmathematischen Fällen Anwendung. Dies sollte auch aus den im Unterricht eingesetzten Beispielen deutlich werden.

– Der Parameter σ^2 bestimmt die Steilheit des Graphen: Je größer σ^2 ist, desto mehr streuen die Werte um μ und desto flacher muss der Graph sein. Dies resultiert unmittelbar aus der Forderung, dass der Flächeninhalt unter dem Graphen immer eins beträgt.

– Die Dichtefunktion besitzt die Grenzwerte

$$\lim_{x\to\infty} \varphi_{\mu,\sigma^2}(x) = 0 \quad \text{und} \quad \lim_{x\to-\infty} \varphi_{\mu,\sigma^2}(x) = 0.$$

– Die Funktion φ_{μ,σ^2} besitzt ein Maximum bei $x_m = \mu$ und Wendestellen in $x_1 = \mu - \sigma$ und $x_2 = \mu + \sigma$.

Darüber hinaus sind der Erwartungswert und die Varianz einer normalverteilten Zufallsgröße einzuführen.

Eine mit den Parametern μ und σ^2 normalverteilte Zufallsgröße X hat den Erwartungswert $\mathrm{E}(X)$ und die Varianz $\mathrm{Var}(X)$

$$\mathrm{E}(X) = \int\limits_{-\infty}^{\infty} x\varphi_{\mu,\sigma^2}(x)dx = \mu, \ \ \mathrm{Var}(X) = \int\limits_{-\infty}^{\infty} (x-\mu)^2\varphi_{\mu,\sigma^2}(x)dx = \sigma^2.$$

Nach der Untersuchung der Eigenschaften schließt sich unter Nutzung der linearen Transformation einer Zufallsgröße der Kalkül der Standardisierung an. Es ist offensichtlich, dass bei normalverteilten Zufallsgrößen für jede Einzelwahrscheinlichkeit $\mathrm{P}(X = x) = 0$ gilt. Interessant hingegen ist die Wahrscheinlichkeit, mit der eine normalverteilte Zufallsgröße in ein beliebiges Intervall $[a; b]$ fällt. Hierfür gilt:

$$\mathrm{P}(a \le X \le b) = \int\limits_{a}^{b} \varphi_{\mu,\sigma^2}(x)dx.$$

Um eine derartige Intervallwahrscheinlichkeit explizit berechnen zu können, muss das Integral

$$\mathrm{F}(x) = \mathrm{P}(X \le x) = \int\limits_{-\infty}^{x} \varphi_{\mu,\sigma^2}(t)dt$$

bestimmbar sein. Die Funktion F, die jeder reellen Zahl x die Wahrscheinlichkeit $\mathrm{P}(X \le x)$ zuordnet, wird auch Verteilungsfunktion von X genannt. Sie lässt sich nicht explizit als elementare Funktion angeben. Für dieses Problem gibt es zwei Auswege. Man kann einerseits auf Computerprogramme zurückgreifen, in denen diese Funktion numerisch implementiert ist. In Excel etwa lautet der entsprechende Befehl NORMVERT$(x; \mu; \sigma; 1)$. Der klassische Ausweg führt eine beliebige normalverteilte Zufallsgröße X auf die standardnormalverteilte Zufallsgröße $X^* \sim N(0,1)$ zurück. Als Einstieg in diese Problematik kann folgende Aufgabe dienen.

Aufgabe 7.2.6. *Sei $X \sim N(\mu, \sigma^2)$. Geben Sie den Erwartungswert und die Varianz der standardisierten Zufallsgröße $X^* = \frac{X-\mu}{\sigma}$ an.*

Zur Bestimmung des Erwartungswertes und der Varianz einer standardisierten Zufallsgröße werden die Eigenschaften des Erwartungswertes und der Varianz stetiger Zufallsgrößen unter linearer Transformation benötigt. Diese besagen:

Sei X eine stetige Zufallsgöße mit dem Erwartungswert $\mathrm{E}(X)$ und der Varianz $\mathrm{Var}(X)$. Dann besitzt $Y = a \cdot X + b$ den Erwartungswert $\mathrm{E}(Y)$ und die Varianz $\mathrm{Var}(Y)$ mit

$$\mathrm{E}(Y) = a \cdot \mathrm{E}(X) + b, \tag{7.5}$$

$$\mathrm{Var}(Y) = a^2 \cdot \mathrm{Var}(X). \tag{7.6}$$

Unter Ausnutzung der Eigenschaften (7.5) und (7.6) werden der Erwartungswert $\mathrm{E}(X^*)$ und die Varianz $\mathrm{Var}(X^*)$ der standardisierten Zufallsgröße bestimmt. Es gilt:

$$\mathrm{E}(X^*) = \mathrm{E}\left(\frac{X-\mu}{\sigma}\right) = \mathrm{E}\left(\frac{1}{\sigma} \cdot X - \frac{\mu}{\sigma}\right) \stackrel{(7.5)}{=} \frac{\mathrm{E}(X)-\mu}{\sigma} = \frac{\mu-\mu}{\sigma} = 0,$$

$$\mathrm{Var}(X^*) = \mathrm{Var}\left(\frac{X-\mu}{\sigma}\right) \stackrel{(7.6)}{=} \frac{1}{\sigma^2}\mathrm{Var}(X) = \frac{1}{\sigma^2} \cdot \sigma^2 = 1.$$

Sind den Schülern die entsprechenden Eigenschaften von Erwartungswert und Varianz für Funktionen diskreter Zufallsgrößen bekannt, wird stillschweigend davon ausgegangen, dass diese auch für stetige Zufallsgrößen gelten. Auf einen Beweis der Aussagen wird verzichtet. Kennen die Schüler diese Eigenschaften aus dem bisherigen Unterricht nicht, werden diese für stetige Zufallsgrößen eingeführt und mit der einführenden Aufgabe gefestigt. Nach Bearbeitung der Aufgabe lässt sich zusammenfassend der folgende Satz festhalten:

Wenn X normalverteilt mit den Parametern μ und σ^2 ist, dann ist die standardisierte Zufallsgröße $\frac{X-\mu}{\sigma}$ normalverteilt mit den Parametern 0 und 1.

Auf den Nachweis, dass die Zufallsgröße X^* normalverteilt ist (vgl. ADELMEYER/ WARMUTH 2003, S. 69), wird im Unterricht verzichtet. Die Normalverteilung mit den Parametern 0 und 1 heißt Standardnormalverteilung. Ihre Verteilungsfunktion Φ ist tabelliert (siehe Anhang 11). Mithilfe des Standardisierens können nun Wahrscheinlichkeitsaussagen beliebiger normalverteilter Zufallsgrößen auf die Standardnormalverteilung zurückgeführt werden:

Wenn $X \sim N(\mu, \sigma^2)$, dann gilt für alle $a, b \in \mathbb{R}$ mit $a < b$

$$\mathrm{P}(a \leq X \leq b) = \mathrm{P}\left(\frac{a-\mu}{\sigma} \leq X^* \leq \frac{b-\mu}{\sigma}\right) = \Phi\left(\frac{b-\mu}{\sigma}\right) - \Phi\left(\frac{a-\mu}{\sigma}\right).$$

Anschließend können die Schüler die Wahrscheinlichkeiten der so genannten $k\sigma$-Intervalle bestimmen. Es gilt:

Wenn $X \sim N(\mu, \sigma^2)$, so gilt:

$$P(\mu - \sigma \leq X \leq \mu + \sigma) \approx 0,683$$
$$P(\mu - 2\sigma \leq X \leq \mu + 2\sigma) \approx 0,954$$
$$P(\mu - 3\sigma \leq X \leq \mu + 3\sigma) \approx 0,997$$

Ausgehend von den Kenntnissen zur Normalverteilung werden im Anschluss künftige Aktienkurse bzw. Aktienrenditen unter der Annahme der Normalverteilung modelliert. Dabei ist zunächst folgende Problematik zu klären.

Die Untersuchung der Verteilungen logarithmischer Renditen hat uns gezeigt, dass sich die Annahme einer Normalverteilung der Renditen gut zur Modellierung von Aktienkursen eignet. Wie sind jedoch μ und σ^2 zu wählen, um möglichst gut die Realität zu beschreiben?

Als Schätzwerte für die Parameter μ und σ^2 dieser angenommenen Normalverteilung wählt man den beobachteten Mittelwert $\overline{L}$ sowie das Quadrat der empirischen Standardabweichung s^2 der Renditen. Diese Festlegung der Parameter μ und σ^2 beruht auf dem Gesetz der großen Zahlen: Der Mittelwert aus vielen unabhängig beobachteten Werten einer normalverteilten Zufallsgröße X liegt in der Nähe von μ, die empirische Standardabweichung der beobachteten Werte in der Nähe von σ. Umgekehrt dienen der Mittelwert und die empirische Standardabweichung vieler unabhängiger Beobachtungen einer normalverteilten Zufallsgröße als Schätzwerte für μ und σ. Die Abbildung 7.6 verdeutlicht diese Interpretation.

Abb. 7.6: Beobachtungs- und Modellebene

Mit diesem Wissen sind die Schüler in der Lage, Wahrscheinlichkeitsaussagen zu künftigen Aktienkursen unter Annahme der Normalverteilung zu treffen und Aufgaben folgender Art zu lösen.

Aufgabe 7.2.7. *Die logarithmische Monatsrendite der BMW-Aktie sei normalverteilt mit den Parametern 0,018 und 0,054². Der Aktienkurs dieser Aktie lag am 13.08.08 bei €29,22.*

(a) *Berechnen Sie die Wahrscheinlichkeit dafür, dass der Aktienkurs einen Monat später auf über €33,00 gestiegen ist.*

(b) *Berechnen Sie die Wahrscheinlichkeit dafür, dass der Aktienkurs nach einem Monat um mehr als 25% gesunken ist.*[11]

(c) *Geben Sie ein Intervall an, in dem der Aktienkurs nach einem Monat mit 95%iger Wahrscheinlichkeit liegt.*[12]

An dieser Stelle wird nur die Lösung für die erste Aufgabe skizziert. Der Aktienkurs soll auf über €33,00 steigen. Dies ist genau dann der Fall, wenn die entsprechende logarithmische Rendite rund 0,122 beträgt.

$$P(S_1 > €33,00) = P(L > 0,122) = 1 - P(L \leq 0,122)$$

$$= 1 - P\left(L^* \leq \frac{0,122 - 0,018}{0,054}\right)$$

$$\approx 1 - \Phi(1,93) = 1 - 0,9732 = 0,0268.$$

Die Wahrscheinlichkeit dafür, dass der Aktienkurs einen Monat später auf über €33,00 gestiegen ist, beträgt ca. 3%.

Den Abschluss dieses Abschnitts zu normalverteilten Aktienrenditen sollte eine kritische Auseinandersetzung mit der Modellierung von Aktienkursen mittels Normalverteilung bilden. Das Modell sollte insbesondere hinsichtlich seiner Modellannahmen kritisch hinterfragt werden. Als Einstieg in die Diskussion über mögliche kritische Stellen im Modell kann die Aufgabe 7.2.8 dienen.

Aufgabe 7.2.8. *In einem mathematischen Modell wird stets versucht, die Realität zu beschreiben und diese zu idealisieren. Die Wirklichkeit wird meist stark vereinfacht, es werden nicht alle Faktoren bei der Modellierung berücksichtigt. Daher ist es wichtig, immer wieder zu hinterfragen, ob das Modell die Beobachtungen der Realität gut beschreibt. Überlegen Sie, was in unserem Modell kritisch zu beurteilen ist und welche Vorteile das Modell hat.*

---

[11] $P(S_1 < 0,75 \cdot S_0) = P(L < \ln 0,75) \approx P(L^* < -5,66) \approx 0$.

[12] Der Kurs liegt mit einer Wahrscheinlichkeit von 95% im Intervall (€26,71; €33,14). Dies entspricht dem 2σ-Intervall.

Im Verlaufe einer Diskussion werden folgende Vorteile (+) und Nachteile (−) der Modellierung von Aktienkursen mittels Normalverteilung herausgearbeitet:

+ Das Modell ist einfach zu handhaben, da lediglich die Parameter μ und σ^2 geschätzt werden müssen.

+ Das Modell passt die Verteilung in einigen Bereichen gut an und trifft die Gestalt der Verteilung gut.

− In der Mitte der Verteilung und an den Rändern existieren teilweise sehr starke Abweichungen. In der Mitte weist die beobachtete Verteilung wesentlich mehr Werte auf, als es das Modell vorgibt. Dann fällt die reale Verteilung gegenüber dem Modell steiler ab, besitzt aber gewichtigere Flanken, die für extreme Kursschwankungen stehen.

− Drift und Volatilität einer Aktie werden als für die Zukunft zeitlich konstant angenommen. Die Güte der Prognose ist dabei abhängig von der Genauigkeit der Schätzwerte.

− Firmenrelevante Daten (z. B. Entwicklungsprognosen) und andere Faktoren wie etwa Anlegermentalitäten oder unvorhersehbare Ereignisse werden nicht berücksichtigt.

Fällt den Schülern eine kritische Auseinandersetzung schwer, wird unterstützend die Abbildung 7.7 (auf der CD in Farbe) eingesetzt.

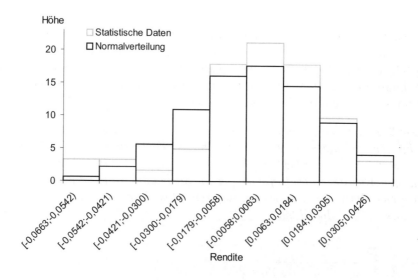

Abb. 7.7: Vergleich der modellierten und beobachteten Aktienkurse

Die Abbildung stellt die relativen Häufigkeiten, mit denen die Renditen der Unilever-Aktie im Zeitraum vom 13.08.07 bis 18.07.08 auftraten, den unter der Annahme der Normalverteilung bestimmten Wahrscheinlichkeiten gegenüber. So wird ein direkter Vergleich zwischen den modellierten und statistischen Daten möglich. Diese Abbildung kann als durchaus typisch für die Anpassung einer Renditeverteilung durch eine Normalverteilung angesehen werden, wobei diese Aussage im Unterricht durch weitere Beispiele zu verifizieren ist.

Lehrziele: Angesichts der beschriebenen Unterrichtsinhalte ergeben sich für den Abschnitt „Normalverteilung als Modell zur Aktienkursprognose" die folgenden Lehrziele. Die Schüler ...

- ... wissen, was man unter einer normalverteilten Zufallsgröße versteht, kennen wichtige Eigenschaften der Normalverteilung und können diese beweisen.

- ... berechnen mithilfe der Standardisierung und der Tabelle im Anhang 11 Wahrscheinlichkeiten von normalverteilten Zufallsgrößen.

- ... erfassen das Modell der Normalverteilung zur Prognose von Aktienkursen und wenden dieses an.

- ... beurteilen das Modell der Normalverteilung zur Aktienkursprognose hinsichtlich seiner Grenzen und Möglichkeiten kritisch.

Vorgeschlagene Unterrichtsmaterialien: Arbeitsblatt 4, Folie 1: Eigenschaften der gesuchten Funktion (Abbildung 7.5), Folie 2: Vergleich: Modell und Statistik (Abbildung 7.7).

7.2.6 Beurteilung eines Wertpapieres

Im Zentrum dieses Unterrichtsabschnittes steht die selbstständige Beurteilung des im Abschnitt „Ökonomische Grundlagen" vorgestellten Wertpapieres. Dazu erhalten die Schüler die Aufgabe 7.2.9, die auch in Gruppenarbeit gelöst werden kann.

Aufgabe 7.2.9. *Ein Anleger möchte seine Chance für eine 8%-ige Zinszahlung einschätzen. Bestimmen Sie mithilfe eines von Ihnen entwickelten Modells die Wahrscheinlichkeit dafür, dass die jährliche Verzinsung 8% beträgt. Skizzieren Sie dabei zunächst die Ihrem Modell zugrunde liegenden Annahmen und nennen Sie nach erfolgter Berechnung Vorschläge zur möglichen Verbesserung des Modells.*

Im Idealfall wird den Schülern ein Computer mit Internetzugang zur Verfügung gestellt. Sie haben so die Möglichkeit, sich die nach ihrem Ermessen wichtigen Informationen selbstständig zu besorgen und diese entsprechend ihren eigenen Modellüberlegungen zu verarbeiten. Ist kein Internetzugang vorhanden, sind weitere

Informationen vorzugeben. Im Folgenden wird ein mögliches – von Schülern eines Leistungskurses der 13. Klasse entwickeltes – Modell zur Bewertung des VarioZins-Garant4 vorgestellt.

Wir legen unserem Modell zunächst folgende Annahmen zugrunde:

- *Die Renditen aller im Aktienkorb befindlichen Aktien sind normalverteilt mit den Parametern μ und σ^2, die wir noch schätzen werden.*

- *Die Aktienkursentwicklung der Aktie in einem Monat ist unabhängig vom bisherigen Geschehen.[13]*

- *Alle Aktien entwickeln sich unabhängig voneinander.*

- *Wir nehmen an, dass alle im Aktienkorb enthaltenen Aktien dieselbe Drift und dieselbe Volatilität besitzen und zwar das arithmetische Mittel der Mittelwerte und Standardabweichungen der Monatsrenditen aller Aktien der letzten 24 Monate.*

In der Tabelle 7.6 sind die Schlusskurse der im Aktienkorb enthaltenen Aktien vom 12.09.03 und deren Driften und Volatilitäten der letzten 24 Monate zusammengefasst.

Aktie	Schlusskurs in €	Drift	Volatilität
ABN Amro	17, 19	−0, 006	0, 108
Bayer	21, 83	0, 000	0, 188
Canon	42, 80	−0, 003	0, 089
General Motors	38, 38	−0, 014	0, 122
Hennes & Mauritz	19, 65	0, 001	0, 077
ING Groep	2, 78	−0, 022	0, 224
Johnson & Johnson	45, 61	−0, 026	0, 128
Metro	37, 98	−0, 005	0, 119
Microsoft	21, 95	−0, 037	0, 148
Münchener Rück	87, 96	−0, 036	0, 175
PepsiCo	45, 00	−0, 003	0, 064
Pfizer	30, 42	−0, 014	0, 065
Procter & Gamble	90, 02	0, 006	0, 041
RWE	35, 47	−0, 006	0, 090
Toshiba	3, 72	−0, 019	0, 112
Toyota	29, 02	−0, 010	0, 088
UBS	60, 40	0, 005	0, 073
Unilever	55, 16	−0, 004	0, 061
Vodafone	2, 05	−0, 011	0, 099
Volkswagen	35, 76	−0, 013	0, 108

Tab. 7.6: Schlusskurse, Driften und Volatilitäten vom 12.09.03 der im Aktienkorb des VarioZinsGarant4 enthaltenden Aktien

---

[13]Anmerkung der Autorin: Gemeint ist hier und im Folgenden die stochastische Unabhängigkeit.

Aus allen Mittelwerten und Standardabweichungen der im Aktienkorb enthaltenen
Aktien ergibt sich für unsere angenommene Drift und Volatilität:

$$\mu = -0,011 \quad \text{und} \quad \sigma = 0,109.$$

Nach unserer Annahme ist $L \sim N(\mu, \sigma^2)$, d. h. $L \sim N(-0,011, 0,109^2)$. Nun können
wir zunächst die Wahrscheinlichkeit dafür bestimmen, dass eine beliebige Aktie nach
einem Monat über der 75%-igen Kursbarriere bleibt. Es gilt:

$$
\begin{aligned}
P(S_b \geq 0,75 \cdot S_a) &= P(e^L \cdot S_a \geq 0,75 \cdot S_a) \\[2mm]
&= P(L \geq \ln 0,75) \\[2mm]
&= P\left(L^* \geq \frac{\ln 0,75 + 0,011}{0,109}\right) \\[2mm]
&= 1 - P(L^* \leq -2,54) \\[2mm]
&= \Phi(-2,54) = 0,9945.
\end{aligned}
$$

Die Wahrscheinlichkeit, dass eine Aktie nach einem Monat die 75%-ige Kursbarriere
nicht unterschreitet, beträgt also 0,9945. Mit den Annahmen, dass sich alle Aktien
unabhängig voneinander und unabhängig vom vorherigen Monat entwickeln, lässt
sich die Wahrscheinlichkeit dafür, dass alle 20 Aktien in den nächsten zwölf Monaten
nicht unter die 75%-Kursbarriere fallen, bestimmen. Dies entspricht der gesuchten
Wahrscheinlichkeit für den Höchstzinssatz von 8%

$$P(\text{„8\% Zinsen"}) = (0,9945^{12})^{20} = 0,27.$$

Nach unserem Modell besteht eine 27%-ige Chance, den Höchstzinssatz zu erhalten.
Kritisch an unserem Modell ist neben allen Kritikpunkten, die wir bereits bei der
Modellierung von Aktienkursen mit der Normalverteilung formulierten, insbesondere
die Annahme, dass alle Aktienkurse dieselbe Drift und Volatilität haben. Es lässt
sich verfeinern, indem wir für alle Aktienkurse die Wahrscheinlichkeiten, dass die
75%-ige Kursbarriere nicht gebrochen wird, mit den gegebenen Daten in der Tabelle
bestimmen.

Die entwickelten Modelle sind im Anschluss den Mitschülern vorzustellen. Diese beurteilen die Modelle kritisch. Wichtig ist hierbei, den Schülern bewusst zu machen, dass die entwickelten Modelle alle im Rahmen ihrer Modellannahmen ihre Berechtigung besitzen, dass jedoch einige Modelle für die Sachlage besser geeignet sind als andere.

Den Abschluss der Unterrichtsreihe „Die zufällige Irrfahrt einer Aktie" bildet eine Diskussion über die Frage, welchen Wert die erarbeiteten Modelle haben und ob der Versuch Sinn macht, Aktienkurse zu prognostizieren. Dies kann z. B. auf der

Grundlage eines Artikels aus der Frankfurter Allgemeinen Zeitung (Abbildung 7.8) erfolgen. Mit der abschließenden Diskussion können die Ergebnisse der Unterrichtseinheit zusammengefasst und durch die Schüler kritisch reflektiert werden.

Auftakt zur Kristallkugelolympiade

07. Januar 2005. Zum Jahresauftakt ist wieder Hochkonjunktur für Propheten und Wahrsager: der Rücktritt Schröders im Jahr 2004, die Attentate auf George Bush und den Papst und die Zerstörung von Los Angeles – nur kleine Rückschläge in der jährlichen Kristallkugelolympiade, die angesichts erfolgreicher Prognosen („Deutschland wird 2004 in der Olympiade weder Verlierer noch Gewinner sein") rasch verblassen. Auch in der Finanzbranche findet in diesen Tagen der jährliche Prognosemarathon seinen ersten Höhepunkt, nur daß sich die Finanzauguren besser gerüstet fühlen als ihre für Klatsch, Kabalen und Katastrophen zuständigen Kollegen: Statt Pendel und Karten setzen sie auf Prognosemodelle und Kurscharts – streng wissenschaftlich fundiert. Und doch müssen sie jedes Jahr der gleichen Skepsis begegnen: Selbst ein Affe, der mit Dartpfeilen auf ein Kursteil werfe, so die landläufige Kritik, sei besser als ein professioneller Analyst. Ein ganzer Berufsstand – ein Fall für den Zoo?

Die Kritik an der Prognosequalität der Kapitalmarktexperten hat Tradition: Bereits im Jahr 1933 fragte Alfred Cowles, Namensgeber der berühmten Cowles Commmssion, in einer Publikation nach der Prognosekraft von Börsenbriefen und Anlageprofis, indem er fast 12000 Empfehlungen prüfte und zu dem Ergebnis kam, daß es keine Hinweise auf besondere prognostische Fähigkeiten gebe – ein Ergebnis, das er 7000 Empfehlungen und elf Jahre später in einer weiteren Studie bekräftigte.

Mittlerweile ist die Zahl der Studien über die Analysekraft der Analysten Legion, und der Tenor ist oft eindeutig: Ein Münzwurf würde es auch tun. Das daran anknüpfende bösartige, mittlerweile schon als Gemeinplatz gehandelte Diktum vom pfeilewerfenden Affen hat seinen Ursprung in der Wissenschaft: In seinem Buch „Random Walk down Wall Street" beschrieb der Wirtschaftswissenschaftler Burton Malkiel die Theorie der effizienten Kapitalmärkte – jegliche verfügbare Information sei jederzeit in die Aktiekurse eingepreist. Wenn aber alle für die Aktie wichtigen Informationen bereits im Preis enthalten sind, so können sich die Kurse nur durch neue, unbekannte Ereignisse ändern – also nur nicht vorhersehbare Ereignisse können die Kurse bewegen. Damit ist eine Prognose schlichtweg nicht möglich. Im Extremfall, so folgert Malkiel, bedeute das, daß ein Affe, der mit verbundenen Augen auf einen Kurszettel werfe, ein Portfolio auswählen könne, das genauso gut sei wie ein Profi-Portfolio.

Seitdem gibt es eine Fülle von Berichten über Dart-Portfolios – von denen das bekannteste wohl das Wall Street Dart Board sein dürfte: Fast fünfzehn Jahre traten dort Profis gegen die Dartpfeile der Redaktion und später auch gegen die Leser an. Das überraschende Ergebnis dieses Wettbewerbs: Über diese Zeit hinweg verzeichneten die Profi-Portfolios einen Wertzuwachs von 9,6 Prozent jährlich, während das Pfeile-Portfolio um 2,9 Prozent und der Dow-Jones-Index um 5,1 Prozent jährlich zulegte. Allerdings muß angemerkt werden, daß der Test nicht buchstabengetreu ausgeführt wurde: Das „Wall Street Journal" verzichtete und gab – ob aus Tierschutz- oder Sicherheitsgründen, ist nicht bekannt. Haben Analysten also doch bessere Fähigkeiten als ein Dartpfeil. Das „Wall Street Journal" ist zurückhaltend und kürt keinen Gewinner....

Frankfurter Allgemeine
(07.01.05)

Abb. 7.8: Zeitungsartikel „Auftakt zur Kristallkugelolympiade". Quelle: Frankfurter Allgemeine vom 07.01.05

Lehrziele: Angesichts der beschriebenen Unterrichtsinhalte ergeben sich für den Abschnitt „Beurteilung eines Wertpapieres" die folgenden Lehrziele. Die Schüler ...

- ... entwickeln selbstständig Modelle zur Analyse des VarioZinsGarantX-Wertpapieres.

- ... führen auf der Grundlage der entwickelten Modelle Berechnungen für die Wahrscheinlichkeit, den Höchstzinssatz zu erreichen, durch.

- ... interpretieren ihre Ergebnisse bezüglich der Wirklichkeit und machen Vorschläge zur Verbesserung ihrer Modelle.

- ... diskutieren den Wert von Modellen zur Prognose von Aktienkursen.

Vorgeschlagene Unterrichtsmaterialien: VarioZinsGarantX (z. B. VarioZinsGarant4, siehe Arbeitsblatt 5), Computer, Kopiervorlage: Zeitungsartikel „Auftakt zur Kristallkugelolympiade".

7.3 Die Ergänzungsmodule

7.3.1 Modellierungsprozess

Da die gesamte Unterrichtseinheit, vor allem aber die selbstständige Bewertung des Zertifikats zum Ende der Unterrichtseinheit, auf Modellierungsprozesse abzielt, ist es sinnvoll, in den Einführungsstunden einen Modellierungsprozess näher zu charakterisieren. Das Reflektieren der einzelnen Phasen von Modellierungsprozessen verdeutlicht den Schülern, wie mit mathematischen Mitteln an reale Problemsituationen herangegangen werden kann. Die meisten Schüler bringen konkrete Vorstellungen zum Begriff „Modell" mit. Sie kennen Modelle sowohl aus anderen Unterrichtsfächern als auch aus dem alltäglichen Leben, z. B. in Form eines Spielzeugautos oder eines Globus. Dennoch sind ihnen aus dem bisherigen Mathematikunterricht die einzelnen Modellierungsschritte oft nicht bewusst geworden. Dies liegt daran, dass in der Schulpraxis weitestgehend auf das Durchführen vollständiger Modellierungsprozesse verzichtet wird. Es gibt viele Möglichkeiten, diesen Prozess zu beschreiben. Ausgangspunkt zahlreicher Ausführungen ist das Modell von BLUM 1996, das die einzelnen Phasen eines Modellierungsprozesses sehr anschaulich verdeutlicht und aus diesem Grund auch Ausgangspunkt für die Betrachtungen im Mathematikunterricht sein kann. Die Abbildung 7.9 stellt den Modellierungskreislauf nach BLUM schematisch dar.

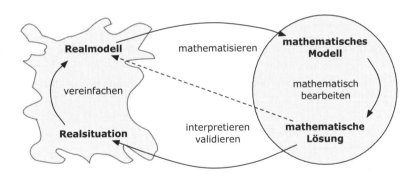

Abb. 7.9: Modellierungskreislauf nach BLUM 1996

Ausgehend von dieser Abbildung und den Erfahrungen der Schüler kann eine Diskussion über Modellierungsprozesse mit der folgenden Frage eröffnet werden:

Beschreiben Sie die einzelnen Schritte der mathematischen Modellierung. Verdeutlichen Sie diesen Prozess anhand eines von Ihnen gewählten Beispiels.

Der Modellbildungsprozess ist ein Vorgang, der in der Regel aus vier Phasen besteht, die im Folgenden ausführlich erläutert werden.

1. Schaffung eines Realmodells: Ausgangspunkt des Modellierens ist stets eine problemhaltige Situation in der Realität, die aufgrund ihrer Komplexität idealisiert, vereinfacht und strukturiert werden muss. Dadurch entsteht das so genannte Realmodell. Dieses sollte einerseits möglichst gut die Eigenschaften der Realität beschreiben, andererseits aber einfach zu handhaben sein.

2. Mathematisierung des Realmodells: Das Mathematisieren, d. h. das Übersetzen des Realmodells in die Mathematik z. B. mithilfe von Mengen, Funktionen, Gleichungen und Matrizen, führt zu einem mathematischen Modell der ursprünglichen Situation. Dabei kann es für die gleiche Situation mehrere mathematische Modelle geben, die alle ihre Berechtigung besitzen. In diesem Fall kann erst durch einen Vergleich der Modellergebnisse mit der Realität festgestellt werden, welches Modell eine bessere Beschreibung der Situation liefert.

3. Erarbeitung einer mathematischen Lösung: Im Idealfall wird nun im Rahmen des gebildeten mathematischen Modells mithilfe bekannter mathematischer Verfahren (z. B. Lösung eines Gleichungssystems) oder ggf. mit dem Computer eine Lösung des mathematischen Problems gesucht. Wird eine Lösung gefunden, so ist dieser Teil der Modellbildung abgeschlossen. Wird keine Lösung gefunden, so kann nach neuen und bisher unbekannten Lösungsverfahren gesucht bzw. geforscht werden. Eine alternative Vorgehensweise ist die weitere Vereinfachung des Realmodells, so dass nun eine mathematische Lösung erfolgreich gefunden werden kann (gestrichelte Linie in Abbildung 7.9).

4. Interpretation der Lösung und Validierung des Modells: In diesem (zumeist) letzten Schritt muss das Ergebnis der mathematischen Bearbeitung zurück in die Realität übertragen werden. Dabei gilt es insbesondere zu klären, inwieweit die mathematische Lösung auch Lösung für das reale Problem ist. Ist die gefundene Lösung unbefriedigend oder steht sie im Widerspruch zur Realität, so muss das entwickelte Modell angezweifelt werden. In diesem Fall beginnt der gesamte Prozess mit einem modifizierten oder einem neuen Modell.

Der beschriebene Modellierungsprozess wird durch das Beispiel 7.3.1, das die menschliche Körperoberfläche modelliert, verdeutlicht (vgl. LEUDERS/MAASS 2005).

Beispiel 7.3.1. *Untersuchungen haben gezeigt, dass die Wirkung der Medikamente in einer Chemotherapie in einem Zusammenhang mit der Größe der Körperoberfläche steht. Daher ist es für die Dosierung wichtig, die Körperoberfläche des Patienten zu kennen (reale Ausgangssituation). Die reale Körperfläche wird durch „Glätten" idealisiert, d. h. Poren, Körperöffnungen, Hautfalten, Ohren, Finger, Nase bleiben unberücksichtigt. Wir vereinfachen den menschlichen Körper zu einer Röhre (Realmodell). Mathematisch gesehen ist die Röhre ein Zylinder (Mathematisierung). Die Oberfläche A_O des Zylinders berechnet sich gemäß der Formel $A_O = 2\pi rh + 2\pi r^2$, wobei die Körperhöhe h und die Körperbreite $2r$ entsprechen soll. In Abhängigkeit*

von r und h werden Ergebnisse zwischen 1,5m² und 2m² ermittelt (mathematische
Lösung). Das Ergebnis der gewählten Modellierung scheint ein akzeptabler Wert zu
sein, der vom in der Literatur angegebenen Mittelwert der Körperoberfläche eines
Erwachsenen mit 1,6m² nicht stark abweicht. Dennoch ist es möglich, dass in der
chemotherapeutischen Behandlung dieses Modell zu ungenau ist, denn zahlreiche
Details wurden vernachlässigt. Neue Modelle können z. B. darauf abzielen, dass der
menschliche Körper nicht durch einen Zylinder, sondern durch viele verschiedene
Zylinder für Rumpf, Arme und Beine angenähert wird. Mit dem nun verfeinerten
Modell beginnt der neue Modellierungsprozess.

Der Unterschied zwischen Realmodell und mathematischem Modell kann wie in diesem Beispiel mitunter sehr klein sein. So ist es möglich, dass der Schritt des Ma-
thematisierens nicht immer bewusst vollzogen wird. Bei der Thematisierung des
Modellierungsprozesses im Mathematikunterricht sollte daher auf eine saubere Formulierung der einzelnen Phasen geachtet werden. Weitere konkrete Beispiele für das
Durchlaufen des Modellierungskreislaufs findet man u. a. bei FISCHER/MALLE 1985
oder HUMENBERGER/REICHEL 1995.

Lehrziele: Angesichts der beschriebenen Unterrichtsinhalte ergeben sich für das
Ergänzungsmodul „Modellierungsprozess" die folgenden Lehrziele. Die Schüler …

- … kennen den Modellierungsprozess nach BLUM.

- … charakterisieren die einzelnen Phasen des Modellierungsprozesses anhand
  eines Beispiels.

Vorgeschlagene Unterrichtsmaterialien: Folie 3: Modellierungsprozess nach
BLUM (Abbildung 7.9).

7.3.2   Korrelationsanalyse

Mithilfe der Korrelationsanalyse[14] können Aussagen über Abhängigkeiten zwischen
Renditen gleicher Zeiträume verschiedener Aktien getroffen werden. Es stellt sich
z. B. die Frage, ob ein Kursanstieg der Münchener Rück-Aktie in der Regel begleitet
wird durch einen Kursanstieg der Allianz-Aktie. Auf wirtschaftliche Zusammenhänge
abzielend kann eine einleitende Diskussion z. B. mit der folgenden Frage eröffnet
werden.

Schätzen Sie die Situation ein: Wie reagieren Aktien von Unternehmen
gleicher Branchen auf bestimmte Ereignisse, wie reagieren Aktien von
Unternehmen verschiedener Branchen? Sind Ihnen Beispiele bekannt, in
denen sich Aktienkurse gleichläufig oder gegenläufig verhalten?

---

[14]In diesem Abschnitt wird mit den einfachen Renditen gearbeitet, damit der statistische Zusammenhang zwischen den Renditen verschiedener Aktien deutlicher wird.

Möglicherweise stellen die Schüler bereits Vermutungen über Zusammenhänge zwischen Renditen verschiedener Aktien an. Es ist durchaus vorstellbar, dass die Aktie des Sportartikelherstellers Adidas auf einen Kursabfall der Aktie eines anderen Sportartikelherstellers, z. B. Nike, mit einem Kursanstieg reagiert, etwa in dem Fall, wenn jahrelange Großkunden, wie Fußballvereine, Nike ihre Aufträge zugunsten von Adidas entziehen.

Die statistische Untersuchung dieser Zusammenhänge zwischen den Renditen verschiedener Aktien kann mit der Aufgabe 7.3.2 begonnen werden. In dieser Aufgabe wird der Begriff der Korrelation, ohne diesen explizit zu gebrauchen, zunächst graphisch erarbeitet und interpretiert.

Aufgabe 7.3.2. *Anleger investieren üblicherweise nicht ihr gesamtes Geld in eine einzige Aktie, sondern verteilen es auf verschiedene Aktien. Dabei ist es sinnvoll zu untersuchen, inwieweit sich die Kursverläufe der Aktien gegenseitig beeinflussen. Die Tabelle 7.7 zeigt die einfachen Monatsrenditen der Allianz-, der Münchener Rück-, der Deutschen Post- und der Thyssenkrupp-Aktie über einen Zeitraum von fast zwei Jahren.*

Monat		Allianz	Einfache Rendite in % Münchener Rück	Deutsche Post	Thyssenkrupp
Okt	06	6, 6	2, 0	4, 8	9, 4
Nov	06	1, 0	−3, 3	3, 7	0, 2
Dez	06	5, 3	6, 0	1, 5	22, 5
Jan	07	− 1, 1	−7, 2	3, 3	1, 5
Feb	07	6, 4	−0, 5	2, 2	2, 3
Mrz	07	− 5, 6	5, 1	− 6, 1	0, 0
Apr	07	8, 4	3, 5	11, 8	6, 9
Mai	07	− 1, 0	6, 7	− 6, 7	9, 7
Jun	07	5, 2	−2, 7	1, 6	1, 6
Jul	07	− 9, 9	−6, 9	−10, 7	− 7, 1
Aug	07	0, 6	−0, 0	− 0, 6	4, 6
Sep	07	4, 2	6, 3	− 4, 4	4, 1
Okt	07	− 5, 3	−1, 7	2, 5	3, 0
Nov	07	− 9, 2	−6, 0	11, 0	−12, 4
Dez	07	4, 9	6, 8	1, 3	− 4, 8
Jan	08	−19, 2	−9, 5	− 7, 9	−14, 6
Feb	08	− 1, 6	−3, 2	1, 5	16, 5
Mrz	08	6, 8	6, 4	−12, 0	− 5, 0
Apr	08	4, 3	0, 3	3, 5	11, 0
Mai	08	− 7, 1	−3, 0	2, 1	8, 0
Jun	08	− 8, 1	−7, 7	−18, 8	− 8, 2
Jul	08	− 2, 3	−4, 1	− 9, 1	−10, 0
Aug	08	− 1, 7	−0, 6	6, 0	− 4, 7

Tab. 7.7: Einfache Renditen der Allianz-, Münchener Rück-, Deutschen Post- und Thyssenkrupp-Aktie

(a) *Untersuchen Sie den statistischen Zusammenhang der einfachen Monatsrenditen der Allianz- und der Münchener Rück-Aktie. Fassen Sie dazu in jedem Monat die einfachen Renditen beider Aktien zu einem Paar zusammen und stellen Sie die Paare als Punkte in einem Koordinatensystem dar.*

(b) *Untersuchen Sie ebenso den statistischen Zusammenhang der einfachen Aktienrenditen der Deutschen Post und von Thyssenkrupp.*

(c) *Welche Aussagen lassen sich aus Ihren Diagrammen ableiten? Berücksichtigen Sie dabei auch die Abbildung 7.10, in denen die Liniencharts (a) der Allianz-Aktie und der Münchener Rück-Aktie und (b) der Deutschen Post-Aktie und der Thyssenkrupp-Aktie dargestellt sind.*

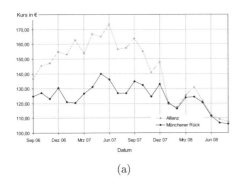
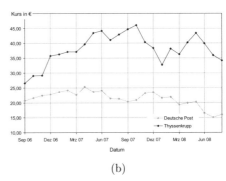

(a)   (b)

Abb. 7.10: Liniencharts (a) der Allianz-Aktie und der Münchener Rück-Aktie sowie (b) der Deutschen Post-Aktie und der Thyssenkrupp-Aktie

Soll graphisch untersucht werden, inwieweit Daten statistisch miteinander zusammenhängen, bietet sich die Darstellung in so genannten Streudiagrammen an. Die Abbildung 7.11(a) zeigt die Renditepaare der Allianz-Aktie und der Münchener Rück-Aktie im gleichen Zeitraum, Abbildung 7.11(b) die Renditepaare von Thyssenkrupp und der Deutschen Post. Die Renditen gleicher Zeiträume der Allianz-Aktie und der Münchener Rück-Aktie lassen einen statistischen Zusammenhang vermuten, die Punktewolke der Renditepaare weist einen linearen Trend auf. Sie liegt in der Nähe einer Geraden mit einem positiven Anstieg. Man sagt auch, dass die Renditen der Allianz-Aktie und der Münchener Rück-Aktie positiv korreliert sind. Was bedeutet dies für die Kursentwicklungen der Aktien? Die Allianz-Aktie und die Münchener Rück-Aktie entwickeln sich gleichläufig, wie auch aus der Abbildung 7.10(a) deutlich wird. Ein Kursanstieg bzw. ein Kursabfall der Allianz-Aktie ist in der Regel begleitet von einem Kursanstieg bzw. einem Kursabfall der Münchener Rück-Aktie. Im Beispiel der Deutschen Post und von Thyssenkrupp hingegen sind die Renditepaare mehr oder weniger gleichmäßig auf die vier Quadranten verteilt, die Renditen sind unkorreliert.

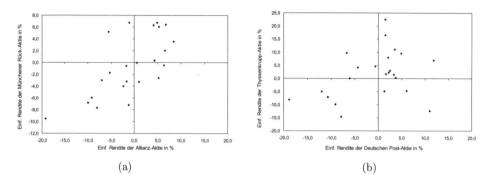

(a)   (b)

Abb. 7.11: Streudiagramm zur Untersuchung der empirischen Korrelation zwischen (a) der Allianz-Aktie und der Münchener Rück-Aktie sowie (b) der Deutschen Post-Aktie und der Thyssenkrupp-Aktie

Alle vier Kombinationen „beide Aktienkurse steigen", „beide Aktienkurse sinken", „Kurs der Deutschen Post-Aktie steigt, Kurs der Thyssenkrupp-Aktie sinkt" und „Kurs der Deutschen Post-Aktie sinkt, Kurs der Thyssenkrupp-Aktie steigt" sind möglich und treten etwa gleichhäufig auf. Dies spiegelt sich auch im Aktienchart beider Aktien in Abbildung 7.10(b) wider.

Nachdem mit der einführenden Aufgabe zunächst ein erster Eindruck von Korrelation entstanden ist, wird anschließend in einer Diskussion zusammengetragen, wie Korrelationen im Allgemeinen aufgespürt werden und in welchen statistischen Zusammenhängen Korrelationen auftreten können. Um Korrelationen aufzudecken, werden empirische Daten, wie beispielsweise die gleichzeitigen Renditen zweier Aktien, zu einem Renditepaar zusammengefasst und als Punkte in ein Koordinatensystem eingetragen. Sind alle Renditepaare mehr oder weniger gleichmäßig auf die vier Quadranten verteilt, so sind die gleichzeitigen Renditen unkorreliert. Erhalten wir hingegen eine Punktewolke, die einen linearen Trend aufweist und somit in der Nähe einer Geraden, der so genannten Regressionsgeraden, liegt, bezeichnet man die Renditen als korreliert. Wir sprechen von positiver Korrelation, wenn der Anstieg der Regressionsgeraden positiv ist. Im anderen Fall sprechen wir von negativer Korrelation. Die Abbildung 7.12 verdeutlicht die graphische Darstellung von Korrelationen. Wie in der gesamten beschreibenden Statistik sind auch bei der Analyse von Renditen die Begriffe der Korrelation und der Kausalität zu unterscheiden. Liegt beispielsweise eine positive Korrelation zwischen Renditen verschiedener Aktien vor, so kann daraus nicht auf einen wirtschaftlichen Zusammenhang zwischen den Aktiengesellschaften geschlossen werden. Ein ursächlicher Zusammenhang kann vorliegen, muss aber nicht.

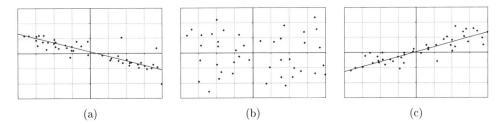

(a)   (b)   (c)

Abb. 7.12: (a) Negativ korrelierte, (b) unkorrelierte, (c) positiv korrelierte Datenpaare

Im Anschluss an diese Zusammenfassung wird mit der Aufgabe 7.3.3 der Nutzen der Korrelationsanalyse für Aktionäre erarbeitet (vgl. ADELMEYER 2006, S. 56). Gleichzeitig wird ein kleiner Einblick in die Portfolio-Theorie[15] gegeben. Weitergehende Informationen zur Portfolio-Theorie sind ADELMEYER/WARMUTH 2003 zu entnehmen.

Aufgabe 7.3.3. *Ein Aktionär investierte im August 2007 jeweils €5.000,00 in Telekom- und in Metro-Aktien. Die Entwicklung dieses Aktienkorbes, auch Portfolio genannt, soll über einen Zeitraum von einem Jahr statistisch analysiert werden.*

(a) Die Abbildung 7.13 zeigt den statistischen Zusammenhang der monatlichen Renditepaare eines Jahres. Beurteilen Sie die beiden Aktien hinsichtlich ihrer Korrelation. Welche Veränderungen hinsichtlich der Chancen auf hohe Gewinne bzw. des Risikos von hohen Verlusten des Portfolios vermuten Sie?

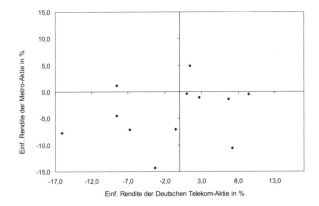

Abb. 7.13: Streudiagramm zur Untersuchung des statistischen Zusammenhangs der monatlichen Renditen der Telekom- und Metroaktie innerhalb eines Jahres

---

[15]Unter einem Portfolio versteht man alle Anlagen, die ein Investor hält.

*(b) In der Tabelle 7.8 sind die einfachen Monatsrenditen der Aktien und des Port-
folios sowie der Wert der Aktien und des Portfolios in den einzelnen Monaten
zusammengefasst.*

Monat		Wert in € am Monatsende			Rendite in %		
		Telekom	Metro	Portfolio	Telekom	Metro	Portfolio
Aug	07	5.000,00	5.000,00	10.000,00			
Sep	07	5.051,33	4.979,55	10.030,88	1,0	− 0,4	0,3
Okt	07	5.186,95	4.924,53	10.111,48	2,7	− 1,1	0,8
Nov	07	5.535,19	4.857,71	10.392,90	6,7	− 1,4	2,8
Dez	07	5.505,87	4.515,72	10.021,59	− 0,5	− 7,0	− 3,6
Jan	08	5.036,66	4.311,32	9.347,98	− 8,5	− 4,5	− 6,7
Feb	08	4.607,77	4.360,85	8.968,62	− 8,5	1,1	− 4,1
Mrz	08	3.867,30	4.023,58	7.890,89	−16,1	− 7,7	−12,0
Apr	08	4.230,21	4.006,29	8.236,49	9,4	− 0,4	4,4
Mai	08	3.944,28	3.720,13	7.664,41	− 6,8	− 7,1	− 6,9
Jun	08	3.812,32	3.187,11	6.999,42	− 3,3	−14,3	− 8,7
Jul	08	4.087,24	2.849,84	6.937,09	7,2	−10,6	− 0,9
Aug	08	4.145,89	2.989,78	7.135,67	1,4	4,9	2,9

Tab. 7.8: Renditen und Werte beider Aktien und des Portfolios aus diesen Aktien

*Bestimmen Sie jeweils die Driften und Volatilitäten der einzelnen Aktien und
des Portfolios. Beurteilen Sie das Portfolio hinsichtlich seiner Chancen und
Risiken auch im Vergleich zu den Einzelaktien. Inwieweit werden die statistischen Kenngrößen durch eine Kombination von Aktien beeinflusst?*

Die Renditen der Metro-Aktie und der Telekom-Aktie waren im betrachteten Jahr
nahezu unkorreliert. Die Renditepaare beider Aktien sind über alle vier Quadranten
verteilt. Die statistischen Kenngrößen der Telekom-Aktie (Index T) und der Metro-
Aktie (Index M) betragen $\overline{E}_T = -1{,}2\%$, $s_T = 7{,}3\%$, $\overline{E}_M = -4{,}0\%$ und $s_M =
5{,}2\%$. Dies bedeutet, dass beide Aktien bezüglich des Risikos und der Chancen
im betrachteten Jahr als etwa gleichwertig einzuschätzen sind. Für das Portfolio
ergeben sich eine Drift von $\overline{E}_P = -2{,}6\%$ und eine Volatilität von $s_P = 5{,}0\%$. Die
Kombination der beiden Aktien hat also die gleiche durchschnittliche Monatsrendite
wie die beiden Einzelaktien. Das Risiko, gemessen mit der Volatilität, wurde durch
das Portfolio gesenkt. Die Anlage des Geldes in eine einzige Aktie ist für einen
risikoscheuen Aktionär also nicht sinnvoll, da das gesamte Risiko auf dieser einen
Aktie liegt. Vielmehr sollten Anleger versuchen, ein Portfolio zusammenzustellen,
das Aktien enthält, deren Renditen unkorreliert oder gar negativ korreliert sind. So
lässt sich das Risiko für hohe Verluste – gemessen an der Volatilität – senken.

Mithilfe des empirischen Korrelationskoeffizienten kann der Zusammenhang zwischen Renditen quantifiziert werden. Die Korrelation lässt sich mit diesem rechnerisch bestimmen. Dieser wird anschließend eingeführt.

Sind $X_0^1, X_1^2, \ldots, X_{n-1}^n$ die Renditen einer Aktie in n aufeinanderfolgenden Zeiträumen und $Y_0^1, Y_1^2, \ldots, Y_{n-1}^n$ die Renditen einer anderen Aktie in denselben Zeiträumen, dann berechnet sich der Korrelationskoeffizient ρ der Renditen der beiden Aktien gemäß der Formel

$$\rho = \frac{1}{n} \sum_{i=0}^{n-1} \frac{X_i^{i+1} - \overline{X}}{s_X} \cdot \frac{Y_i^{i+1} - \overline{Y}}{s_Y}.$$

Dabei bezeichnen $\overline{X}$ und s_X bzw. $\overline{Y}$ und s_Y das arithmetische Mittel und die Standardabweichung der Renditen $X_0^1, X_1^2, \ldots, X_{n-1}^n$ bzw. $Y_0^1, Y_1^2, \ldots, Y_{n-1}^n$.

Der Korrelationskoeffizient misst die durchschnittliche Korrelation der Datenpaare. Korrelationskoeffizienten haben stets einen Wert zwischen -1 und $+1$. Je näher ρ bei $+1$ oder -1 liegt, desto mehr schmiegt sich die Punktewolke einer Geraden an. Liegt der Korrelationskoeffizient nahe $+1$, so sind die Datenpaare überwiegend positiv korreliert. Ist der Korrelationskoeffizient nahe -1, so sind die Datenpaare überwiegend negativ korreliert. Liegt der Korrelationskoeffizient in der Nähe von 0, so sind die Datenpaare gleichmäßig verteilt. Die Punktewolke lässt keinen linearen Trend erkennen, die Datenpaare sind unkorreliert. Die Berechnung des Korrelationskoeffizienten kann zunächst für das Beispiel aus 7.3.3 geübt werden. In diesem Fall ergibt sich ein Korrelationskoeffizient von $\rho = 0,23$.

Abschließend bietet sich die Aufgabe 7.3.4 an, die neben der Untersuchung von Korrelationen auch den Begriff der Rendite, der Drift und der Volatilität wiederholt und somit die wichtigsten Bestandteile der statistischen Analyse von Aktienrenditen bündelt.

Aufgabe 7.3.4. *In der Tabelle 7.9 sind für die Vierwochenperioden eines Jahres die Schlussstände des Deutschen Aktienindexes (DAX) und des Dow Jones Indexes (DJI) angegeben.*

(a) *Berechnen Sie die einfachen Renditen der beiden Indizes und stellen Sie deren Verläufe graphisch dar. Bestimmen Sie darüber hinaus die dazugehörigen Driften und Volatilitäten.*

(b) *Untersuchen Sie graphisch, ob ein statistischer Zusammenhang zwischen den einfachen Renditen beider Indizes besteht. Bestätigen Sie Ihre Vermutung mittels Berechnung des Korrelationskoeffizienten.*

Woche Nr.	Datum	DAX	DJI
1	03.09.07	7.436,63	13.113,38
5	01.10.07	8.002,18	14.066,01
9	29.10.07	7.849,49	13.595,10
13	26.11.07	7.870,52	13.371,72
17	27.12.07	8.067,32	13.365,87
21	21.01.08	6.816,74	12.207,17
25	19.02.08	6.806,29	12.381,02
29	17.03.08	6.319,99	12.361,32
33	14.04.08	6.843,08	12.849,36
37	12.05.08	7.156,55	12.986,80
41	09.06.08	6.765,32	12.307,35
45	07.07.08	6.153,30	11.100,54
49	04.08.08	6.561,65	11.734,32

Tab. 7.9: Schlussstände des DAX und DJI für die Vierwochenperiode eines Jahres

Die Abbildung 7.14 zeigt (a) den graphischen Verlauf der Renditen und (b) den statistischen Zusammenhang zwischen beiden Indizes. Die Renditepaare sind vorwiegend im ersten und dritten Quadranten verteilt, wobei sie einen deutlichen linearen Zusammenhang erkennen lassen. Es ist daher anzunehmen, dass die Renditen des DAX und des DJI positiv korrelieren. Durch Bestimmung des Korrelationskoeffizienten, der 0,89 beträgt, lässt sich diese Vermutung bestätigen.

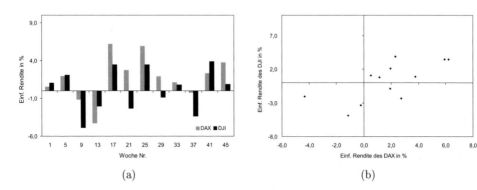

(a)   (b)

Abb. 7.14: (a) Graphischer Verlauf der Renditen und (b) statistischer Zusammenhang zwischen dem DAX und DJI im Jahr 2008

In diesem Unterrichtsabschnitt kann auch die so genannte Autokorrelation untersucht werden. In diesem Fall stellt sich die Frage, wie die Renditen einer Aktie in unterschiedlichen Zeiträumen voneinander abhängen. Dies scheint jedoch weniger interessant als die Untersuchung der Korrelation zwischen verschiedenen Aktien.

Lehrziele: Angesichts der beschriebenen Unterrichtsinhalte ergeben sich für das Ergänzungsmodul „Korrelationsanalyse" die folgenden Lehrziele. Die Schüler ...

- ... erklären den Begriff der empirischen Korrelation ausgehend von konkreten Beispielen graphisch und erläutern die Begriffe unkorreliert, positiv korreliert und negativ korreliert.

- ... erfassen den Begriff des Korrelationskoeffizienten und berechnen diesen.

- ... interpretieren den Korrelationskoeffizienten im Zusammenhang mit der wirtschaftlichen Abhängigkeit zwischen verschiedenen Aktien.

Vorgeschlagene Unterrichtsmaterialien: Arbeitsblatt 6, Arbeitsblatt 7.

7.3.3 Random-Walk-Modell

Mit dem Random-Walk-Modell steht den Schülern ein diskretes Mehrperiodenmodell zur „Prognose" künftiger Aktienkurse bei der Beurteilung des Wertpapieres zur Verfügung. Das Random-Walk-Modell ist aufgrund seiner Einfachheit sehr gut verständlich, so dass es sich anbietet, dass die Schüler dieses Modell mit einem Fachtext aus diesem Buch (S. 24–27) selbstständig wiederholen bzw. erarbeiten. Dient der Text der Einführung in das Random-Walk-Modell sollte sich eine Anwendungsphase (siehe Abschnitt 6.3.2) anschließen. Zur Anwendung des Random-Walk-Modells bei der Bewertung des Zertifikats werden unter Ausnutzung der Kenntnisse der Binomialverteilung oder der Pfadregeln für mehrstufige Zufallsexperimente die Wahrscheinlichkeiten, mit der die modellierten Aktienkurse im Random-Walk-Modell auftreten, bestimmt. Dazu eignet sich beispielsweise die folgende Aufgabe 7.3.5.

Aufgabe 7.3.5. *Die Abbildung 7.15 zeigt den allgemeinen Baum für einen Random Walk, in dem die Zeit in drei Perioden unterteilt wurde. Dabei ist S_0 der Aktienkurs zum Zeitpunkt $t = 0$, $u = e^{\overline{L}+s_L}$ der Faktor, um den der Aktienkurs in einer Periode steigt ($u=$„up"), und $d = e^{\overline{L}-s_L}$ der Faktor, um den der Aktienkurs in einer Periode sinkt ($d=$„down").*

(a) *Bestimmen Sie die Wahrscheinlichkeiten dafür, dass der Aktienkurs nach drei Perioden bei $u^3 S_0$, $u^2 d S_0$, $u d^2 S_0$ bzw. $d^3 S_0$ liegt.*

(b) *Geben Sie die Wahrscheinlichkeit dafür an, dass der Aktienkurs in einem Random-Walk-Modell nach fünf Perioden den Wert $u^2 d^3 S_0$ annimmt.*

(c) *Geben Sie eine allgemeine Formel an, mit der die Wahrscheinlichkeit dafür bestimmt werden kann, dass der Aktienkurs in einem Random-Walk-Modell mit n Perioden am Ende der betrachteten Zeit insgesamt k-mal gestiegen ist.*

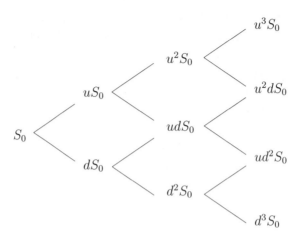

Abb. 7.15: Allgemeiner Baum eines Random Walk mit drei Perioden

Die Abbildung 7.15 ist eine etwas ungewohnte Darstellung für ein den Schülern bereits bekanntes Baumdiagramm. Mithilfe der Pfadregeln für mehrstufige Zufallsexperimente lassen sich die gesuchten Wahrscheinlichkeiten für (a) bestimmen:

Wert für S_3	$u^3 S_0$	$u^2 d S_0$	$u d^2 S_0$	$d^3 S_0$
Wahrscheinlichkeit	$\left(\frac{1}{2}\right)^3$	$3\left(\frac{1}{2}\right)^3$	$3\left(\frac{1}{2}\right)^3$	$\left(\frac{1}{2}\right)^3$

Analog lässt sich durch Fortsetzen des Baumes in Abbildung 7.15 und erneutes Anwenden der Pfadregeln die unter (b) gesuchte Wahrscheinlichkeit bestimmen. Im 5-Perioden-Modell sind insgesamt $2^5 = 32$ Kursentwicklungen möglich. Damit tritt jede einzelne Kursentwicklung mit einer Wahrscheinlichkeit von $\frac{1}{32}$ auf. Wie viele Pfade führen zu $u^2 d^3 S_0$? Der Aktienkurs im Random-Walk-Modell ist nach fünf Perioden eindeutig bestimmt durch die Anzahl der Aufwärtsbewegungen. Die Aufwärtsbewegungen können als Erfolg, die Abwärtsbewegungen als Misserfolg in einer Bernoulli-Kette betrachtet werden. Damit gibt es $\binom{5}{2} = 10$ mögliche Pfade, die uns nach fünf Perioden zum Aktienkurs $u^2 d^3 S_0$ führen. Aus den bisherigen Ausführungen lässt sich eine allgemeine Formel für die Wahrscheinlichkeit dafür, dass in einem n-Perioden-Modell der Aktienkurs genau k-mal gestiegen ist, ableiten. Die Anzahl der Aufwärtsbewegungen ist binomialverteilt mit den Parametern n und $p = \frac{1}{2}$.

Es ergibt sich die folgende Formel:

$$P(S_T = u^k d^{n-k} S_0) = \binom{n}{k} \left(\frac{1}{2}\right)^n. \tag{7.7}$$

Mit der Herleitung der allgemeinen Formel kann dieses Modul beendet werden.

Lernziele: Angesichts der beschriebenen Unterrichtsinhalte ergeben sich für das Ergänzungsmodul „Random Walk" die folgenden Lehrziele. Die Schüler ...

- ... wiederholen bzw. erarbeiten das Random-Walk-Modell zur Prognose von Aktienkursentwicklungen mithilfe eines Fachtextes.

- ... charakterisieren die Anzahl der Aufwärtsbewegungen im Random-Walk-Modell als binomialverteilte Zufallsgröße und ermitteln Wahrscheinlichkeiten für das Auftreten bestimmter Aktienkurse im Random-Walk-Modell.

Vorgeschlagene Unterrichtsmaterialien: Fachtext: aus diesem Buch (S. 24–27).

Kapitel 8

Optionen mathematisch bewertet

Im Folgenden präsentieren wir einen Entwurf für eine Unterrichtseinheit zur mathematischen Bewertung von Optionen. Der Unterrichtsvorschlag ist für einen Einsatz im Stochastikunterricht oder in einer Arbeitsgemeinschaft in der Sekundarstufe II vorgesehen. Die Unterrichtseinheit „Optionen aus mathematischer Sicht" baut inhaltlich auf den Unterrichtseinheiten „Statistik der Aktienmärkte" und „Die zufällige Irrfahrt einer Aktie" auf, so dass wir deren Inhalte als bekannt voraussetzen. Andernfalls verweisen wir auf die entsprechenden Ausführungen in den Kapiteln 6 und 7.

8.1   Inhaltliche und konzeptionelle Zusammenfassung

Die Unterrichtseinheit besteht aus einem Basismodul und zwei thematisch passenden Ergänzungsmodulen. Das Basismodul ist in fünf Abschnitte mit folgenden Themen gegliedert:

1. Ökonomische Grundlagen

2. Pay-Off- und Gewinn-Verlust-Diagramme

3. Erwartungswert- und No-Arbitrage-Prinzip

4. Einperiodenmodell zur Bestimmung des Optionspreises

5. Binomialmodell

Die einzelnen Abschnitte des Basismoduls bauen aufeinander auf und sollten möglichst vollständig und in der genannten Reihenfolge unterrichtet werden. Das Ziel dieses Basismoduls ist es, das Binomialmodell zur Berechnung von Optionspreisen zu erarbeiten, Optionspreise real existierender Optionen zu bestimmen und diese mit den auf dem Markt verlangten Preisen zu vergleichen.

Die zwei Ergänzungsmodule widmen sich folgenden Themen:

1. Binomialformel

2. Black-Scholes-Modell

Die Abbildung 8.1 zeigt einen Vorschlag für einen chronologischen Ablauf der Unterrichtseinheit. Die Ergänzungsmodule wurden an zeitlich passender Stelle eingeordnet.

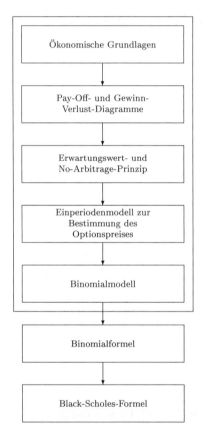

Abb. 8.1: Möglicher chronologischer Ablauf der Unterrichtseinheit „Optionen mathematisch bewertet"

Im Folgenden werden die Inhalte und Ziele der einzelnen Abschnitte des Basismoduls und der Ergänzungsmodule vorgestellt. Die vermittelten mathematischen und ökonomischen Inhalte ergeben sich dabei vollständig aus Kapitel 2.

8.2 Das Basismodul

8.2.1 Ökonomische Grundlagen

Optionen sind im Gegensatz zu Aktien sehr spezielle Finanzprodukte, mit denen Schüler im Alltag selten Kontakt haben. Aus diesem Grund sollte eine Unterrichtseinheit zur mathematischen Bewertung von Optionen mit einer Einführung in ökonomische Grundlagen beginnen. Dies kann auf verschiedenen Wegen erfolgen. Neben einem Kurzvortrag ist eine selbstständige Erarbeitung der wichtigsten Begriffe des Optionswesens in einer längerfristigen Hausarbeit möglich. Die folgende Aufgabe ist dabei zielführend.

Aufgabe 8.2.1. *Es gibt eine Reihe verschiedener Finanzprodukte, wie z. B. Aktien, Sparbücher oder Fonds. Weniger bekannt sind die so genannten Optionen.*

(a) Klären Sie den Begriff der Option. Gehen Sie dabei insbesondere auf die Rechte und Pflichten im Zusammenhang mit Optionen sowie auf die Begriffe amerikanische/europäische Option, Ausübungspreis, Ausübungsfrist, Ausübungstermin, Basiswert und Optionspreis ein.

(b) Erläutern Sie, was unter einer Call- bzw. Put-Option verstanden wird. Gehen Sie in diesem Zusammenhang unter Verwendung der Abbildung 8.2 auf die vier Grundpositionen im Optionshandel ein.

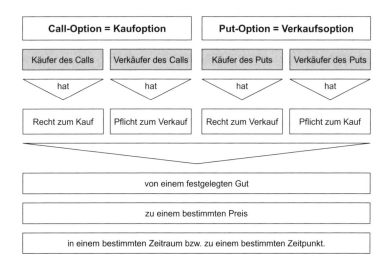

Abb. 8.2: Die vier Grundpositionen im Optionsgeschäft (vgl. ADELMEYER 2000)

Als Ergebnis dieser Aufgabe sollten die Schüler mit folgenden für das Verständnis der weiteren Unterrichtsabschnitte notwendigen Begriffen im Zusammenhang mit Optionen vertraut sein: Eine **Option** ist ein Vertrag zwischen zwei Parteien. Der Käufer der Option erwirbt durch die Zahlung der so genannten Optionsprämie das Recht (jedoch nicht die Pflicht),

- ein bestimmtes Finanzgut (**Basiswert**)

- in einer vereinbarten Menge (**Kontraktgröße**)

- zu einem festgelegten Preis (**Ausübungspreis**)

- innerhalb eines festgelegten Zeitraums (**Ausübungsfrist**) oder zu einem festgelegten Zeitpunkt (**Ausübungstermin**)

zu kaufen oder zu verkaufen. Macht der Optionskäufer von dem erworbenen Recht Gebrauch, so spricht man von der Ausübung der Option. Wird die Option ausgeübt, so hat der Verkäufer der Option die Pflicht, das festgelegte Finanzgut (z. B. Aktien, Divisen, Gold, Rohstoffe) zum vereinbarten Preis zu verkaufen oder zu kaufen. Wird die Option nicht ausgeübt, verfällt die Option am Ende ihrer befristeten Laufzeit. Bezüglich der Möglichkeiten der zeitlichen Ausübung lassen sich folgende Arten unterscheiden: **Amerikanische Optionen** können jederzeit während ihrer Laufzeit, **europäische Optionen** hingegen zum festgelegten Ausübungstermin, also zu einem festen Zeitpunkt, ausgeübt werden. Unterscheidet man Optionen nach den in ihnen enthaltenen Rechten, so sind zwei grundlegende Arten von Optionen zu nennen: Optionen, die das Recht zum Kauf des Basisgutes einräumen, heißen **Call- bzw. Kaufoptionen**. Optionen, die das Recht zum Verkauf des Basisgutes einräumen, nennt man **Put- bzw. Verkaufsoptionen**. Mit der Unterscheidung zwischen Call- und Put-Optionen gibt es die folgenden vier verschiedenen Positionen im Optionsgeschäft, deren Rechte bzw. Pflichten durch die Abbildung 8.2 sehr gut verdeutlicht werden: Käufer einer Call-Option, Verkäufer einer Call-Option, Käufer einer Put-Option und Verkäufer einer Put-Option. Um das Verständnis für den Begriff der Option zu festigen, bietet sich nach der Erarbeitung ökonomischer Grundlagen die Bearbeitung der Aufgaben 8.2.2, 8.2.3 und 8.2.4 an.

Aufgabe 8.2.2. *Damit Optionsgeschäfte überhaupt zustande kommen, müssen Optionsverkäufer und Optionskäufer verschiedene Vorstellungen über die Kursentwicklung der zugrunde liegenden Aktie haben. Stellen Sie diese Vorstellungen dar.*

Der Käufer von Call-Optionen rechnet mit einem Anstieg des Aktienkurses. Durch den Kauf der Option ist sichergestellt, dass er höchstens den Ausübungspreis für eine Aktie zahlen muss. Der Verkäufer der Call-Option rechnet mit gleichbleibenden oder fallenden Aktienkursen, wodurch die Option wertlos wird und der Verkäufer den Optionspreis als Gewinn verbucht. Der Käufer einer Put-Option rechnet mit

sinkenden Kursen. Durch den Kauf der Option sichert er sich mindestens den Ausübungspreis E beim Verkauf seiner Aktie. Der Verkäufer der Put-Option rechnet
mit steigenden oder gleichbleibenden Aktienkursen. In diesem Fall wird die Option
wertlos, der Verkäufer verbucht den Optionspreis als Gewinn.

Aufgabe 8.2.3. *Die Abbildung 8.3 stellt den Ablauf eines Optionsgeschäfts am
Beispiel einer europäischen Call-Option graphisch dar. Erläutern Sie den Ablauf
des Optionsgeschäftes.*

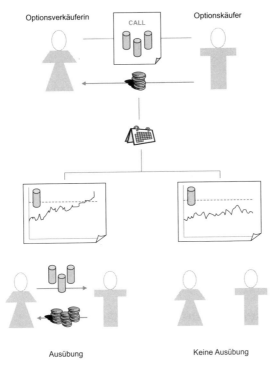

Abb. 8.3: Ablauf eines Optionsgeschäfts am Beispiel einer europäischen Call-Option
(vgl. ADELMEYER 2000)

Der Optionskäufer sichert sich mit einer Call-Option das Recht, zu einem späteren
Zeitpunkt eine festgelegte Menge des Basisguts, z. B. Erdöl, zu einem festgelegten
Ausübungspreis zu kaufen. Dafür zahlt der Käufer der Verkäuferin den Optionspreis
(oben in der Abbildung 8.3). Liegt der Preis des Basisgutes zum Ausübungstermin
über dem Ausübungspreis, übt der Optionskäufer die Option aus. Die Optionsver-
käuferin liefert das Basisgut zum vereinbarten Ausübungspreis (unten links in der
Abbildung 8.3). Liegt der Preis des Basisgutes unter dem Ausübungpreis, lässt der
Optionskäufer die Option verfallen und kauft das Erdöl am Markt günstiger (unten
rechts in der Abbildung 8.3).

Aufgabe 8.2.4. *Manager von Aktiengesellschaften erhalten manchmal einen Teil ihres Gehalts in Form von Call-Optionen auf Aktien ihres Unternehmens ausgezahlt. Was verspricht sich der Vorstand der Aktiengesellschaft davon?*

Die Call-Optionen des Managers räumen das Recht zum Kauf von Aktien zu einem festgelegten Preis ein. Liegt der Kurs der Aktie zum Zeitpunkt der Ausübung über dem Ausübungspreis, kann sich der Manager Aktien seines Unternehmens zum Ausübungspreis sichern und diese am Markt zum höheren Preis verkaufen. Er macht also einen Gewinn. Aus diesem Grund sollte der Manager an steigenden Aktienkursen interessiert sein. Der Vorstand der Aktiengesellschaft verspricht sich vermutlich eine höhere Motivation des Managers, sich noch intensiver für den Erfolg der Aktiengesellschaft einzusetzen.

Lehrziele: Angesichts der beschriebenen Unterrichtsinhalte ergeben sich für den Abschnitt „Ökonomische Grundlagen" die folgenden Lehrziele. Die Schüler ...

- – ... erarbeiten wichtige ökonomische Grundbegriffe zum Thema Optionen.

- – ... erläutern die verschiedenen Grundpositionen im Optionsgeschäft und die entgegengesetzten Vorstellungen, die die Optionskäufer und Optionsverkäufer bzgl. der künftigen Aktienkursentwicklungen haben.

- – ... beschreiben den Ablauf eines Optionsgeschäfts.

Vorgeschlagene Unterrichtsmaterialien: Arbeitsblatt 1.

8.2.2 Pay-Off- und Gewinn-Verlust-Diagramme

Zunächst wird in einer kurzen Diskussion geklärt, für welche Zeitpunkte bereits ohne weitere Kenntnisse ein fairer Preis für die Option festgelegt und wie dieser Preis bestimmt werden könnte. Es gibt genau einen derartigen Zeitpunkt, für den wir bereits jetzt einen fairen Preis angeben können: zum Zeitpunkt der letztmöglichen Ausübung, also zum Verfallstermin. Der Preis einer Option zum Verfallstermin $t = T$ hängt vom Ausübungspreis E und dem Aktienkurs S_T des Basiswertes zu diesem Zeitpunkt ab. Gehen wir davon aus, dass wir für die Option genauso viel zahlen möchten, wie sie in diesem Moment noch wert ist, gilt für den Preis C_T einer Call-Option zum Zeitpunkt T:

$$C_T := \begin{cases} S_T - E, & \text{falls } S_T > E, \\ 0, & \text{falls } S_T \leq E. \end{cases}$$

Dies lässt sich wie folgt begründen: Liegt zum Zeitpunkt T der Aktienkurs S_T über dem Ausübungspreis E, dann wird der Käufer die Call-Option ausüben. Er kauft eine Aktie zum Ausübungspreis E und verkauft diese sofort am Markt zum aktuellen Aktienkurs S_T. Er nimmt also $S_T - E$ ein. Liegt der Aktienkurs hingegen unter dem Ausübungspreis, so ist die Option wertlos.

Für den Preis P_T einer Put-Option zum Verfallstermin stellt sich die Situation wie folgt dar:

$$P_T := \begin{cases} 0, & \text{falls } S_T > E, \\ E - S_T, & \text{falls } S_T \le E. \end{cases}$$

Der Preis P_T wird wie folgt begründet: Liegt zum Zeitpunkt T der Aktienkurs S_T unter dem Ausübungspreis, so wird der Käufer die Put-Option ausüben. Er verkauft eine Aktie zum Ausübungspreis E und kauft sofort eine Aktie zum aktuellen Kurs S_T. Es bleibt ein Gewinn in Höhe von $E - S_T$. Liegt der Aktienkurs hingegen höher als der Ausübungspreis, so ist die Option wertlos.

Es ist offensichtlich, dass C_T bzw. P_T aus Sicht von $t = 0$ zufällig ist, da der zugrunde liegende Aktienkursverlauf zufällig ist. Die Werte $S_T - E$, 0 und $E - S_T$ heißen auch **Pay-Off** der Option. Ziehen wir vom Pay-Off den Optionspreis ab, so erhalten wir den Gewinn bzw. Verlust einer Option. Gewinn und Verlust sind für Anleger von größerer Bedeutung als der Pay-Off. Die graphische Darstellung des Preises der Option und des Gewinnes bzw. Verlustes zum Zeitpunkt T der letztmöglichen Ausübung in Abhängigkeit vom Aktienkurs S_T erfolgt in so genannten Pay-Off- und Gewinn-Verlust-Diagrammen. Diese können nach der Eingangsdiskussion über den Preis einer Option mit der Aufgabe 8.2.5 eingeführt werden.

Aufgabe 8.2.5. *Wir betrachten eine Call-Option auf Bayer-Aktien mit einem Ausübungspreis von €25,00 und Verfall im Dezember 08. Die Option kostete am 16.05.08 €11,11.*

(a) *Stellen Sie den Preis C_T dieser Call-Option zum Ausübungszeitpunkt $t = T$ in Abhängigkeit vom Aktienkurs S_T graphisch dar.*

(b) *Die graphische Darstellung des Preises C_T in Abhängigkeit vom Aktienkurs nennt man Pay-Off-Diagramm. Ziehen wir vom Pay-Off den Optionspreis ab, dann erhalten wir den Gewinn bzw. den Verlust für den Optionskäufer/Optionsverkäufer. In so genannten Gewinn-Verlust-Diagrammen wird der Gewinn bzw. Verlust in Abhängigkeit vom Aktienkurs S_T graphisch dargestellt. Erstellen Sie ein Gewinn-Verlust-Diagramm für diese Option sowohl aus Sicht des Käufers als auch aus Sicht des Verkäufers.*

(c) *Bewerten Sie die Chancen und Risiken, die mit einem Optionskauf verbunden sind.*

Die Abbildung 8.4 zeigt das gesuchte Pay-Off-Diagramm, die Abbildung 8.5 die gesuchten Gewinn-Verlust-Diagramme aus Sicht des Käufers und aus Sicht der Verkäufers. Sie zeigen die Risiken und Gewinnmöglichkeiten der am Optionshandel beteiligten Parteien auf. Die möglichen Verluste sind auf Seiten des Optionsverkäufers unbeschränkt, während der Optionskäufer maximal den Optionspreis verliert.

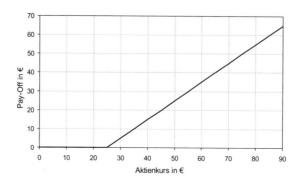

Abb. 8.4: Pay-Off-Diagramm einer Call-Option ($E = €25,00$)

Die möglichen Gewinne hingegen sind für den Optionskäufer unbeschränkt, während der Optionsverkäufer maximal den Optionspreis einnehmen kann. Aufgrund der hohen Risiken auf Seiten des Optionsverkäufers treten als Optionsverkäufer vor allem Insitutionen auf, die über große finanzielle Mittel verfügen. Hierzu zählen Banken und Versicherungsunternehmen.

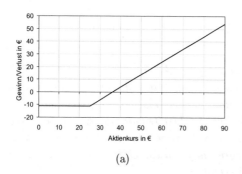
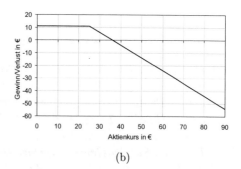

(a)   (b)

Abb. 8.5: Gewinn-Verlust-Diagramm einer Call-Option ($E = €25,00$, $C_0 = €11,11$) aus Sicht (a) des Käufers und (b) des Verkäufers

Neben der Erstellung von Pay-Off- und Gewinn-Verlust-Diagrammen für Put-Optionen bietet sich zur Vertiefung die Aufgabe 8.2.6 an. Sie führt gleichzeitig in verschiedene Kombinationsmöglichkeiten von Optionen ein.

Aufgabe 8.2.6. *Nur selten kaufen Marktteilnehmer lediglich Optionen einer Art. Vielmehr kombinieren sie mehrere Optionsgeschäfte. Sie kaufen bzw. verkaufen z. B. gleichzeitig jeweils eine Call- und Put-Option auf die gleiche Aktie. Durch die Kombination kann man komplexere Kurserwartungen berücksichtigen, als es der Fall wäre, wenn lediglich Put- oder Call-Optionen gekauft werden.*

Die Tabelle 8.1 zeigt die Preise für Call- und Put-Optionen auf die DaimlerChrysler-Aktie an der EUREX am 14.08.08. Der Kurs der DaimlerChrysler-Aktie lag am 14.08.08 bei Handelsschluss bei €41,40.

	Preis für Call-Option in €		**Preis für Put-Option in €**	
Ausübungspreis in €	Sept. 08	Juli 09	Sept. 08	Juli 09
24,00	–	18,78	–	0,15
32,00	–	11,50	–	0,93
41,00	3,13	4,57	1,73	4,24
45,00	1,05	2,81	4,70	6,57

Tab. 8.1: Preise für Call- und Put-Optionen auf die DaimlerChrysler-Aktie am 14.08.08 an der EUREX. Quelle: www.eurex.com (Stand 14.08.08)

(a) *Der gleichzeitige Kauf einer Call- und einer Put-Option auf dieselbe Aktie mit gleichem Ausübungspreis und gleicher Ausübungsfrist heißt Straddle. Zeichnen Sie das Gewinn-Verlust-Diagramm zu einem Straddle mit Ausübungsfrist September 08 und einem Ausübungspreis von €41,00. Welche Kurserwartungen könnte der Käufer eines Straddles haben?*

(b) *Der gleichzeitige Kauf einer Call- und einer Put-Option mit gleicher Ausübungsfrist, aber unterschiedlichen Ausübungspreisen heißt Strangle. Zeichnen Sie das Gewinn-Verlust-Diagramm zu folgendem Strangle: Eine Call-Option mit Ausübungsfrist Juli 09 und Ausübungspreis von €45,00 sowie eine Put-Option mit Ausübungsfrist Juli 09 und einem Ausübungspreis von €41,00. Welches Motiv könnte der Käufer eines Strangles haben?*

(c) *Der Kauf einer Call-Option (bzw. Put-Option) bei gleichzeitigem Verkauf einer Call-Option (bzw. Put-Option) auf dieselbe Aktie mit gleicher Ausübungsfrist, aber unterschiedlichen Ausübungspreisen heißt Spread. Zeichnen Sie das Gewinn-Verlust-Diagramm zu folgendem Spread: Kauf einer Call-Option mit Ausübungsfrist Juli 09 und Ausübungspreis von €24,00 sowie Verkauf einer Call-Option mit Ausübungsfrist Juli 09 und Ausübungspreis von €32,00. Nennen Sie ein mögliches Motiv für den Kauf eines Spreads.*

Die Abbildung 8.6 zeigt die Gewinn-Verlust-Diagramme des Straddles, des Strangles und des Spreads. Der Käufer eines Straddles erwartet deutlich über den Ausübungspreis steigende oder deutlich unter den Ausübungspreis sinkende Aktienkurse.

Der Käufer eines Strangles setzt gleichzeitig auf über den Ausübungspreis der Call-Option steigende Aktienkurse und auf unter den Ausübungpreis der Put-Option sinkende Kurse. Der Käufer eines Spreads rechnet wie beim Kauf einer Call-Option zwar mit steigenden Aktienkursen, verringert jedoch gegenüber dem Kauf einer einzelnen Call-Option den maximalen Verlust, wobei sich gleichzeitig der maximale Gewinn reduziert.

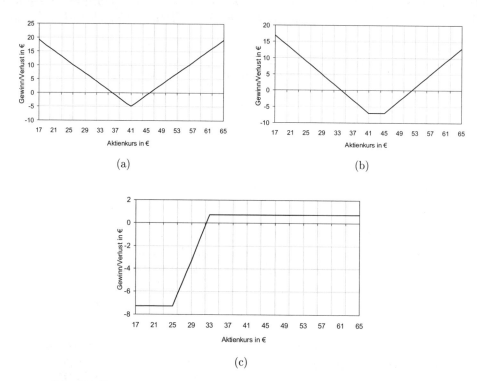

Abb. 8.6: Gewinn-Verlust-Diagramm (a) des Straddles, (b) des Strangles und (c) des Spreads

Lehrziele: Angesichts der beschriebenen Unterrichtsinhalte ergeben sich für den Abschnitt „Pay-Off- und Gewinn-Verlust-Diagramme" die folgenden Lehrziele. Die Schüler ...

- ... erstellen Pay-Off- und Gewinn-Verlust-Diagramme von Call- und Put-Optionen.

- ... erarbeiten Kombinationsmöglichkeiten von Optionen und erstellen die entsprechenden Gewinn-Verlust-Diagramme.

- ... erfassen und beschreiben die Vorstellungen der Optionskäufer über die künftigen Aktienkursentwicklungen.

Unterrichtsmaterialien: Arbeitsblatt 2.

8.2.3 Erwartungswert- und No-Arbitrage-Prinzip

Für den Kauf einer Option ist zum Kaufzeitpunkt eine Prämie, der Optionspreis, zu zahlen. Gibt es einen fairen Preis für eine Option, d. h., gibt es einen Preis, mit dem sowohl der Käufer der Option als auch der Verkäufer der Option zufrieden sind? Was ist eine Option zum Zeitpunkt des Kaufes wert? Diese Frage soll in den kommenden Unterrichtsstunden im Mittelpunkt des Interesses stehen. Bevor im Unterricht jedoch erste Modelle erarbeitet werden, ist es sinnvoll, mit den Schülern zunächst mögliche Einflussfaktoren zu diskutieren. Die folgende Aufgabe kann dabei die Diskussion eröffnen:

> *Analysieren Sie, welche Faktoren in welchem Maße den Preis von Optionen beeinflussen könnten. Gehen Sie dabei sowohl auf Call- als auch auf Put-Optionen ein.*

Bei einem steigenden Ausübungspreis wird die Chance kleiner, dass der Aktienkurs den Ausübungspreis übersteigt. Gleichermaßen sinkt (aus Sicht des Käufers) die Chance, dass eine entsprechende Call-Option ausgeübt wird. Dies spiegelt sich unmittelbar im Preis der Option wider. Der Preis sinkt. Bei einer Put-Option hingegen steigt mit steigendem Ausübungspreis die Wahrscheinlichkeit, dass die entsprechende Option ausgeübt wird. Dies führt zu einem steigenden Preis. Ähnlich verhält es sich bei fallenden Aktienkursen. Auch in diesem Fall wird die Chance kleiner, dass der Aktienkurs den Ausübungspreis übersteigt. Damit sinkt der Preis der Call-Option, während der Preis der Put-Option steigt. Wie die Schüler aus dem bisherigen Unterricht wissen, misst die Volatilität als Chancen- und Risikomaß die Schwankungsbreite der Renditen der Aktien um ihren Mittelwert. Je größer die Volatilität ist, desto stärker schlägt der Kurs nach oben oder unten aus. Gleichermaßen steigt die Wahrscheinlichkeit, dass der Aktienkurs sehr große oder sehr kleine Werte annehmen kann. Die Käufer einer Call-Option setzen auf hohe Aktienkurse, die Käufer einer Put-Option hingegen auf niedrige Aktienkurse. Die Wahrscheinlichkeit, dass die jeweiligen Optionen ausgeübt werden, steigt also mit größerer Volatilität. Damit steigt der Preis für beide Optionsarten. Die Tabelle 8.2 fasst diese Überlegungen zusammen.

Einflussfaktor	Preis C_T einer Call-Option	Preis P_T einer Put-Option
Ausübungspreis E steigt	sinkt	steigt
Aktienkurs S_T sinkt	sinkt	steigt
Volatilität σ steigt	steigt	steigt

Tab. 8.2: Einflussgrößen des Optionspreises bei einer sich ändernden Größe

Haben die Schüler Schwierigkeiten, die Einflussfaktoren zu erkennen, kann ihnen die obige Tabelle zur Verfügung gestellt werden. Die Aufgabe der Schüler besteht dann nur noch darin, die Einflussfaktoren und ihre Auswirkungen auf den Optionspreis zu begründen. Nach der Formulierung der Einflussfaktoren kann zur Entwicklung eines ersten Modells zur Bestimmung von Optionspreisen übergegangen werden. Zunächst wird den Schülern die folgende Option vorgestellt.

Beispiel 8.2.7. *Wir betrachten eine Call-Option auf eine beliebige Aktie mit einem Ausübungspreis von E = €110,00 und einer Ausübungsfrist von einem Monat. Der heutige Aktienkurs beträgt €100,00. Die erwartete Aktienkursentwicklung und der Wert der Option zum Zeitpunkt der Ausübung ist in Abbildung 8.7 dargestellt. Die Wahrscheinlichkeit für einen steigenden Aktienkurs beträgt p =0,6, die Wahrscheinlichkeit für einen sinkenden Aktienkurs beträgt q =0,4.*

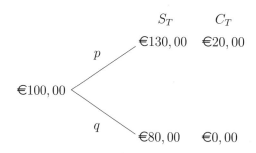

Abb. 8.7: Modell für die Kursentwicklung einer Aktie

Nach Vorstellung dieser Option werden die Schüler aufgefordert, einen ihrer Meinung nach fairen Preis für diese Option anzugeben. Es wird nicht erwartet, dass die Schüler den korrekten Preis angeben oder berechnen, sondern zunächst lediglich einen möglichen Optionspreis schätzen. Durch die bewusste Formulierung „fairer Preis" lassen sich die Schüler möglicherweise auf die falsche Fährte führen, indem sie unter Ausnutzung ihrer Kenntnisse über faire Spiele den erwarteten Wert der Option C_T zum Zeitpunkt der Ausübung bestimmen und diesen als fairen Preis angeben. Für den Erwartungswert $E(C_T)$ gilt:

$$E(C_T) = 0,6 \cdot €20,00 + 0,4 \cdot €0,00 = €12,00.$$

Mit der Auffassung des Optionshandels als faires Spiel lässt sich die Preisbildung aus Sicht des Optionskäufers wie folgt interpretieren: Im Durchschnitt nimmt der Optionskäufer beim Verkauf von vielen Optionen genauso viel ein, wie er an die Optionskäufer durch das Bedienen der Option zahlen muss. Dieses erste, unter Nutzung des so genannten Erwartungswertprinzips entwickelte Modell zur Bestimmung eines Optionspreises ist anschließend zu hinterfragen. In einer ersten Diskussion sollten die Schüler herausstellen, dass die Verwendung von Wahrscheinlichkeiten als kritisch zu bewerten ist. Da Verkäufer und Käufer von Optionen verschiedene Vorstellungen von den Entwicklungen der zugrunde liegenden Aktien haben, ist es unmöglich, eine „gerechte" Wahrscheinlichkeit für das Steigen bzw. Sinken des Aktienkurses anzugeben. Der Käufer der Option wird vermutlich steigende Aktienkurse mit einer höheren Wahrscheinlichkeit bewerten als der Optionsverkäufer. Ein Optionspreismodell, in das Wahrscheinlichkeiten für Aktienkursänderungen eingehen, würde daher sicherlich nicht akzeptiert werden. Ein weiterer kritischer Punkt, den die Schüler mit ihrem bisherigen Wissen nicht erkennen können und sich daher im Folgenden mit der Aufgabe 8.2.8 selbstständig erarbeiten sollen, ist, dass durch das Erwartungswertprinzip die Möglichkeit für einen risikolosen Gewinn, auch Arbitrage genannt, entsteht.

Aufgabe 8.2.8. *Wir betrachten erneut unsere Call-Option auf eine beliebige Aktie. Der Ausübungspreis beträgt $E = €110,00$. Der Aktienkurs zum Zeitpunkt $t = 0$ liegt bei $€100,00$. Nach einem Monat kann die Aktie die beiden Werte $€130,00$ und $€80,00$ annehmen. Wir behaupten: Der einzig richtige Preis für die Option beträgt $€8,00$. Für alle anderen Preise hat der Anleger die Möglichkeit durch eine geschickte Anlagestrategie ohne den Einsatz eines eigenen Kapitals einen risikolosen Gewinn, auch Arbitrage genannt, zu erzielen. Wäre der Optionspreis C_0 größer als $€8,00$, dann könnte der Optionskäufer die in Tabelle 8.3 dargestellte Strategie fahren.*

Zeitpunkt des Optionsverkaufs		
Aktion	Geldfluss (€)	
verkaufe Call-Option	+	C_0
nehme Kredit auf	+	$32,00$
kaufe 0,4 Aktien	−	$40,00$
Bilanz		$C_0 - 8,00$

Zeitpunkt der Ausübung				
falls $S_T = €130,00$			falls $S_T = €80,00$	
Aktion	Geldfluss (€)		Aktion	Geldfluss (€)
leihe 0,6 Aktien		$0,00$		
bediene Option (verkaufe 1 Aktie)	+	$110,00$	Option wertlos	$0,00$
tilge Kredit	−	$32,00$	tilge Kredit −	$32,00$
kaufe 0,6 Aktien	−	$78,00$	verkaufe 0,4 Aktien +	$32,00$
gebe 0,6 Aktien zurück		$0,00$		
Bilanz		$0,00$	**Bilanz**	$0,00$

Tab. 8.3: Möglichkeit 1 für einen risikolosen Gewinn bei einem falschen Optionspreis

(a) *Erläutern Sie die Anlagestrategie aus Sicht des Verkäufers für den Fall, dass der Optionspreis größer ist als €8,00. Gehen Sie dabei auch auf die Annahmen eines idealen Marktes ein, die dieser Anlagestrategie zugrunde liegen, auf die bisher jedoch nicht näher eingegangen wurde.*

(b) *Zeigen Sie, dass es auch für den Fall $C_0 < $ €8,00 eine geschickte Anlagestrategie für einen risikolosen Gewinn gibt. Achten Sie darauf, dass dabei kein eigenes Kapital nötig ist und dass nach dem Handel die Ausgangssituation wieder hergestellt ist.*

Die Anlagestrategie in Tabelle 8.3 ist aus Sicht des Verkäufers der Call-Option dargestellt. Er verkauft eine Option für einen Preis von $C_0 > $ €8, 00, nimmt gleichzeitig einen Kredit in Höhe von €32,00 auf und kauft davon 0, 4 Aktien. Er nimmt insgesamt $C_0 - $ €8, 00 ein, ohne eigenes Kapital eingesetzt zu haben. Zum Zeitpunkt der Ausübung gibt es zwei mögliche Szenarien: Ist der Aktienkurs auf €130,00 gestiegen, übt der Käufer die Option aus. Der Verkäufer muss die Option bedienen und leiht sich 0, 6 Aktien und verkauft eine Aktie an den Optionskäufer. Mit den Einnahmen in Höhe von €110,00 kann der Verkäufer seinen Kredit tilgen und sich 0, 6 Aktien kaufen, die er an den „Aktienverleiher" zurückgibt. Ist der Aktienkurs hingegen auf €80,00 gesunken, wird die Option wertlos. Der Optionsverkäufer tilgt seinen Kredit, indem er die zum Zeitpunkt des Optionsverkaufs gekauften 0, 4 Aktien wieder verkauft. In beiden Fällen wird durch die Transaktionen des Verkäufers zum Zeitpunkt der Ausübung die ursprüngliche Situation wieder hergestellt, ohne dass der Verkäufer eigenes Kaptital einsetzt. Szenarienunabhängig führt der falsche Optionspreis von $C_0 > $ €8, 00 zu einem Reingewinn in Höhe von $C_0 - $ €8, 00.

In der beschriebenen Anlagestrategie sind dabei die folgenden Annahmen über den idealen Markt eingegangen:

- Ankauf und Verkauf von Finanzgütern sind jederzeit und in beliebigem Umfang möglich.

- Aktien sind beliebig teilbar (beispielsweise 0,5 Aktien). Ebenso sind Aktienleerkäufe (Leihen einer Aktie, Weiterverkauf, späterer Rückkauf und anschließende Rückgabe) möglich.

- Kreditaufnahmen sind jederzeit möglich.

- Es werden sowohl für Geldeinlagen als auch für Kredite keine Zinsen fällig.[1]

- Es gibt keine Transaktionskosten.

---

[1]Diese Annahme ist nur auf diese Aufgabe beschränkt. Im späteren Unterricht werden wir davon ausgehen, dass der Zinssatz für Geldeinlagen und Kredite konstant ist.

Wie sieht eine entsprechende Anlagestrategie aus Sicht des Optionskäufers für den Fall $C_0 < $ €8,00 aus? Der Anleger kauft gleichzeitig eine Option zum Preis C_0, verkauft 0,4 Aktien und vergibt einen Kredit in Höhe von €32,00. Damit bleibt ihm ein Gewinn in Höhe von €8,00 $- C_0$. Ist zum Zeitpunkt der Ausübung der Aktienkurs auf €130,00 gestiegen, so übt der Optionskäufer seine Option aus und kauft eine Aktie für €110,00. Gleichzeitig erhält er seinen Kredit zurück und verkauft 0,6 Aktien, womit die Ausgangssituation wieder hergestellt ist. Fällt der Aktienkurs hingegen auf €80,00, wird die Option wertlos. Der Anleger erhält seinen Kredit zurück, kauft sich 0,4 Aktien und stellt damit wieder die Ausgangssituation her. Szenarienunabhängig bleibt ein Reingewinn in Höhe von €8,00 $- C_0$, ohne dass der Käufer eigenes Kapital benötigt. Die Tabelle 8.4 fasst diese vorangegangenen Überlegungen zusammen.

Zeitpunkt des Optionskaufs		
Aktion	Geldfluss (€)	
kaufe Call-Option	−	C_0
vergebe Kredit	−	32,00
verkaufe 0,4 Aktien	+	40,00
Bilanz	8,00 $- C_0$	

Zeitpunkt der Ausübung				
falls $S_T = $ €130,00			falls $S_T = $ €80,00	
Aktion	Geldfluss (€)	Aktion		Geldfluss (€)
übe Option aus (kaufe 1 Aktie)	− 110,00	Option wertlos		0,00
erhalte Kredit zurück	+ 32,00	erhalte Kredit zurück	+	32,00
verkaufe 0,6 Aktien	+ 78,00	kaufe 0,4 Aktien	−	32,00
gesamt	0,00	**Bilanz**		0,00

Tab. 8.4: Möglichkeit 2 für einen risikolosen Gewinn bei einem falschen Optionspreis

Wäre also $C_0 \neq$ €8,00, so ließe sich mithilfe einer geschickt gewählten Anlagestrategie ein risikoloser Gewinn erzielen. Durch entsprechende Skalierung könnte man dann sogar beliebig hohe Gewinne garantieren, ohne auch nur das geringste Risiko einzugehen. Folglich ist $C_0 = $ €8,00 der einzig faire Preis.

Aufgrund der Arbitragemöglichkeiten ist das Erwartungswert-Prinzip kein passendes Modell zur Bestimmung eines fairen Optionspreises. In unseren nächsten Modellen sollten keine Arbitragemöglichkeiten entstehen. Dass diese Forderung aus ökonomischer Sicht gerechtfertigt ist, kann mit den Schülern diskutiert werden. Eine Arbitragemöglichkeit entsteht z. B. dann, wenn Kursunterschiede gleicher Aktien an unterschiedlichen Finanzmärkten entstehen. Man kauft die Aktien auf dem Markt mit dem niedrigeren Preis und verkauft die Aktien auf dem Markt mit dem höheren Preis wieder. Aufgrund der Transparenz der Märkte gibt es diese Möglichkeiten zum risikolosen Gewinn nicht bzw. nur kurzfristig. Die Nachfrage nach den billigeren Aktien würde zunehmen, gleichzeitig nimmt aber auch das Angebot an teureren Aktien ab. Da die Preisbildung von Aktien durch das Prinzip „Angebot und Nachfrage" (vgl. Kapitel 1.5) geregelt wird, verschwindet die Arbitragemöglichkeit wieder. Damit ist das so genannte No-Arbitrage-Prinzip der Schlüssel zur „richtigen" Bewertung von Optionen. Aus dem No-Arbitrage-Prinzip folgt:

> Haben zwei Portfolios, d. h. Kombinationen verschiedener Finanzprodukte, morgen den gleichen Wert, dann haben sie auch heute den gleichen Wert. Dabei ist es irrelevant, wie sich der Markt von heute auf morgen entwickelt.

Diese wichtige Erkenntnis, die nach der Diskussion über das No-Arbitrage-Prinzip vom Lehrer vorgestellt wird, sollte anschließend von den Schülern begründet werden. Sie werden aus diesem Grund aufgefordert, zu zeigen, dass Arbitragemöglichkeiten entstehen, wenn die obige Schlussfolgerung aus dem No-Arbitrage-Prinzip nicht gelten würde. Angenommen, die beiden Portfolios hätten heute nicht den gleichen Wert. Dann verkauft man heute das teurere Portfolio A mit dem Wert a und kauft das billigere Portfolio B mit dem Wert b. Aus diesem Handel resultiert ein Gewinn in Höhe von $a - b > 0$. Morgen, wenn beide Portfolios den gleichen Wert haben, wird Portfolio B verkauft und Portfolio A zurückgekauft. Diese kostenneutrale Aktion stellt die Ausgangssituation wieder her. Damit bleibt der risikolose Gewinn $a - b$, es entsteht eine Arbitragemöglichkeit. Dies ist ein Widerspruch zum No-Arbitrage-Prinzip.

Lehrziele: Angesichts der beschriebenen Unterrichtsinhalte ergeben sich für den Abschnitt „Erwartungswert- und No-Arbitrage-Prinzip" die folgenden Lehrziele. Die Schüler ...

- ... erläutern diejenigen Faktoren, die den Preis einer Call-Option bzw. Put-Option beeinflussen.

- ... erfassen Arbitrage als ökonomisch unvertretbar und erklären das Entstehen von Arbitragemöglichkeiten bei falschem Optionspreis.

- ... erfassen das No-Arbitrage-Prinzip als Schlüssel für den richtigen Optionspreis und beweisen die Schlussfolgerung aus dem No-Arbitrage-Prinzip.

Unterrichtsmaterialien: Arbeitsblatt 3.

8.2.4   Einperiodenmodell zur Bestimmung des Optionspreises

Mit den Schlussfolgerungen aus dem No-Arbitrage-Prinzip sind die Schüler nun in
der Lage, ein weiteres Modell zur Bestimmung eines fairen Optionspreises zu entwickeln. Dazu erhalten die Schüler die Aufgabe 8.2.9, die die Berechnung des Optionspreises aus dem Eingangsbeispiel zum Ziel hat.

Aufgabe 8.2.9. *Mit dem No-Arbitrage-Prinzip sind wir in der Lage, einen ökonomisch sinnvollen Preis für die Option zu bilden. Die grundlegende Idee folgt dabei
unmittelbar aus dem No-Arbitrage-Prinzip und dessen Schlussfolgerung. Sie lautet:*
**Es ist zu jedem Zeitpunkt und bei jedem Aktienkurs möglich, ein Port-
folio aus x Aktien und Geld in Höhe von y zusammenzustellen, das die
gleiche Wertentwicklung wie die Option aufweist.** *Es ist also ein Portfolio
zu konstruieren, dessen Wert zum Zeitpunkt $t = T$ mit dem Optionspreis C_T übereinstimmt. Dann stimmt nach dem No-Arbitrage-Prinzip auch zum Zeitpunkt $t = 0$
der Wert dieses Portfolios mit dem Optionspreis C_0 überein. Man nennt das entsprechende Portfolio auch Äquivalenzportfolio. Mit dieser grundlegenden Idee soll
im Folgenden der angegebene Optionspreis, der in unserem Ausgangsbeispiel €8,00
betrug, überprüft werden. Gegeben ist eine Call-Option mit einem Ausübungspreis
von $E =$ €110,00 und der folgenden Aktienkursentwicklung:*

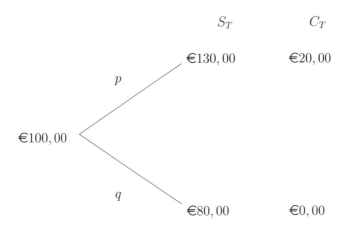

(a) *Konstruieren Sie das entsprechende Äquivalenzportfolio, das unabhängig davon, ob der Aktienkurs steigt oder sinkt, die gleiche Wertentwicklung durch-
macht wie die Option.*

(b) *Bestimmen Sie die Anzahl der in diesem Portfolio enthaltenen Aktien und die
Höhe des Geldbetrages. Zeigen Sie, dass der Optionspreis in diesem Modell
$C_0 =$ €8,00 beträgt.*

(c) In der Realität müssen einerseits Zinsen für Kredite gezahlt werden. Andererseits erhält man Zinsen für Geldeinlagen. Auf dem idealen Markt (und damit in unseren Modellen) wird angenommen, dass der Zinssatz sowohl für Kredite als auch für Geldeinlagen konstant ist. Dies sollte auch in der Berechnung des Optionspreises berücksichtigt werden. Bestimmen Sie den Preis der Option unter der Annahme, dass der Zinssatz, mit dem das Geld angelegt wurde, 3% pro Periode beträgt.

Zur Zeit $t = 0$ stellen wir ein Portfolio aus x Aktien und einem Geldbetrag in Höhe von y zusammen. Der Wert dieses Portfolios zur Zeit T soll – unabhängig von der Kursentwicklung der Aktie – gleich dem Wert der Option zur Zeit T sein. Das folgende Gleichungssystem beschreibt diese Anforderung:

$$130,00x + y = 20,00,$$
$$80,00x + y = 0,00.$$

Dieses Gleichungssystem hat die Lösung $(x; y) = (0,4; -32,00)$. Dies bedeutet: Der Optionskäufer muss 0,4 Aktien kaufen und sich €32,00 leihen. Dieses Portfolio hat zum Zeitpunkt T den gleichen Wert wie die Option. Nach dem No-Arbitrage-Prinzip hat dieses Portfolio auch zum Zeitpunkt $t = 0$ den gleichen Wert wie die Option. Es gilt also

$$C_0 = xS_0 + y.$$

Im Beispiel ergibt sich für den Preis der Call-Option folglich $C_0 = €8,00$. Nehmen wir zusätzlich einen Zinssatz von 3% – bezogen auf eine Periode – an, so erhalten wir das folgende lineare Gleichungssystem

$$130,00x + 1,03y = 20,00,$$
$$80,00x + 1,03y = 0,00,$$

dessen Lösung $(x; y) = (0,4; -31,07)$ ist. Damit erhalten wir $C_0 = €8,93$. Mit der Bestimmung des „richtigen" Optionspreises ist ein weiteres Modell erarbeitet, das es im folgenden Unterricht schrittweise zu verallgemeinern gilt. Es ist offensichtlich, dass in diesem Modell die Wahrscheinlichkeiten p und $1 - p$ der Kursentwicklung der Aktie nicht in den Optionspreis eingehen. Dies ist ein entscheidender Vorteil des No-Arbitrage-Ansatzes. Zur Festigung der Berechnung eines Optionspreises mit dem No-Arbitrage-Prinzip kann die Aufgabe 8.2.10 eingesetzt werden, die die Berechnung des Preises einer Put-Option zum Ziel hat.

Aufgabe 8.2.10. *Gegeben ist eine Put-Option (Ausübungstermin in einem Monat) mit einem Ausübungspreis von $E = €75,00$ und einem Aktienkurs in Höhe von €80,00. Nach einem Monat nimmt der Aktienkurs einen der beiden Werte an: Entweder er ist auf €85,00 gestiegen oder auf €65,00 gesunken. Bestimmen Sie den Optionspreis für diese Put-Option mit dem No-Arbitrage-Prinzip unter der Annahme, dass der Monatszinssatz 0,3% beträgt.*

Mit der gegebenen Aktienkursentwicklung sind nach einem Monat zwei Szenarien möglich: Der Aktienkurs ist auf €85,00 gestiegen. In diesem Fall wird der Optionskäufer die Option nicht ausüben, die Option ist wertlos. Ist der Aktienkurs hingegen auf €65,00 gefallen, wird der Optionskäufer die Option ausüben und seine Aktie zu einem Preis von €75,00 verkaufen. In diesem Fall ist die Option €10,00 wert. Entsprechend ist ein Portfolio (Aktien; Geld)$=(x; y)$ zusammenzustellen, dessen Wert unabhängig von der Aktienkursentwicklung gleich dem Wert der Option ist. Das folgende Gleichungssystem beschreibt diese Anforderung:

$$85,00x + 1,003y = 0,$$
$$65,00x + 1,003y = 10.$$

Dieses Gleichungssystem hat die Lösung $(x; y) = (-0, 5; 42, 37)$. Das entsprechende Portfolio hat zum Zeitpunkt T den gleichen Wert wie die Put-Option. Nach dem No-Arbitrage-Prinzip hat dieses Portfolio auch zur Zeit $t = 0$ den gleichen Wert P_0 wie die Put-Option. Es gilt also

$$P_0 = xS_0 + y.$$

Mit $S_0 = $ €$80, 00$ ergibt sich für den Preis der Put-Option folglich $P_0 = $ €$2, 37$. Nach der Bestimmung von Optionspreisen mittels No-Arbitrage-Prinzip anhand von Beispielen wird anschließend das allgemeine Einperiodenmodell mithilfe der Aufgabe 8.2.11 von den Schülern selbstständig entwickelt.

Aufgabe 8.2.11. *Gegeben ist eine Call-Option mit Ausübungspreis E. Der Aktienkurs zum Zeitpunkt t = 0 beträgt S_0, der Zinsfaktor für die Periode sei r und der Optionspreis zur Zeit t = 0 sei C_0. Die beiden möglichen Werte für C_T zum Zeitpunkt der Ausübung t = T werden allgemein mit c_u und c_d bezeichnet. Die Abbildung 8.8 zeigt die Kursentwicklung der Aktie und der Option im allgemeinen Einperiodenmodell.*

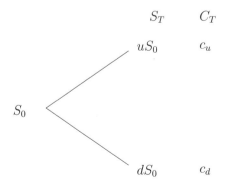

Abb. 8.8: Kursentwicklung einer Aktie im allgemeinen Einperiodenmodell

(a) Geben Sie an, welche Werte c_u und c_d zum Zeitpunkt $t = T$ annehmen können.

(b) Entwickeln Sie die allgemeine Formel zur Berechnung des Preises einer beliebigen Call-Option mithilfe des No-Arbitrage-Ansatzes.

(c) Um einen fairen Optionspreis C_0 bestimmen zu können, müssen die Kursentwicklungen der zugrunde liegenden Aktien bereits heute bekannt sein. Dies ist im Rahmen von Modellen möglich. Erläutern Sie ein mögliches Modell zur Bestimmung von u bzw. d und damit verbunden ein Modell für die künftige Aktienkursentwicklung.

Für die möglichen Preise der Option zum Zeitpunkt der Ausübung $t = T$ gilt:

$$c_u = \begin{cases} uS_0 - E, & \text{falls } uS_0 > E, \\ 0, & \text{falls } uS_0 \leq E, \end{cases} \quad \text{und} \quad c_d = \begin{cases} dS_0 - E, & \text{falls } dS_0 > E, \\ 0, & \text{falls } dS_0 \leq E. \end{cases}$$

Um den Preis der Call-Option zum Zeitpunkt $t = 0$ zu bestimmen, wird ein Portfolio aus x Aktien und Geld in einer Höhe von y zusammengestellt, das unabhängig von der Aktienkursentwicklung während der betrachteten Zeit gleich viel wert ist wie die Option. Der Wert des Portfolios entspricht zum Zeitpunkt $t = 0$ dem Optionspreis und beträgt

$$C_0 = xS_0 + y.$$

Steigt der Aktienkurs, so hat das Portfolio zum Zeitpunkt $t = T$ den Wert $xuS_0 + ry$, fällt hingegen der Aktienkurs, hat das Portfolio den Wert $xdS_0 + ry$. Da das Portfolio und die Option zum Zeitpunkt $t = T$ nach dem No-Arbitrage-Prinzip den gleichen Wert besitzen, muss das konstruierte Portfolio dem folgenden Gleichungssystem genügen:

$$xuS_0 + ry = c_u,$$
$$xdS_0 + ry = c_d.$$

Das Gleichungssystem besitzt die eindeutige Lösung

$$(x; y) = \left(\frac{c_u - c_d}{(u - d)S_0} ; \frac{uc_d - dc_u}{(u - d)r} \right).$$

Das Portfolio setzt sich also aus $\frac{c_u - c_d}{(u-d)S_0}$ Aktien und einem Geldbetrag in Höhe von $\frac{uc_d - dc_u}{(u-d)r}$ zusammen. Daraus lässt sich der Wert der Option zum Zeitpunkt $t = 0$ bestimmen:

$$C_0 = \frac{c_u - c_d}{(u - d)S_0}S_0 + \frac{uc_d - dc_u}{(u - d)r} = \frac{(r - d)c_u + (u - r)c_d}{(u - d)r}.$$

Damit ist der Optionspreis im allgemeinen Einperiodenmodell für eine Call-Option entwickelt. Zusammenfassend lässt sich der folgende Satz formulieren.

Der Preis C_0 einer Call-Option zur Zeit $t = 0$ beträgt im Einperiodenmodell

$$C_0 = \frac{(r-d)c_u + (u-r)c_d}{(u-d)r}. \qquad (8.1)$$

Das Äquivalenzportfolio besteht aus $\frac{c_u - c_d}{(u-d)S_0}$ Aktien und $\frac{uc_d - dc_u}{(u-d)r}$ Geld.

Um Optionen heute bewerten zu können, sind Kenntnisse über eine mögliche Kursentwicklung der zugrunde liegenden Aktie notwendig, da diese den Preis der Option beeinflusst. Auch hierbei ist es wichtig, dass die entgegengesetzten Vorstellungen des Optionskäufers und des Optionsverkäufers unberücksichtigt bleiben. Welche Möglichkeiten gibt es für die Absteckung des Kursrahmens? Die allgemeine Situation in der Abbildung 8.8 ist das Random-Walk-Modell zur Absteckung eines Kursrahmens aus Kapitel 1.9, das die Schüler aus einer der Unterrichtseinheiten „Statistik der Aktienmärkte" (vgl. Kapitel 6) bzw. „Die zufällige Irrfahrt einer Aktie" (vgl. Kapitel 7) bereits kennen.[2] Dabei werden für $u = e^{\overline{L}+s_L}$ und $d = e^{\overline{L}-s_L}$ gewählt, wobei $\overline{L}$ das arithmetische Mittel der logarithmischen Renditen (Drift) und s_L die empirische Standardabweichung der logarithmischen Renditen (Volatilität) bezeichnen.

Auf gleichem Weg kann zur Vertiefung der Preis einer Put-Option im allgemeinen Einperiodenmodell hergleitet werden. Es gilt:

Der Preis P_0 einer Put-Option zur Zeit $t = 0$ beträgt im Einperiodenmodell

$$P_0 = \frac{(r-d)p_u + (u-r)p_d}{(u-d)r}.$$

Dabei geben p_u und p_d die beiden möglichen Werte an, die die Put-Option zum Zeitpunkt $t = T$ annehmen kann. Für p_u und p_d gilt:

$$p_u = \begin{cases} 0, & \text{falls } uS_0 \geq E, \\ E - uS_0, & \text{falls } uS_0 < E, \end{cases} \quad \text{und} \quad p_d = \begin{cases} 0, & \text{falls } dS_0 \geq E, \\ E - dS_0, & \text{falls } dS_0 < E. \end{cases}$$

Das Äquivalenzportfolio besteht aus $\frac{p_u - p_d}{(u-d)S_0}$ Aktien und $\frac{up_d - dp_u}{(u-d)r}$ Geld.

Nach der Erarbeitung des allgemeinen Einperiodenmodells schließt sich eine weitere Vertiefungsphase an, in der u. a. die Aufgaben 8.2.12 und 8.2.13 einsetzbar sind.

---

[2] Wurde das Random-Walk-Modell im bisherigen Unterricht nicht behandelt, so ist es an dieser Stelle einzuführen. Entsprechende Unterrichtsvorschläge zum Random-Walk-Modell sind in den Abschnitten 6.3.2 und 7.3.3 nachzulesen.

Aufgabe 8.2.12. *Zeigen Sie, dass im Einperiodenmodell zur Bestimmung des Preises einer Call-Option immer $d \leq r \leq u$ gelten muss, wenn Arbitrage ausgeschlossen werden soll.*

Wir nehmen an, dass die Ungleichung nicht gelte. Wäre $r < d$, leiht man sich zum Zeitpunkt $t = 0$ einen Betrag in Höhe von S_0, mit dem eine Aktie gekauft wird. Zum Zeitpunkt $t = T$ wird die Aktie mindestens zum Kurs von dS_0 verkauft und man zahlt den Kredit mit Zinsen zurück. Wegen $r < d$ gilt $rS_0 < dS_0$. Es ergibt sich ein risikoloser Gewinn von $(d - r)S_0 > 0$, der laut dem No-Arbitrage-Prinzip ausgeschlossen ist. Es gilt folglich $d \leq r$. Wäre $u < r$, dann leiht man sich zum Zeitpunkt $t = 0$ eine Aktie und verkauft diese sofort wieder. Den Erlös in Höhe von S_0 legt man an. Zum Zeitpunkt $t = T$ erhält man aus seiner Anlage einen Betrag in Höhe von rS_0, man kauft die Aktie höchstens zum Kurs von uS_0 und gibt diese zurück. Wegen $u < r$ gilt $uS_0 < rS_0$, es bleibt ein risikoloser Gewinn von $(r - u)S_0 > 0$. Dies ist ein Widerspruch zur Forderung nach No-Arbitrage, es folgt $r \leq u$.

Bemerkung: Im Folgenden nehmen wir darüber hinaus an, dass sogar $d < u$ ist, so dass stets gilt $dS_0 < uS_0$. Damit garantieren wir im Einperiodenmodell zwei verschiedene Werte für die mögliche Kursentwicklung.

Aufgabe 8.2.13. *Zeigen Sie, dass im Einperiodenmodell zur Bestimmung von Call-Optionspreisen für die Anzahl der Aktien x und den Betrag des Geldes y stets $x \geq 0$ und $y \leq 0$ gilt.*

Für die Anzahl der im Portfolio enthaltenen Aktien gilt $x = \frac{c_u - c_d}{(u - d)S_0}$. Aus der Ungleichung $d < u$ folgt $(u - d)S_0 > 0$. Wie sieht die Differenz $c_u - c_d$ aus? Für $(c_u; c_d)$ sind die Kombinationen $(uS_0 - E; dS_0 - E)$, $(uS_0 - E; 0)$ und $(0; 0)$ möglich. Somit sind $c_u \geq c_d$ und $c_u - c_d \geq 0$. Folglich ist x nicht negativ. Für die Höhe des Geldbetrages im Portfolio gilt $y = \frac{uc_d - dc_u}{(u - d)r}$. Aus $d < u$ folgt $(u - d)r > 0$. Wie sieht die Differenz $uc_d - dc_u$ aus? Das Einsetzen der drei möglichen Fälle für $(c_u; c_d)$ und elementare Umformungen zeigen, dass $uc_d - dc_u \leq 0$. Folglich ist y nicht positiv. Analog lässt sich zeigen, dass im Einperiodenmodell zur Bestimmung des Put-Optionspreises für die Anzahl der Aktien x und den Betrag des Geldes y stets $x \leq 0$ und $y \geq 0$ gilt.

Den Abschluss der Behandlung des Einperiodenmodells sollte eine kritische Auseinandersetzung mit dem Einperiodenmodell bilden. Da die zugrunde gelegte Kursentwicklung auf dem Random-Walk-Modell basiert, sind zunächst die in diesem Modell angeführten Probleme gleichzeitig Kritikpunkte im Einperiodenmodell. Die größte Schwäche des Einperiodenmodells wird offensichtlich, wenn das Intervall $[0; T]$ sehr lang, z. B. ein Jahr, wird. Die Kursschwankungen der Aktie innerhalb der Zeit T werden nicht erfasst. Diesem Problem kann entgegengewirkt werden, indem man das Intervall $[0; T]$ in kleinere Teilintervalle zerlegt. In jedem dieser Teilintervalle kann mit dem Einperiodenmodell gearbeitet werden. Wie dies erfolgt, soll im folgenden Unterrichtsabschnitt erarbeitet werden.

Lehrziele: Angesichts der beschriebenen Unterrichtsinhalte ergeben sich für den Abschnitt „Einperiodenmodell zur Bestimmung des Optionspreises" die folgenden Lehrziele. Die Schüler ...

- ... wenden die Schlussfolgerungen aus dem No-Arbitrage-Prinzip zur Berechnung eines Optionspreises sowohl für Call- als auch für Put-Optionen an.

- ... entwickeln selbstständig das allgemeine Einperiodenmodell für die Bestimmung der Preise von Call-Optionen und Put-Optionen.

- ... beweisen, dass im Falle von Arbitrage-Freiheit $d \leq r \leq u$ gilt.

- ... erläutern Kritikpunkte am Einperiodenmodell zur Bestimmung von Optionspreisen und formulieren Verbesserungsvorschläge.

Unterrichtsmaterialien: Arbeitsblatt 4.

8.2.5 Binomialmodell

In diesem Unterrichtsabschnitt soll das Prinzip des Binomialmodells anhand von Beispielen für verschiedene Anzahlen von Perioden erarbeitet werden. Eine Verallgemeinerung des Binomialmodells ist im Basismodul nicht vorgesehen. Hier wird auf das Ergänzungsmodul „Binomialformel" (Abschnitt 8.3.1) verwiesen. Den Einstieg in diesen Abschnitt bildet die Aufgabe 8.2.14, in der die Schüler unter Ausnutzung des Einperiodenmodells eine Strategie zur Bestimmung von Optionspreisen im 2-Perioden-Binomialmodell entwickeln sollen.

Aufgabe 8.2.14. *Eine Call-Option auf eine BMW-Aktie mit dem Ausübungspreis $E = €34,00$ und Verfallstermin August 08 kostete am 23.06.08 an der EUREX €1,02. Der Aktienkurs lag zur gleichen Zeit bei $S_0 = €32,35$. Der Monatszinssatz betrage 0,3%. In der Abbildung 8.9 ist die künftige Aktienkursentwicklung im Random-Walk-Modell mit zwei Perioden dargestellt ($u = 1{,}0859$, $d = 0{,}9459$).*

Entwickeln Sie eine mögliche Strategie, wie der Optionspreis der beschriebenen Option bestimmt werden kann und berechnen Sie diesen.

Der Baum des 2-Perioden-Binomialmodells ist aus drei Bäumen von Einperiodenmodellen zusammengesetzt. In jedem dieser Einperiodenmodelle können wir den Optionspreis am Anfang der Periode berechnen. Darüber hinaus lässt sich der Preis der Option zum Ausübungszeitpunkt (18.08.08) leicht bestimmen. Die Strategie zur Berechnung des Optionspreises C_0 zum Zeitpunkt $t = 0$ wird folglich das Rückwärtsarbeiten sein. Der Baum des 2-Perioden-Binomialmodells wird in Bäume des Einperiodenmodells zerlegt.

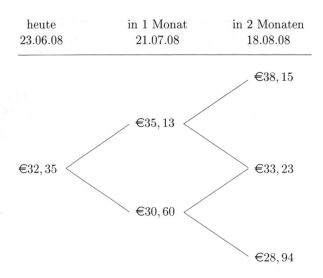

Abb. 8.9: Künftige Aktienkursentwicklung der BMW-Aktie im Random-Walk-Modell

Mit der bereits bekannten Formel für die Bestimmung von Optionspreisen im Ein-periodenmodell werden die so genannten Zwischenpreise zum Zeitpunkt $t = \frac{T}{2}$ (21.07.08) bestimmt, aus denen der Preis C_0 zum Zeitpunkt $t = 0$ berechnet wird. Die Abbildung 8.10 verdeutlicht die bisherigen Erläuterungen.

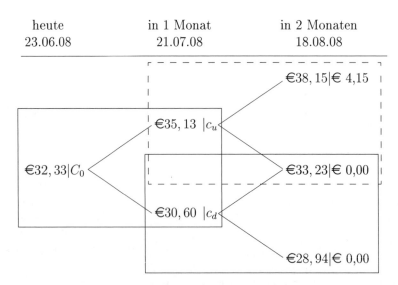

Abb. 8.10: Zerlegung des Baums des 2-Perioden-Binomialmodells in Bäume von Einperiodenmodellen

Um das Rückwärtsarbeiten zu demonstrieren, wählen wir den gestrichelten Ausschnitt in Abbildung 8.10. Dieser stellt ein Einperiodenmodell dar, auf das die Formel (8.1) angewendet wird. Für den Zwischenpreis c_u gilt demzufolge

$$c_u = \frac{(1,003 - 0,9459) \cdot 4,15 + (1,0859 - 1,003) \cdot 0}{(1,0859 - 0,9459) \cdot 1,003} = 1,69.$$

Analog wird mit den anderen Teilbäumen verfahren. Der zweite Zwischenpreis c_d beträgt €0,00, er kann auch ohne Rechnung angegeben werden. Die Option ist am 18.08.08 auf jeden Fall €0,00 wert, unabhängig davon, ob der Aktienkurs steigt oder sinkt. Diese „Wertentwicklung" ist dadurch nachzuvollziehen, dass das Äquivalenzportfolio aus 0 Aktien und keinem Geld besteht. Der Optionspreis C_0 lässt sich aus c_u und c_d gemäß der Formel (8.1) berechnen, es gilt:

$$C_0 = \frac{(1,003 - 0,9459) \cdot 1,69 + (1,0859 - 1,003) \cdot 0}{(1,0859 - 0,9459) \cdot 1,003} = 0,69.$$

Im 2-Perioden-Binomialmodell beträgt der Optionspreis der Aktie €0,69.

Mit der Erarbeitung des Prinzips zur Bestimmung von Optionspreisen im 2-Perioden-Binomialmodell sind die Schüler nun in der Lage, auch Optionspreise im Binomialmodell mit einer beliebigen Anzahl von Perioden zu berechnen. Es schließt sich eine Übungsphase an, in der z. B. die Aufgabe 8.2.15 eingesetzt werden kann, die u. a. den Einfluss der Volatilität auf den Optionspreis aufzeigt und gleichzeitig die Anwendung des Random-Walk-Modells wiederholt.

Aufgabe 8.2.15. *Eine Call-Option auf eine Thyssenkrupp-Aktie mit dem Ausübungspreis $E = $€40,00 und Verfallstermin September 08 kostete am 20.06.08 an der EUREX €3,82. Der Aktienkurs lag zur gleichen Zeit bei $S_0 = $€41,64. Der Monatszinssatz betrage 0,275%.*

(a) *Bestimmen Sie den Optionspreis der Call-Option auf eine Thyssenkrupp-Aktie im 3-Perioden-Binomialmodell unter der Annahme, dass das arithmetische Mittel der logarithmischen Renditen $\overline{L} = 0{,}0119$, die Standardabweichung der logarithmischen Renditen $s_L = 0{,}0777$ betragen.*

(b) *Die Abbildung 8.11 zeigt die künftige Aktienkursentwicklung im Random-Walk-Modell unter der Annahme, dass das arithmetische Mittel der logarithmischen Renditen $\overline{L} = 0{,}0119$ und die Standardabweichung der logarithmischen Renditen $s_L = 0{,}0977$ betragen. Bestimmen Sie für diese angenommene Aktienkursentwicklung erneut den Optionspreis der Call-Option auf eine Thyssenkrupp-Aktie im 3-Perioden-Binomialmodell.*

(c) *Erläutern Sie den Einfluss der Volatilität auf den Optionspreis im Vergleich der Ergebnisse aus den Aufgaben (a) und (b).*

heute 20.06.08	in 1 Monat 18.07.08	in 2 Monaten 16.08.08	in 3 Monaten 16.09.08
			€ 54,48
		€ 49,81	
	€ 45,54		€ 46,64
€ 41,64		€ 42,64	
	€ 38,99		€ 39,93
		€ 36,51	
			€ 34,18

Abb. 8.11: Künftige Aktienkursentwicklung der Thyssenkrupp-Aktie im Random-Walk-Modell ($S_0 = €41{,}64$, $\overline{L} = 0{,}0119$, $s_L = 0{,}0977$)

In der Teilaufgabe (a) wird zunächst mit dem Random-Walk-Modell ein Kursrahmen für die Aktienkursentwicklung der nächsten drei Monate abgesteckt. Dazu wird die Zeit in 3 Perioden à einem Monat unterteilt. Nach jedem Monat kann der Aktienkurs zwei Werte annehmen: Entweder er ist um $u = e^{0,0119+0,0777} = 1,0937$ gestiegen oder um $d = e^{0,0119-0,0777} = 0,9363$ gesunken. Durch Zerlegung des entstandenen Baumes in sechs Teilbäume und Rückwärtsarbeiten entsprechend dem Vorgehen im 2-Perioden-Binomialmodell wird der Preis der Option über die Berechnung von Zwischenpreisen bestimmt. Die Abbildung 8.12 zeigt die künftige Entwicklung der Thyssenkrupp-Aktie in einem Random-Walk-Modell mit drei Perioden sowie die Zwischenpreise und den Preis der Option zum Zeitpunkt der Bewertung. Der gesuchte Optionspreis beträgt €2,49. Die Rechnungen wurden dabei mit Excel ausgeführt. Daher erfolgten die Rechnungen mit den genauen Werten, erst am Ende wurden der angegebene Preis und die Zwischenpreise auf zwei Nachkommastellen gerundet.

Analog wird der Optionspreis in Aufgabe (b) berechnet, wobei hier bereits die künftige Aktienkursentwicklung im Random-Walk-Modell mit drei Perioden gegeben ist. Die Abbildung 8.13 zeigt das 3-Perioden-Binomialmodell mit den Zwischenpreisen sowie dem Preis der entsprechenden Call-Option zum Bewertungszeitpunkt. Der Preis der Option beträgt €3,13.

Wir fassen die Ergebnisse der Aufgaben (a) und (b) zusammen: Bei einer Volatilität von $s_L = 0,0777$ beträgt der Optionspreis auf eine Thyssenkrupp-Aktie €2,49, bei einer Volatilität von $s_L = 0,0977$ beträgt er €3,13. Eine größere Volatilität führt zu einem höheren Optionspreis. Dies haben wir bereits aus ökonomischer Sicht begründet, nun aber auch an einem Beispiel mathematisch nachvollzogen. Die Volatilität nimmt eine Art sichernde Rolle in der Berechnung von Optionspreisen ein. In der Regel liegen die berechneten Optionspreise unter den am Markt zu zahlenden Preisen. Durch eine „vorsichtigere Berechnungsgrundlage" sichern sich Banken bei der Bestimmung von Optionspreisen ab.

heute	in 1 Monat	in 2 Monaten	in 3 Monaten
20.06.08	18.07.08	16.08.08	16.09.08
			€ 54,48
			€ 12,84
		€ 49,81	
		€ 8,28	
	€ 45,54		€ 46,64
	€ 4,70		€ 5,00
€ 41,64		€ 42,64	
€ 2,49		€ 2,10	
	€ 38,99		€ 39,93
	€ 0,89		€ 0,00
		€ 36,51	
		€ 0,00	
Aktienkurs			€ 34,18
Optionspreis			€ 0,00

Abb. 8.12: Beispiel 1 für ein 3-Perioden-Binomialmodell zur Bestimmung des Preises einer Call-Option

heute	in 1 Monat	in 2 Monaten	in 3 Monaten
18.06.06	19.07.06	19.08.06	19.09.06
			€ 57,85
			€ 16,21
		€ 51,85	
		€ 10,32	
	€ 46,46		€ 47,58
	€ 5,86		€ 5,94
€ 41,64		€ 42,64	
€ 3,13		€ 2,54	
	€ 38,22		€ 39,14
	€ 1,09		€ 0,00
		€ 35,07	
		€ 0,00	
Aktienkurs			€ 32,19
Optionspreis			€ 0,00

Abb. 8.13: Beispiel 2 für ein 3-Perioden-Binomialmodell zur Bestimmung des Preises einer Call-Option

Da der Aufwand zur Berechnung von Optionspreisen mit steigender Anzahl von Perioden immer höher wird, sollte sich, sofern kein Computereinsatz möglich ist, im Unterricht nur auf wenige Beispiele mit einer geringen Periodenanzahl beschränkt werden. Der Unterrichtsabschnitt endet mit einer kritischen Auseinandersetzung mit dem Binomialmodell zur Bestimmung von Optionspreisen. Da der Berechnung das Random-Walk-Modell zur Modellierung künftiger Aktienkurse zugrunde liegt, sind die Vor- und Nachteile beider Modelle identisch. Als Vorteil des Modells ist insbesondere die einfache Handhabung zu nennen, da lediglich die Parameter u und d bestimmt werden müssen. Als kritisch hingegen sind folgende Punkte zu bewerten:

- Das modellierte Aktienkursgeschehen ist bei sehr großen Perioden fern von der Realität, da sich der Aktienkurs nicht nur am Ende einer Periode (z. B. am Ende einer Woche), sondern auch dazwischen (z. B. an den einzelnen Tagen dieser Woche) ändert.

- Die Parameter u und d werden als zeitlich konstant betrachtet. Neue Kursinformationen bleiben unberücksichtigt. Dies ist insbesondere problematisch, wenn über sehr lange Zeiträume „Prognosen" getätigt werden.

- Der Rechenaufwand wird mit zunehmender Anzahl von Perioden sehr groß.

- Aus Daten der Vergangenheit werden „Prognosen" für die Zukunft abgeleitet. Firmenrelevante Daten (Insiderwissen) und unvorhersehbare Ereignisse (z. B. Anschlag auf das World Trade Center) werden in diesem Modell nicht berücksichtigt.

Lehrziele: Angesichts der beschriebenen Unterrichtsinhalte ergeben sich für den Abschnitt „Binomialmodell" die folgenden Lehrziele. Die Schüler ...

- ... bestimmen Optionspreise von Call-Optionen (und Put-Optionen) im n-Perioden-Modell durch Rückwärtsarbeiten im Binomialbaum.

- ... reflektieren die zentralen Annahmen des Modells sowie deren Schlussfolgerungen und beurteilen das Modell kritisch.

Arbeitsmaterialien: Arbeitsblatt 5.

8.3 Die Ergänzungsmodule

8.3.1 Binomialformel

Dieser Abschnitt ist mathematisch anspruchsvoller als die Abschnitte des Basismoduls, da durchgehend formal gerechnet wird. Daher sollte die Herleitung der allgemeinen Binomialformel nur in interessierten Schülergruppen erfolgen. Zum Einstieg in die Erarbeitung der Binomialformel erhalten die Schüler mit Aufgabe 8.3.1 den Auftrag, eine allgemeine Formel für das 2-Perioden-Binomialmodell zu entwickeln.

Aufgabe 8.3.1. *Die Abbildung 8.14 zeigt das allgemeine 2-Perioden-Binomialmodell. Bestimmen Sie eine allgemeine Binomialformel zur Berechnung des Preises einer Call-Option im 2-Perioden-Binomialmodell. Dabei seien E der Ausübungspreis, T der Zeitpunkt der letztmöglichen Ausübung, S_0 der Aktienkurs der zugrunde liegenden Aktie zum Zeitpunkt $t = 0$, c_{u^2}, c_{ud} sowie c_{d^2} die möglichen Werte der Option zum Zeitpunkt $t = T$ und c_u und c_d die möglichen Werte der Option zum Zeitpunkt $t = \frac{T}{2}$. Der Zinsfaktor pro Periode betrage r.*

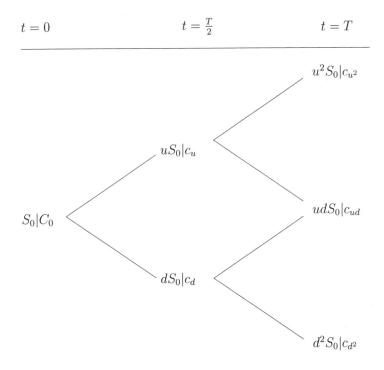

Abb. 8.14: Allgemeines 2-Perioden-Binomialmodell

Der Preis einer Call-Option im 2-Perioden-Binomialmodell lässt sich durch Rückwärtsarbeiten bestimmen. Dazu wird der Baum des 2-Perioden-Binomialmodells wie in den bisherigen Beispielen in drei Bäume von Einperiodenmodellen zerlegt. In jedem Einperiodenmodell lässt sich der Optionspreis am Anfang der Periode berechnen. Die Preise der Option zum Zeitpunkt $t = T$ lassen sich ganz leicht bestimmen. Es gilt z. B.

$$c_{d^2} = \begin{cases} d^2 S_0 - E, & \text{falls } d^2 S_0 > E, \\ 0, & \text{falls } d^2 S_0 \leq E. \end{cases}$$

Analog werden c_{u^2} und c_{ud} bestimmt. Aus c_{u^2} und c_{ud} wird mit dem uns bereits bekannten Einperiodenmodell der erste so genannte Zwischenpreis c_u berechnet, aus c_{d^2} und c_{ud} der zweite Zwischenpreis c_d. Es gilt:

$$c_u = \frac{(r - d)c_{u^2} + (u - r)c_{ud}}{(u - d)r} \quad \text{und} \quad c_d = \frac{(r - d)c_{ud} + (u - r)c_{d^2}}{(u - d)r}.$$

Mit den bestimmten Zwischenwerten c_u und c_d erhalten wir

$$C_0 = \frac{(r - d)^2 c_{u^2} + 2(r - d)(u - r)c_{ud} + (u - r)^2 c_{d^2}}{(u - d)^2 r^2}.$$

Für die weitere Herleitung von Optionspreisen im n-Perioden-Binomialmodell definieren wir uns p und q wie folgt

$$p := \frac{r - d}{u - d} \quad \text{und} \quad q := \frac{u - r}{u - d}.$$

Mit p und q lässt sich der Preis einer Call-Option im 2-Perioden-Binomialmodell wie folgt verkürzt schreiben:

> Der Preis C_0 einer Call-Option auf eine Aktie beträgt im 2-Perioden-Binomialmodell
> $$C_0 = \frac{1}{r^2}\left(p^2 c_{u^2} + 2pq c_{ud} + q^2 c_{d^2}\right).$$

Im nächsten Schritt werden die Schüler aufgefordert, die allgemeine Formel zur Berechnung des Preises einer Call-Option im 3-Perioden-Binomialmodell (siehe Abbildung 8.15) herzuleiten, um eine mögliche Struktur, die notwendig zur Angabe einer Formel im n-Perioden-Binomialmodell ist, zu erkennen. Zur Bestimmung des Preises der Call-Option wird der Baum des 3-Perioden-Binomialmodells in zwei Bäume von 2-Perioden-Binomialmodellen und einen Baum des Einperiodenmodells zerlegt. Zunächst werden die Zwischenpreise c_u und c_d mit der Binomialformel für das 2-Perioden-Binomialmodell berechnet.

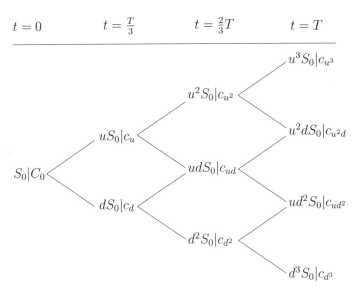

Abb. 8.15: Allgemeines 3-Perioden-Binomialmodell zur Bestimmung des Preises einer Call-Option

Aus diesen Zwischenpreisen erhält man den Preis C_0 einer Call-Option im 3-Perioden-Binomialmodell.

Der Preis C_0 einer Call-Option auf eine Aktie beträgt im 3-Perioden-Binomialmodell

$$C_0 = \frac{1}{r^3}(p^3 c_{u^3} + 3p^2 q c_{u^2 d} + 3pq^2 c_{ud^2} + q^3 c_{d^3}).$$

Im Anschluss an die Erarbeitung der allgemeinen Formeln zur Bestimmung eines Optionspreises im 2- bzw. 3-Perioden-Binomialmodell werden die Schüler aufgefordert, die Struktur der Formel zu erläutern. Es ist zu erkennen, dass alle Formeln die folgende Grundstruktur besitzen:

$$C_0 = \frac{1}{r^n} \sum_{i=0}^{n} K_i p^i q^{n-i} c_{u^i d^{n-i}},$$

wobei n die Anzahl der Perioden und i die Anzahl der Aufwärtsbewegungen der Aktie ist. K_i ist ein noch näher zu bestimmender Faktor, der die Anzahl der Pfade angibt, die von S_0 nach $u^i d^{n-i} S_0$ führen. Es sind also alle die Wege auszuwählen, die in n Perioden insgesamt i Schritte nach oben und $n - i$ Schritte nach unten gehen. Dies entspricht gerade dem Problem, aus einer n-elementigen Menge genau i Elemente auszuwählen. Dafür gibt es $\binom{n}{i}$ Möglichkeiten. Mit $K_i = \binom{n}{i}$ ergibt sich für den Preis einer Call-Option im n-Perioden-Binomialmodell.

Der Preis C_0 einer Call-Option auf eine Aktie beträgt im n-Perioden-Binomial-modell

$$C_0 = \frac{1}{r^n} \sum_{i=0}^{n} \binom{n}{i} p^i q^{n-i} c_{u^i d^{n-i}}$$

mit

$$c_{u^i d^{n-i}} = \begin{cases} u^i d^{n-i} S_0 - E, & \text{falls } u^i d^{n-i} S_0 > E, \\ 0, & \text{falls } u^i d^{n-i} S_0 \leq E. \end{cases}$$

Erkennen die Schüler die Struktur der allgemeinen Binomialformel anhand der For-meln für das allgemeine 2- und 3-Perioden-Binomialmodell noch nicht, ist es sinnvoll, die Schüler weitere Formeln, z. B. für das allgemeine 4- und 5-Perioden-Binomialmo-dell entwickeln zu lassen. Steht nicht genügend Zeit zur Verfügung, kann der Leh-rer die entsprechenden Formeln auch vorgeben. Mit der Herleitung der allgemeinen Binomialformel für die Bestimmung des Preises einer Call-Option kann dieser Ab-schnitt abgeschlossen werden. Ist noch genügend Zeit vorhanden, ist zusätzlich die Erarbeitung einer anderen Darstellung dieser Binomialformel möglich. Diese zwei-te Darstellung berücksichtigt die Tatsache, dass alle Summanden 0 sind, bei denen der Aktienkurs am Ende der Ausübungsfrist kleiner als der Ausübungspreis ist. Ab-schließend wird das Ergebnis der Herleitung zusammengefasst.

Der Preis C_0 einer Call-Option auf eine Aktie beträgt im n-Perioden-Binomial-modell

$$C_0 = S_0 \left[\sum_{i=a}^{n} \binom{n}{i} (p')^i (q')^{n-i} \right] - \frac{E}{r^n} \left[\sum_{i=a}^{n} \binom{n}{i} p^i q^{n-i} \right].$$

Dabei sind

$$a = \left\lceil \frac{\ln\left(\frac{E}{d^n S}\right)}{\ln\left(\frac{u}{d}\right)} \right\rceil, \quad p = \frac{r-d}{u-d}, \quad q = 1-p, \quad p' = \frac{pu}{r}, \quad q' = 1 - p'.$$

Hierbei bedeutet $\lceil x \rceil$ die nächstgrößere ganze Zahl, die auf x folgt.

Da bereits im Unterrichtsabschnitt „Binomialmodell" (Kapitel 8.2.5) genügend Op-tionspreise berechnet wurden sowie eine kritische Auseinandersetzung mit dem der Binomialformel zugrunde liegenden Binomialmodell stattfand, wird hier darauf ver-zichtet. Zur Vertiefung könnte die allgemeine Binomialformel zur Bestimmung von Put-Optionspreisen hergeleitet werden. Da dies keine neuen Erkenntnisse bringt, kann der Lehrer diese Formel der Vollständigkeit halber den Schülern vorgeben.

Der Preis P_0 einer Put-Option auf eine Aktie beträgt im n-Perioden-Binomialmodell

$$P_0 = \frac{E}{r^n}\left[\sum_{i=0}^{a-1}\binom{n}{i}p^i q^{n-i}\right] - S_0\left[\sum_{i=0}^{a-1}\binom{n}{i}(p')^i (q')^{n-i}\right].$$

Dabei sind

$$a = \left\lceil\frac{\ln\left(\frac{E}{d^n S}\right)}{\ln\left(\frac{u}{d}\right)}\right\rceil,\quad p = \frac{r-d}{u-d},\quad q = 1-p,\quad p' = \frac{pu}{r},\quad q' = 1-p'.$$

Hierbei bedeutet $\lceil x\rceil$ die nächstgrößere ganze Zahl, die auf x folgt.

Lehrziele: Angesichts der beschriebenen Unterrichtsinhalte ergeben sich für den Abschnitt „Binomialformel" die folgenden Lehrziele. Die Schüler ...

– ... entwickeln die allgemeinen Formeln zur Bestimmung des Preises von Call-Optionen im 2-Perioden-Binomialmodell und im 3-Perioden-Binomialmodell.

– ... erfassen die Struktur der Binomialformel im 2-Perioden-Binomialmodell und 3-Perioden-Binomialmodell und ziehen daraus Schlüsse für die allgemeine Binomialformel im n-Perioden-Binomialmodell für Call-Optionen.

– ... erarbeiten eine weitere Darstellung der Binomialformel, in der berücksichtigt wird, dass ein Teil der Summanden verschwindet.

– ... kennen die allgemeine Binomialformel im n-Perioden-Binomialmodell zur Bestimmung von Put-Optionspreisen und wenden diese an.

Unterrichtsmaterialien: Arbeitsblatt 6.

8.3.2 Black-Scholes-Formel

Das Black-Scholes-Modell wurde 1973 von Fischer Black (1938–1995) und Myron Scholes (geb. 1941) nach zweimaliger Ablehnung durch reputierte Zeitschriften erstmalig veröffentlicht und gilt als ein Meilenstein der Finanzmathematik. Etwa zeitgleich präsentierte Robert C. Merton (geb. 1944) das gleiche Modell in einer anderen Veröffentlichung. Die Bedeutung dieses Modells wird u. a. dadurch unterstrichen, dass mit Merton und Scholes die Entwickler[3] dieses Modells 1997 mit dem Nobelpreis für Wirtschaftswissenschaften ausgezeichnet wurden. Das Black-Scholes-Modell hat den Vorteil, dass es das Börsengeschehen realistischer nachbildet als das Binomialmodell.

---

[3]Fischer Black war zu diesem Zeitpunkt bereits verstorben und wurde postum geehrt.

Für das Verständnis des Black-Scholes-Modells sind jedoch Kenntnisse notwendig, die weit über das Schulwissen hinausgehen. Zwischen dem Binomialmodell und dem Black-Scholes-Modell gibt es eine enge Verbindung. Durch Erhöhung der Anzahl der Perioden im Binomialmodell wird die Periodendauer $\frac{T}{n}$ immer kleiner. Im Grenzübergang $n \to \infty$ und damit verbunden $\frac{T}{n} \to 0$ geht die diskrete Einteilung der Zeit des Binomialmodells in die gleichmäßige Zeiteinteilung des Black-Scholes-Modells über. Unter gewissen Voraussetzungen konvergiert bei diesem Grenzübergang die Binomialformel gegen die Black-Scholes-Formel. Aufgrund der fehlenden Kenntnisse wird im Unterricht die Black-Scholes-Formel lediglich angegeben und angewendet, nicht aber hergeleitet und begründet. Für die Herleitung der Black-Scholes-Formel aus der Binomialformel können interessierte Schüler auf ADELMEYER/WARMUTH 2003 (S. 140ff.) verwiesen werden. Zur Motivation der Einführung der Black-Scholes-Formel kann zunächst ein Zeitungsartikel, der die Verleihung des Nobelpeises für Ökonomie an Merton und Scholes thematisiert, eingesetzt werden. Dabei eignet sich besonders gut der Artikel „Nobelpreis an zwei Finanzspezialisten" aus der Neuen Zürcher Zeitung vom 15.10.97 (Abbildung 8.16), in dem neben der Verleihung des Nobelpreises zusätzlich historische Aspekte und das No-Arbitrage-Prinzip erläutert werden. Dieser Artikel fasst damit die grundlegenden Ideen des Black-Scholes-Modells und somit die bereits bekannten Ideen des Binomialmodells wiederholend zusammen. Nachdem das Black-Scholes-Modell motiviert wurde, wird dieses den Schülern vorgestellt und die Vorteile gegenüber dem Binomialmodell herausgearbeitet. Im Binomialmodell haben wir die Zeit in Perioden unterteilt, was zur Folge hatte, dass sich der Aktienkurs und damit verbunden der Optionspreis nur am Ende der Periode ändern konnte. Im Black-Scholes-Modell hingegen wird die Zeit als stetige Größe betrachtet, sie läuft kontinuierlich ab. Damit können sich der Aktienkurs und der Optionspreis jederzeit ändern, das Börsengeschehen wird realistischer dargestellt. Für die Bestimmung des Preises einer Call-Option bzw. Put-Option gilt:

Die Preise C_0 und P_0 einer Call-Option bzw. einer Put-Option auf eine Aktie betragen im Black-Scholes-Modell:

$$C_0 = S_0 \Phi(d_1) - \frac{E}{r^T} \Phi(d_2) \quad \text{und} \quad P_0 = \frac{E}{r^T} \Phi(-d_2) - S_0 \Phi(-d_1),$$

wobei für d_1 und d_2 gilt:

$$d_1 = \frac{\ln\left(\frac{r^T S_0}{E}\right) + \frac{1}{2}\sigma^2 T}{\sigma\sqrt{T}} \quad \text{und} \quad d_2 = d_1 - \sigma\sqrt{T}.$$

Dabei sind T die Zeit bis zum Ende der Ausübungsfrist, σ die Volatilität der Aktie und Φ die tabellierte Verteilungsfunktion der standardisierten Normalverteilung (siehe Anhang 11). Die Zeit T, die Volatilität σ und der Zinsfaktor r müssen sich auf die gleiche Zeiteinheit beziehen.

Nobelpreis an zwei Finanzspezialisten
Merton und Scholes für Modell zur Optionspreisbewertung geehrt

Der diesjährige Nobelpreis für Ökonomie geht an zwei amerikanische Wissenschaftler, die in den siebziger Jahren ein Modell zur Bewertung von Optionen entwickelt haben. Die Ökonomen hätten mit ihrer Arbeit die Basis für eine rasante Expansion der Derivatenmärkte geschaffen, erklärte die Schwedische Akademie der Wissenschaften. Der Denkansatz der beiden Amerikaner lässt sich allerdings nicht nur im Bereich der Finanzmärkte anwenden, sondern auch bei allgemeinen wirtschaftlichen Bewertungsproblemen.

Der von der schwedischen Reichsbank gestiftete Nobelpreis für Wirtschaftswissenschaften wird in diesem Jahr an zwei Ökonomen aus den USA verliehen, die sich um die Erforschung von Finanzmarktinstrumenten verdient gemacht haben. Die Auszeichnung geht an den 53-jährigen Robert C. Merton, der in Harvard lehrt, und an seinen 56-jährigen Kollegen Myron S. Scholes, der an der Universität von Stanford tätig ist. Die Schwedische Akademie der Wisschenschaften verweist in der Begründung ihres Entscheids auf die „bahnbrechende Formel für die Bewertung von Aktienoptionen". Besonders hervorgehoben wird, dass der dabei entwickelte Denkansatz nicht nur bei den Finanzprodukten Anwendung fand, sondern allgemein zur Lösung von wirtschaftlichen Bewertungsproblemen beitrug.

Späte Ehrung für Fischer Black

Die Akademie erwähnt in ihrer Begründung überdies den Ökonomen Fischer Black, der 1973 zusammen mit Scholes die sogenannte Black-Scholes-Formel publiziert hatte, den mathematischen Schlüssel zur Bestimmung des Werts von Optionen. Dieses Berechnungsmodell – mittlerweile in den Computern von Finanzmarkthändlern in der ganzen Welt gespeichert – kommt heute im Optionsgeschäft tagtäglich tausendfach zur Anwendung. Die professionellen Marktteilnehmer sind längst von den kruden Faustregeln abgekommen, mit denen man sich früher

noch ein Bild vom Wert einer Option zu machen versucht hatte. Durch die namentliche Erwähung in der offiziellen Laudatio erfährt Black, der 1995 gestorben ist, eine Art posthume Ehrung. Die Verleihung des Nobelpreises an Merton und Scholes unterstreicht einmal mehr die wachsende Bedeutung, die den Finanzmärkten nicht nur aus wirtschaftlicher, sondern auch aus wissenschaftlicher Sicht zukommt. Die Derivate, die Instrumente zur Umverteilung wirtschaftlicher Risiken, stellen dabei eine theoretische Herausforderung besonderer Art dar. Das effiziente Managment ökonomischer Risiken setzt voraus, dass die eingesetzten Instrumente, vor allem Optionen, verlässlich bewertet werden können. Seit Beginn des Jahrhunderts hat die Zunft der Ökonomen versucht, eine Methode zur Bestimmung des Preises von Derivaten zu finden. Die meisten Vorstösse in diese Richtung scheiterten aber daran, dass die für eine Option zu bezahlende Risikoprämie sich theoretisch nicht festlegen liess; der Aufpreis, den ein Investor für eine Absicherungstransaktion zu bezahlen bereit ist, hängt nämlich wesentlich von seiner subjektiven „Risikoneigung" ab.

Ein bahnbrechender Ansatz

Black, Merton und Scholes entdeckten nun, dass es zur Bestimmung des Werts einer Option nicht einer vorgängigen Fixierung der Risikoprämie bedurfte, sondern dass mit „objektiven" Marktwerten operiert werden

konnte. Sie nahmen den Modellfall eines Aktienportefeuilles, das mittels Call- und Put-Optionen – die das Recht, aber nicht die Pflicht umschliessen, zu einem künftigen Zeitpunkt ein bestimmtes Wertpapier zu kaufen oder zu verkaufen – nach allen Richtungen hin abgesichert ist. Ein solches risikoloses Aktienpaket, so argumentierten Black, Merton und Scholes, müsste den gleichen Ertrag abwerfen wie ein ähnlich risikoloses Staatspapier; sollten die beiden Erträge nicht übereinstimmen, würden die Arbitrageure die Differenz alsbald ausgleichen. Der für eine Risikoneutralisierung des Aktienpakets aufzuwendende Betrag – der Preis einer Option – muss also gemäss der Erkenntnis der amerikanischen Ökonomen im Verhältnis stehen zum Preis, der für ein risikomässig ähnlich bewertetes Papier am Markt zu bezahlen ist.

Enormes Wachstum

Black, Merton und Scholes haben, wie die Stockholmer Juroren darlegen, mit ihren Arbeiten die Basis gelegt für ein gewaltiges Wachstum des Geschäfts mit Derivaten. Ihre Methode hat aber auch jenseits der Finanzmarktgrenzen Anwendung gefunden. Versicherungsverträge oder Garantien lassen sich mit dem dargelegten Modell ebenso bewerten wie die Wahl zwischen verschiedenen Investitionsprojekten.

Neue Zürcher Zeitung (15.10.97)

Abb. 8.16: Zeitungsartikel „Nobelpreis an zwei Finanzspezialisten". Quelle: Neue Zürcher Zeitung vom 15.10.97

Nach der Einführung der Black-Scholes-Formel erfolgt eine Anwendungsphase der Black-Scholes-Formel. Dazu eignen sich z. B. die Aufgaben 8.3.2 und 8.3.3.

Aufgabe 8.3.2. *Die Tabelle 8.5 zeigt die Marktpreise für Call-Optionen auf die Deutsche-Postbank-Aktie am 18.06.08 zum Handelsschluss an der EUREX. Der Schlusskurs der Deutsche-Postbank-Aktie lag am 18.06.08 bei €59,48.*

(a) *Berechnen Sie mit der Black-Scholes-Formel den Optionspreis für eine Call-Option mit Fälligkeit September 08 und einem Ausübungspreis von €60,00. Die historische Volatilität der Deutsche-Postbank-Aktie, d. h. die aus den historischen Aktienkursen der vergangenen Monate ermittelte Standardabweichung, beträgt 0,04, der Zinssatz 0,3% pro Monat.*

Call-Optionen auf die Deutsche-Postbank-Aktie		
Ausübungspreis	September	Dezember
60,00	2,96	4,62
65,00	1,23	2,27

Tab. 8.5: Preise für Call-Optionen auf die Deutsche-Postbank-Aktie am 18.06.08 an der EUREX

(b) *Nehmen Sie an, dass der Marktpreis der Call-Option mit der Black-Scholes-Formel berechnet wurde. Welche (näherungsweise) Volatilität der Deutsche-Postbank-Aktie muss der Berechnung des Optionspreises zugrunde gelegt werden, damit der in Tabelle 8.5 angegebene Preis der Call-Option mit Fälligkeit Dezember 08 und einem Ausübungspreis von €65,00 dem mit der Black-Scholes-Formel berechneten Preis entspricht? Die auf diesem Weg erhaltene Volatilität heißt die implizite Volatilität einer Aktie.*
Tipp: Runden Sie (auch in den Zwischenrechnungen) sinnvoll.

(c) *Berechnen Sie mit der unter (b) ermittelten Volatilität den Preis der Call-Option auf eine Deutsche-Postbank-Aktie mit Fälligkeit Dezember 08 und einem Ausübungspreis von €60,00. Vergleichen Sie diesen mit dem angegebenen Marktpreis der Option.*

Im Folgenden betrachten wir die Lösungen der Teilaufgaben (a) und (b).

(a) Als Zeiteinheit wählen wir einen Monat, d. h. $T = 3$. Der Kurs der Deutsche-Postbank-Aktie beträgt zum Bewertungszeitpunkt $S_0 = €59,48$, der Ausübungspreis $E = €60,00$, die historische Volatilität $\sigma = 0,04$, der Monatszinsfaktor $r = 1,003$. Aus diesen Angaben bestimmen wir zunächst d_1 und d_2:

$$d_1 = \frac{\ln\left(\frac{r^T S_0}{E}\right) + \frac{1}{2}\sigma^2 T}{\sigma\sqrt{T}} = \frac{\ln\left(\frac{1,003^3 \cdot 59,48}{60,00}\right) + \frac{1}{2} \cdot 0,04^2 \cdot 3}{0,04 \cdot \sqrt{3}} \approx 0,04,$$

$$d_2 = d_1 - \sigma\sqrt{T} = 0,04 - 0,04 \cdot \sqrt{3} \approx -0,03.$$

Für den Preis der Call-Option erhalten wir

$$C_0 = S_0\Phi(d_1) - \frac{E}{r^T}\Phi(d_2) = 59,48 \cdot \Phi(0,04) - \frac{60,00}{1,003^3} \cdot \Phi(-0,03) \approx 1,67.$$

Der im Black-Scholes-Modell berechnete Optionspreis beträgt €1,67 und unterscheidet sich vom Marktpreis, der €2,96 betrug, um etwa 44%.

Hinweis: Bei der Berechnung der Optionspreise ist wichtig, dass sich alle Angaben (Volatilität, Zinssatz und Zeit) auf die gleichen Zeiträume (Woche, Monat, Jahr) beziehen.

(b) Als Zeiteinheit wählen wir erneut einen Monat, d.h. $T = 6$. Der Kurs der Deutsche-Postbank-Aktie beträgt zum Bewertungszeitpunkt $S_0 = €59,48$, der Ausübungspreis $E = €65,00$, der Monatszinsfaktor $r = 1,003$. Aus diesen Angaben bestimmen wir zunächst d_1. Es gilt:

$$d_1 = \frac{\ln\left(\frac{r^T S_0}{E}\right) + \frac{1}{2}\sigma^2 T}{\sigma\sqrt{T}} = \frac{\ln\left(\frac{1,003^6 \cdot 59,48}{65,00}\right) + \frac{1}{2}\sigma^2 \cdot 6}{\sigma\sqrt{6}} \approx \frac{-0,071 + 3\sigma^2}{\sigma\sqrt{6}}.$$

Da $-0,071 \approx 0$, gilt für d_1 näherungsweise

$$d_1 \approx \frac{3\sigma^2}{\sigma\sqrt{6}} = \frac{\sqrt{6}}{2}\sigma.$$

Aus d_1 lässt sich d_2 näherungsweise bestimmen, es gilt:

$$d_2 = d_1 - \sigma\sqrt{T} \approx \frac{\sqrt{6}}{2}\sigma - \sqrt{6}\sigma = -\frac{\sqrt{6}}{2}\sigma.$$

Setzen wir d_1 und d_2 in die Black-Scholes-Formel ein, erhalten wir

$$
\begin{aligned}
C_0 &= S_0\Phi(d_1) - \frac{E}{r^T}\Phi(d_2) \\[2mm]
&= 59,48 \cdot \Phi\left(\frac{\sqrt{6}}{2}\sigma\right) - \frac{65,00}{1,003^6} \cdot \Phi\left(-\frac{\sqrt{6}}{2}\sigma\right) \\[2mm]
&= 59,48 \cdot \Phi\left(\frac{\sqrt{6}}{2}\sigma\right) - 63,84 \cdot \left(1 - \Phi\left(\frac{\sqrt{6}}{2}\sigma\right)\right) \\[2mm]
&= 123,32 \cdot \Phi\left(\frac{\sqrt{6}}{2}\sigma\right) - 63,84.
\end{aligned}
$$

Mit $C_0 = €2,27$ folgt

$$2,27 = 123,32 \cdot \Phi\left(\frac{\sqrt{6}}{2}\sigma\right) - 63,84$$

$$\Leftrightarrow \quad 66,11 = 123,32 \cdot \Phi\left(\frac{\sqrt{6}}{2}\sigma\right)$$

$$\Leftrightarrow \quad 0,5361 = \Phi\left(\frac{\sqrt{6}}{2}\sigma\right)$$

$$\Leftrightarrow \quad 0,09 = \frac{\sqrt{6}}{2}\sigma$$

$$\Leftrightarrow \quad \sigma \approx 0,07.$$

Die implizite Volatilität der Deutsche-Postbank-Aktie beträgt 0,07. Dieses Beispiel zeigt erneut deutlich, dass Banken mit der impliziten Volatilität eine vorsichtigere Berechnungsgrundlage zur Bestimmung des Optionspreises nutzen.

Aufgabe 8.3.3. *Eine Put-Option auf die Telekom-Aktie mit Fälligkeit Juni 09 und Ausübungspreis $E = €15,00$ kostete an der EUREX am 18.06.08 bei Börsenschluss €5,16. Der Schlusskurs der Aktie lag bei €10,13. Der Zinssatz wird mit 0,3% pro Monat angenommen. Bestimmen Sie den Preis der Put-Option im Black-Scholes-Modell unter Nutzung der historischen Volatilität (bezogen auf einen Monat), die 0,036 betrug.*

Im Folgenden wird die Lösung der Aufgabe betrachtet. Als Zeiteinheit wählen wir erneut einen Monat, d. h. $T = 12$. Der Kurs der Telekom-Aktie beträgt zum Bewertungszeitpunkt $S_0 = €10,13$, der Ausübungspreis $E = €15,00$, die historische Volatilität $\sigma = 0,036$, der Monatszinssatz $r = 1,003$. Aus diesen Angaben werden zunächst d_1 und d_2 bestimmt:

$$d_1 = \frac{\ln\left(\frac{r^T S_0}{E}\right) + \frac{1}{2}\sigma^2 T}{\sigma\sqrt{T}} = \frac{\ln\left(\frac{1,003^{12} \cdot 10,13}{15,00}\right) + \frac{1}{2} \cdot 0,036^2 \cdot 12}{0,036 \cdot \sqrt{12}} \approx -2,80,$$

$$d_2 = d_1 - \sigma\sqrt{T} = -2,80 - 0,036 \cdot \sqrt{12} \approx -2,92.$$

Mit $d_1 \approx -2,80$ und $d_2 \approx -2,92$ lässt sich der Preis der Put-Option auf eine Telekom-Aktie im Black-Scholes-Modell bestimmen, es gilt:

$$P_0 = \frac{E}{r^T}\Phi(-d_2) - S_0\Phi(-d_1) = 14,47 \cdot \Phi(2,92) - 10,13 \cdot \Phi(2,80) \approx 4,34.$$

Der Preis der Put-Option auf eine Deutsche Telekom-Aktie mit Ausübungsfrist Juni 09 und einem Ausübungspreis von €15,00 beträgt im Black-Scholes-Modell €4,34.

Mit der Bestimmung einiger Optionspreise und impliziter Volatilitäten mit der Black-Scholes-Formel kann dieser Abschnitt beendet werden. Da die Einführung der Black-Scholes-Formel rein informativ erfolgte und somit beispielsweise keine Modellannahmen formuliert wurden, wird auf eine kritische Auseinandersetzung mit dem Black-Scholes-Modell verzichtet.

Lehrziele: Angesichts der beschriebenen Unterrichtsinhalte ergeben sich für den Abschnitt „Black-Scholes-Formel" die folgenden Lehrziele. Die Schüler ...

- ... erfassen die Black-Scholes-Formel zur Berechnung von Optionspreisen für Call- und Put-Optionen und deren weltweite Bedeutung.

- ... bestimmen Preise von Call- und Put-Optionen mit der Black-Scholes-Formel und vergleichen diese mit den Marktpreisen.

- ... unterscheiden zwischen der historischen und der impliziten Volatilität und berechnen implizite Volatilitäten von Aktien.

Unterrichtsmaterialien: Zeitungsartikel mit spezifischen Inhalten zur Verleihung des Nobelpreises für Wirtschaftswissenschaftler an Merton und Scholes, z. B. „Nobelpreis an zwei Finanzspezialisten", Arbeitsblatt 7.

Teil IV

Praktische Erprobungen

Kapitel 9

Schulpraktische Erprobungen der vorgestellten Unterrichtsvorschläge

Im Zusammenhang mit der Entwicklung der im Teil III vorgestellten Unterrichtseinheiten entstand der Wunsch, diese auch im Mathematikunterricht zu erproben. Damit sollten die aufkommenden Fragen nach der Realisierbarkeit der Unterrichtsvorschläge und nach dem Interesse seitens der Schüler und Lehrer beantwortet werden. Die Erprobung wurde in insgesamt fünf Unterrichtsversuchen an verschiedenen Berliner Gymnasien in den Sekundarstufen I und II und zwei außerunterrichtlichen Projekten umgesetzt. Für die Auswertung der Versuche wurden schriftliche Schülerbefragungen sowie Lehrerinterviews durchgeführt. Aufgrund des geringen Stichprobenumfangs sind die Ergebnisse nicht als respräsentativ anzusehen. Sie lassen jedoch erste Rückschlüsse auf die Umsetzbarkeit und das Interesse zu. Weitere umfangreiche Unterrichtserprobungen, die neben der Bestätigung unserer Beobachtungen auch die empirische Untersuchung der Auswirkungen der Unterrichtsvorschläge auf die Entwicklung stochastischen Denkens oder den Beitrag zur finanziellen Allgemeinbildung zum Ziel haben sollten, sind daher notwendig. Darüber hinaus wurden Teile der Unterrichtseinheiten in außerschulischen Projekten mit mathematisch interessierten Schülern getestet. Im Folgenden berichten wir exemplarisch über vier der durchgeführten Erprobungen zu den Unterrichtsvorschlägen

- Wahlpflichtkurs 9/10: „Statistik der Aktienmärkte" (Abschnitt 9.1)

- Leistungskurs 13: „Die zufällige Irrfahrt einer Aktie" (Abschnitt 9.2)

- Arbeitsgemeinschaft: „Optionen mathematisch bewertet" (Abschnitt 10.1)

- Sommerschule: „Optionen mathematisch bewertet" (Abschnitt 10.2)

Dabei gehen wir insbesondere auf die zu berücksichtigenden Rahmenbedingungen, die organisatorische und inhaltliche Umsetzung der Unterrichtsvorschläge sowie die Ergebnisse der Abschlussbefragungen bzw. Lehrerinterviews ein.

9.1   Erprobung I: „Statistik der Aktienmärkte"

Die Unterrichtseinheit „Statistik der Aktienmärkte" wurde im Zeitraum vom
12.02.04 bis zum 29.04.04 in einem jahrgangsübergreifenden Wahlpflichtkurs 9/10
an der Immanuel-Kant-Oberschule in Berlin-Lichtenberg erprobt. Der Kurs setzte
sich aus einer Schülerin und 11 Schülern zusammen. Die Schülerin und fünf Schüler besuchten die 10. Klasse, sechs Schüler die 9. Klasse. Die Autorin führte den
Unterricht in enger Zusammenarbeit mit dem verantwortlichen Lehrer durch.

9.1.1   Rahmenbedingungen

Der Unterricht erfolgte nach dem im Schuljahr 2003/04 gültigen Rahmenplan des
Landes Berlin (vgl. SENATSVERWALTUNG FÜR BILDUNG, JUGEND UND SPORT IN
BERLIN 1996b). Dieser sah für den Wahlpflichtunterricht der neunten Klasse das
Themengebiet „Beschreibende Statistik" mit einem empfohlenen Umfang von 15–20
Unterrichtsstunden vor. Dabei war unter Verwendung aktuellen Datenmaterials auf

– statistische Tabellen und graphische Darstellungen,

– absolute und relative Häufigkeiten,

– Klasseneinteilungen und Häufigkeitsverteilungen,

– statistische Maßzahlen sowie

– auf statistischen Untersuchungen beruhende Prognosen

einzugehen. Das Stoffgebiet galt als Einführung in die Thematik der beschreibenden
Statistik, so dass aus dem bisherigen Mathematikunterricht keine Vorkenntnisse zu
erwarten waren. Dies galt auch für die Schüler der 10. Klasse, denen in ihrem neunten
Schuljahr kein Wahlpflichtkurs Mathematik angeboten wurde.

Im Vorfeld der Unterrichtseinheit wurden die Schüler nach ihrem Interesse an Aktien und ihren Vorkenntnissen befragt. Die angekündigte Behandlung des Themas
„Aktien" stieß bereits zu diesem Zeitpunkt auf großes Interesse seitens der Schüler.
Dennoch äußerten einige Schüler Zweifel und befürchteten, dass die Thematik zu wenig Mathematik biete und die Ökonomie zu stark betone. Ein Schüler verfügte über
ein beachtliches Wissen über Aktien, er hatte bereits mehrfach erfolgreich an diver-
sen Börsenspielen teilgenommen. Alle anderen Schüler waren in ihrem Alltag durch
die Eltern, das Fernsehen oder Zeitungen schon mit Aktien konfrontiert worden. Sie
verfügten dennoch über keine tiefergehenden ökonomischen Kenntnisse.

9.1.2 Durchführung des Unterrichtsversuchs

Die in diesem Unterrichtsversuch vermittelten ökonomischen und mathematischen Inhalte orientierten sich vollständig an den im Kapitel 6 vorgestellten Unterrichtsanregungen. Der Unterricht lässt sich entsprechend dieser Vorschläge in die folgenden Module unterteilen:

- Ökonomische Grundlagen,

- Aktienindex,

- Kurs einer Aktie,

- Graphische Darstellung von Aktienkursverläufen,

- Einfache Rendite einer Aktie,

- Drift und Volatilität einer Aktie,

- Statistische Analyse von Renditen,

- Random Walk.

Darüber hinaus wurden einige der Unterrichtsstunden zur Einführung und Vertiefung wichtiger statistischer Grundlagen anhand aktienfremder Beispiele genutzt. In den Einführungsstunden wurden Grundbegriffe zum Thema „Was sind Aktien?" geklärt und der Aktienindex sowie der Kurs einer Aktie im Rahmen weiterer ökonomischer Grundlagen behandelt. In der sich anschließenden Unterrichtsphase wurden graphische Darstellungsarten von Aktienkursen in Form von Aktiencharts untersucht. Die Schwierigkeiten beim Vergleich von Aktienkursen bzw. Aktiencharts motivierten die Einführung der Rendite als entscheidende Größe für die Beurteilung von Aktienkursen. Die folgenden Unterrichtsstunden wurden zur Einführung in die beschreibende Statistik anhand aktienfremder Beispiele genutzt. Geklärt wurden u. a. die Begriffe der absoluten bzw. relativen Häufigkeit, der Häufigkeitsverteilung, des Mittelwerts und der Standardabweichung. Die Problematik der Klasseneinteilung wurde zunächst bis zur sich unmittelbar anschließenden Untersuchung historischer Aktienrenditen ausgeklammert. Die Eigenschaften der Normalverteilung wurden im Sinne der Propädeutik in diesem Kontext verbal beschrieben, der Begriff der Normalverteilung erwähnt. An die statistische Untersuchung der Verteilung der Renditen anknüpfend wurden die Kenngrößen Drift und Volatilität eingeführt und diese im Zusammenhang mit der Kursentwicklung von Aktien interpretiert. Im Zentrum des letzten Unterrichtsabschnitts stand das Random-Walk-Modell. Nach einer selbstständigen Erarbeitung des Modells lag der Schwerpunkt auf einer kritischen Reflexion der Modellannahmen.

9.1.3   Analyse des Unterrichtsversuchs

Obwohl die Schüler es bisher nicht gewohnt waren, mathematische Inhalte anwendungsorientiert zu erarbeiten, beteiligten sie sich während des gesamten Unterrichts engagiert und interessiert. Diese Einschätzung, die auf der Wahrnehmung der Autorin beruht, wird durch die Ergebnisse des Abschlussfragebogens gestützt.

Auf die Frage, wie den Schülern die Unterrichtseinheit rund um das Thema „Aktie" gefallen habe, bewerteten alle Schüler den Unterricht als interessant und ansprechend, wobei die Schüler entweder über die Thematik „Aktien" oder über die mathematischen Inhalte motiviert werden konnten. Im Folgenden werden einige der Antworten[1] exemplarisch wiedergegeben:

> *„Die Unterrichtseinheit hat mir gut gefallen, weil es einen allgemeinen Einblick in die Börse gegeben hat. Es gab zwar Fälle, die schwer waren, aber diese wurden auch gelöst."*

> *„Mir hat das Thema sehr gut gefallen, da ich bestimmt später einmal Aktien kaufen werde. Ich fand es interessant so Vieles zu erfahren."*

> *„Das Thema war praktisch und sprach mich persönlich gut an. Da mein Vater Aktien besitzt, hat er durch meine Hilfe mehr Fachwissen rund um die Börse."*

> *„Da mich das Thema am Anfang nicht interessiert hat, hatte ich Zweifel, doch da das Thema 'Aktie' viel mit Berechnung zu tun hat, hat es mir letztendlich sehr gut gefallen."*

Auf die Frage, ob die gewählten Unterrichtsinhalte für den Unterricht im Wahlpflichtkurs geeignet waren, antworteten die meisten Schüler mit „angemessen". Drei Schüler differenzierten ihre Antworten. So haben ihnen zwar die Inhalte rund um das Thema „Aktie" sehr gut gefallen, die Statistik fanden sie eher uninteressant:

> *„Die ganzen Formeln sind ungeeignet finde ich, da man was auswendig lernen muss."*

> *„Gefallen hat mir das Thema 'Aktien', aber extrem uninteressant empfand ich die Statistikberechnung."*

> *„Das einzige, was überflüssig war, war das glockenförmige Häufigkeitsdiagramm."*

Diese Einstellung gegenüber der beschreibenden Statistik spiegelte sich auch in den Ergebnissen der Klassenarbeit wider. Während die Aufgaben zu den Aktien nahezu

---

[1] Alle Schülerantworten sind inhaltlich wie im Original übernommen. Schwerwiegende Fehler in Rechtschreibung und Grammatik wurden korrigiert.

problemlos bearbeitet wurden, bereiteten die aktienfremden Aufgaben zur beschreibenden Statistik größere Probleme. Hierfür kann es mehrere Ursachen geben, die leider nicht geklärt werden konnten. Die Themen rund um die Aktie wurden von der Autorin unterrichtet, die Einführung in die Statitistik erfolgte aus organisatorischen Gründen durch den eigentlichen Lehrer des Wahlpflichtkurses. Er legte großen Wert darauf, dass die Schüler die Formeln für den Mittelwert und die Standardabweichung herleiten bzw. auswendig können. Dies unterschätzten die meisten Schüler. Darüber hinaus standen in vielen Unterrichtsstunden keine Computer zur Verfügung. Die statistischen Analysen wurden aus diesem Grund oft per Hand durchgeführt, was den Teil der beschreibenden Statistik möglicherweise als langweilig erscheinen ließ.

Die Abschlussbefragung der Schüler endete mit der Frage, ob die Themen, die wir gemeinsam erarbeiteten, anderen Schülern zugänglich gemacht werden sollten. Lediglich zwei Schüler plädierten dafür, diese Unterrichtseinheit auch im normalen Mathematikunterricht einzusetzen. Sie begründeten dies damit, dass einerseits Aktien ein für viele Schüler interessantes Thema darstelle und andererseits Aktien und Statistik auch im wirklichen Leben von Bedeutung seien. Alle anderen Schüler hingegen waren der Auffassung, diese Unterrichtseinheit nur in Wahlpflichtkursen, Profilkursen oder Leistungskursen einzusetzen. Für diese ablehnende Haltung wurden verschiedene Gründe genannt:

> *„Nein, da dieses Thema nur für Interessierte verständlich zu machen ist. Uninteressierte würden schnell aufgeben."*

> *„Da auch sehr komplizierte Rechnungen vorkommen, wäre es für eine normale Klasse ungeeignet."*

> *„Nein, da viele Schüler nicht an Mathematik interessiert sind. Da ist es dann egal, ob diese hübsch in interessanten Anwendungen verpackt ist. Da würden die Lehrer unnötig viel Zeit investieren, um sowas vorzubereiten. Bei uninteressierten Schülern reicht die normale Mathematik."*

Die letzte Aussage überraschte uns insofern, als dass der Schüler seine desinteressierten Mitschüler genauso wahrnahm, wie dies z. B. POTARI 1993 (S. 237) und MAASS 2004 (S. 285) beschreiben. Sie beobachteten, dass eine ablehnende Haltung gegenüber mathematischer Modellierung oft mit einem grundsätzlichen Desinteresse an der Mathematik korreliert (siehe Abschnitt 4.3.3). Inwieweit diese Beobachtungen auf die Modellierung von Aktienkursentwicklungen zutreffen, ist jedoch bisher nicht untersucht worden.

Die Schülerantworten und die eigenen Beobachtungen zeigen, dass die Unterrichtsreihe „Statistik der Aktienmärkte" in einem Wahlpflichtkurs der Klassen 9/10 realisierbar ist. Obwohl einige Schüler dem Thema „Aktien" zunächst skeptisch gegenüberstanden, fanden sie im Laufe der Unterrichtseinheit – sei es aufgrund der aktienspezifischen oder mathematischen Inhalte – einen Zugang zum Thema.

9.2 Erprobung II: „Die zufällige Irrfahrt einer Aktie"

Die Unterrichtseinheit „Die zufällige Irrfahrt einer Aktie" wurde im Zeitraum vom 26.04.04 bis zum 17.05.04 in einem Leistungskurs Mathematik der Jahrgangsstufe 13 an der Immanuel-Kant-Oberschule in Berlin-Lichtenberg erprobt. Der Kurs setzte sich aus fünf Schülerinnen und zehn Schülern zusammen. Die Autorin führte den Unterricht in enger Zusammenarbeit mit dem verantwortlichen Lehrer durch.

9.2.1 Rahmenbedingungen

Der Unterricht erfolgte nach dem für den Leistungskurs im Schuljahr 2003/04 gültigen Rahmenplan des Landes Berlin (vgl. SENATSVERWALTUNG FÜR BILDUNG, JUGEND UND SPORT IN BERLIN 1996a). Dieser sah für das vierte Kurshalbjahr neben der Einführung in die Wahrscheinlichkeitsrechnung das Themengebiet „Statistik und Verteilungen" mit einem empfohlenen Stundenumfang von 25 Unterrichtsstunden vor. Aus dem vorangegangenen Unterricht erwarteten wir von den Schülern

- Kenntnisse zu wichtigen statistischen Grundbegriffen (Mittelwert, Standardabweichung, Klasseneinteilung),

- ein sicheres Grundverständnis für den Wahrscheinlichkeitsbegriff,

- eine vertiefte Vorstellung vom Begriff der Unabhängigkeit,

- ein inhaltliches Verständnis für die Begriffe Zufallsgröße, Erwartungswert und Varianz sowie

- Kenntnisse zu den Eigenschaften von Varianz und Erwartungswert einer Zufallsgröße.

Aus dem bisherigen Unterricht waren es die Schüler gewohnt, neue Inhalte eher aus innermathematischen Fragestellungen heraus zu erarbeiten. Anwendungsprobleme spielten eine untergeordnete Rolle.

Eine Befragung zu Beginn der Unterrichtseinheit ergab zudem, dass die meisten Schüler über keine Kenntnisse zu den wichtigsten ökonomischen Grundlagen verfügten. Zwei Schüler gaben an, bereits mit Aktien spekuliert und sich daher intensiver mit dieser Thematik auseinandergesetzt zu haben.

9.2.2 Durchführung des Unterrichtsversuchs

Die in diesem Unterrichtsversuch vermittelten Inhalte orientierten sich vollständig an den im Abschnitt 7 vorgestellten Unterrichtsanregungen. Die Unterrichtsreihe lässt sich entprechend dieser Vorschläge in die folgenden erprobten Module unterteilen:

- Ökonomische Grundlagen,

- Einfache sowie logarithmische Rendite einer Aktie,

- Statistische Analyse von Renditen,

- Normalverteilte Aktienkurse,

- Beurteilung eines Wertpapiers.

In den Einführungsstunden wurden die wichtigsten ökonomischen Grundbegriffe zum Thema geklärt und das Wertpapier „VarioZinsGarant4", auf dessen Beurteilung die gesamte Unterrichtseinheit abzielte, vorgestellt. In der sich anschließenden Phase wurde die Rendite als entscheidende Größe für die Beurteilung von Aktienkursen motiviert. Dabei wurden u. a. Vorteile der logarithmischen Rendite gegenüber der einfachen Rendite herausgestellt. Aufbauend auf der Untersuchung der statistischen Verteilung historischer Renditen wurden die beiden Kenngrößen Drift und Volatilität eingeführt und interpretiert. Die Schüler untersuchten hierbei auch den Zusammenhang zwischen den Kenngrößen bezogen auf verschiedene Zeiträume. In der sich anschließenden Phase ging es zunächst darum, die zentralen Begriffe „Zufallsgröße", „Erwartungswert" und „Varianz" und deren Eigenschaften zu festigen. Daran anknüpfend wurden die allgemeine Normalverteilung und ihre Dichtefunktion anhand aktienfremder Beispiele eingeführt und in diesem Zusammenhang unter Rückgriff auf entsprechende Kenntnisse der 12. Klasse die analytischen Eigenschaften der Dichtefunktion untersucht. Nach der unter Nutzung der Eigenschaften von Erwartungswert und Varianz erfolgten Einführung der linearen Transformation einer Zufallsgröße schloss sich das Kalkül der Standardisierung an. Auf dessen Basis wendeten die Schüler das Modell der Normalverteilung auf die Verteilung historischer Aktienrenditen an und trafen Wahrscheinlichkeitsaussagen zu künftigen Aktienkursentwicklungen. Neben konkreten Berechnungen stand dabei die kritische Auseinandersetzung mit den Modellannahmen im Mittelpunkt des Unterrichtsgeschehens. Der letzte Unterrichtsabschnitt widmete sich der Frage, mit welcher Wahrscheinlichkeit ein Anleger mit dem VarioZinsGarant4 den Höchstzinssatz von 8% erhalten kann. Dazu entwickelten die Schüler eigene Modelle und stellten diese zur abschließenden Diskussion dem Kurs vor.

9.2.3 Analyse des Unterrichtsversuchs

Trotz der besonderen zeitlichen Situation, in der die Unterrichtsversuche stattfanden – das Abitur war geschrieben und die Noten für das vierte Semester standen weitestgehend fest – verfolgten die meisten Schüler des Leistungskurses die Thematik mit großem Interesse und beteiligten sich engagiert am Unterrichtsgeschehen. Auch die Tatsache, dass die Schüler aus dem bisherigen Mathematikunterricht kaum Anwendungsprobleme kannten und damit im Modellieren nahezu ungeübt waren, erwies sich nicht als problematisch. Diese Einschätzung, die auf der Wahrnehmung der Autorin beruht, spiegelt sich in den Antworten der Abschlussbefragung wider.

Allen Schülern gefiel die Unterrichtseinheit „Die zufällige Irrfahrt einer Aktie", sie empfanden diese als sehr interessant. Als Grund hierfür nannten fast alle Schüler den offensichtlichen Praxisbezug:

> *„Der Unterricht war sehr ansprechend gestaltet und dadurch leicht verständlich und interessant. Der Praxisbezug war sehr angenehm und eine gute Abwechslung zum normalen Mathematikunterricht, der eher theoretisch angelegt ist."*

> *„Das Thema hat mir aufgrund der Praxisnähe sehr gut gefallen."*

> *„Das Thema fand ich sehr interessant, weil es ein realitätsnahes Thema war, was in den anderen Semestern sehr wenig der Fall war."*

> *„Ich fand den Unterricht interessant, ansprechend und praktisch, da man zwangsläufig im täglichen Leben mit Aktien und anderen Wertpapieren konfrontiert wird."*

> *„Für das Thema der Normalverteilung waren Aktien und ihre Erweiterung sehr gut gewählt. Dies liegt besonders an der sonst fehlenden Praxisnähe."*

Auf die Frage, ob der Unterricht zu einfach oder zu schwierig war, antworteten die meisten Schüler, dass dieser für einen Leistungskurs angemessen war. Fünf Schüler hätten sich jedoch weniger Zeit für Wiederholungen und mehr Zeit für eine tiefergehende Behandlung der Normalverteilung auch im Kontext anderer Anwendungen gewünscht.

Die Resonanz auf die Arbeitsblätter war sehr unterschiedlich. Ein Teil der Schüler bezeichnete den Aufbau und die Funktion der Arbeitsblätter als gelungen, da diese die wichtigsten Inhalte zusammenfassten und somit einen guten Überblick über die behandelten Themen lieferten. Andere Schüler ließen eine grundsätzliche Ablehnung gegenüber Arbeitsblättern erkennen. Sie waren der Auffassung, dass für einen besseren Lerneffekt eigene Mitschriften, die in einem Leistungskurs der 13. Klasse auch erwartet werden könnten, unerlässlich seien. Aus diesem Grund wurden die Arbeitsblätter von einigen Schülern als „überflüssig" betrachtet.

Die Bewertung des Wertpapieres VarioZinsGarant4 war für die Schüler – ihren Antworten auf die entsprechende Frage folgend – sehr interessant und bereitete ihnen kaum Schwierigkeiten. Einige Schüler schätzten besonders, dass die Bewertung eine gute Zusammenfassung der vorher behandelten Themen darstellte und gleichzeitig den Zusammenhang zwischen diesen aufzeigte. Dennoch wurden in den Schülerantworten auch einige aufgetretene Probeme deutlich:

> *„Mich hätte noch interessiert, was nun das idealste Modell ist und wie hoch die Wahrscheinlichkeit in etwa ist."*

> *„Die Bewertung des Zertifikats war sehr einsichtig. Doch es war etwas verwirrend, dass unterschiedliche Ergebnisse rauskamen, die alle richtig waren!"*

> *„Die Idee, das Modell zum Wertpapier in Gruppen zu entwickeln, fand ich sehr gut. Ich habe mich aber leicht unterfordert gefühlt, weil die Zeit für die Gruppenarbeit zu lang war."*

Die beiden zuerst genannten Antworten decken sich mit den Beobachtungen von FÖRSTER/KUHLMAY 2000 (S. 190), dass Schüler oft miteinander konkurierrende Modelle nicht anerkennen (siehe Abschnitt 4.3.3). Diese Problematik lässt sich möglicherweise damit begründen, dass die Schüler einen realitätsnahen Unterricht nicht gewohnt waren und damit wie im bisherigen Mathematikunterricht „die richtige Lösung" erwarteten. Mit der Bewertung des Wertpapieres waren zudem alle Schüler erstmalig aufgefordert, selbstständig einen vollständigen Modellierungskreislauf zu durchlaufen. Im vorhergehenden Verlauf der Unterrichtseinheit hingegen wurden die entsprechenden Modelle gemeinsam entwickelt und nur einzelne Phasen der Modellierung (z. B. kritische Reflexion der Modellannahmen) selbstständig von den Schülern bearbeitet. Mit der Unsicherheit im Umgang mit Anwendungsproblemen lässt sich auch die letzte Schüleraussage begründen. Es war zu beobachten, dass die Zeit für die Gruppenarbeitsphase nicht effektiv genutzt wurde. Die meisten Schüler gaben sich mit der Entwicklung eines Modells zufrieden und durchliefen somit nicht – wie erwünscht – den Modellierungskreislauf mehrfach. Die mit der Bewertung des Zertifikats aufgetretenen Probleme veranlassten uns, das Modul „Modellierungsprozess" zu entwickeln und in einem weiteren Unterrichtsversuch zu testen. Diese Entscheidung wird gestützt durch die Beobachtungen von CLATWORTHY/GALBRAITH 1990 und MAASS 2004, die den Nutzen von Kenntnissen zum Modellierungskreislauf bei der Bearbeitung von Anwendungsproblemen bestätigten (siehe Abschnitt 4.3.3).

Nach der Meinung von 13 Schülern sollten finanzmathematische Themen grundsätzlich in den Stochastikunterricht der 13. Klasse integriert werden, da diese aufzeigen, welche alltäglichen Probleme mit mathematischer Modellierung bearbeitet werden können.

„Jedes Thema, das zeigt, dass mathematische Probleme in der Praxis eine große Rolle spielen, sollte integriert werden. Von daher sind finanzmathematische Probleme für den Stochastikunterricht prädestiniert."

„Finanzmathematische Themen sollten in den Unterricht integriert werden. Weil man so schon einen Einstieg für den Studiengang Finanzmathematik hat, der heutzutage stark gefragt ist."

„Ich denke, dass finanzmathematische Themen mit ihrem Praxisbezug in den Unterricht integriert werden sollten. Es sollten auch noch überblicksartig mehr finanzmathematische Themen außer dem Thema 'Aktie' behandelt werden, damit klar wird, in welchen Gebieten überall Mathematik angewandt und gebraucht wird."

„Unbedingt sollte man dies weiter unterrichten, um den Leuten die Distanz zu diesem unübersichtlichen Markt zu nehmen."

Lediglich ein Schüler lehnte einen weiteren Einsatz dieser Unterrichtseinheit im Mathematikunterricht grundsätzlich ab, da die Thematik zu sehr an das Interesse der Schüler, das vermutlich bei vielen nicht vorhanden sei, gebunden ist. Ein Schüler schlug vor, diese Unterrichtseinheit zum Ende des 4. Semesters zu unterrichten, da die Thematik durchaus geeignet ist, das Motivationstief zu überwinden.

Die Antworten der Schüler und die eigenen Beobachtungen zeigen, dass die Unterrichtseinheit „Die zufällige Irrfahrt einer Aktie" im Unterricht in einem Leistungskurs realisierbar ist. Die Mehrheit der Schüler fand den Unterricht interessant und beteiligte sich engagiert am Unterrichtsgeschehen. Die zwei Schüler, die der Unterrichtseinheit zunächst skeptisch gegenüber standen und kein Interesse an der Thematik hatten, fanden den Zugang über die doch reichhaltige Mathematik. Einschränkend ist jedoch festzustellen, dass unter Umständen Probleme bei der Bewertung des Zertifikats auftreten können, insbesondere dann, wenn Schüler mit Modellierungen nicht vertraut sind. Dies tat dem allgemeinen Erfolg des Unterrichts jedoch keinen Abbruch.

Kapitel 10

Außerschulische Erprobungen der vorgestellten Unterrichtsvorschläge

Über die Unterrichtsversuche hinaus nutzten wir die Möglichkeit, die Unterrichtsvorschläge in Teilen in außerunterrichtlichen Projekten zu testen. Diese Projekte fanden im Rahmen einer mathematischen Arbeitsgemeinschaft an der Andreas-Oberschule in Berlin und in einer Sommerschule „Lust auf Mathematik" mit mathematisch interessierten und begabten Schülern statt. Beide Institutionen sind Bestandteile des bereits erwähnten Berliner Netzwerks mathematisch-naturwissenschaftlich profilierter Schulen. Der thematische Schwerpunkt lag in der mathematischen Bewertung von Optionen. Im Folgenden stellen wir die Erpobungen in beiden Projekten vor. Dabei skizzieren wir kurz den inhaltlichen Verlauf und berichten von unseren dort gemachten Erfahrungen.

10.1 Projekt 1: Arbeitsgemeinschaft

Im Zeitraum vom 13.01.03 bis zum 06.06.03 beschäftigten sich unter Anleitung eines Lehrers und der Autorin zwei Schülerinnen und neun Schüler im Rahmen einer Arbeitsgemeinschaft wöchentlich jeweils neunzig Minuten mit ausgewählten finanzmathematischen Themen. Die Arbeitsgemeinschaft fand an der Andreas-Oberschule in Berlin-Friedrichshain statt. Zum Zeitpunkt der Arbeitsgemeinschaft besuchten sieben Schüler die 11. Klasse und vier Schüler die 13. Klasse. Aus dem bisherigen Mathematikunterricht verfügten die Schüler über elementare Kenntnisse in der beschreibenden Statistik, aber über keine Kenntnisse aus dem Bereich der Stochastik. Ebenso waren kaum ökonomische Grundlagen zur Thematik bekannt. Inhaltlich orientierte sich die Durchführung der Arbeitsgemeinschaft an den in den Kapiteln 7 und 8 beschriebenen Unterrichtsvorschlägen. Anstatt der dort vorgeschlagenen Unterrichtsmaterialien kamen jedoch vorwiegend die in ADELMEYER 2000 formulierten Aufgaben zum Einsatz.

Nachdem in einer ersten Phase wichtige ökonomische Grundfragen zu den Themen Aktien und Optionen geklärt wurden, widmeten wir uns den Pay-Off- und Gewinn-Verlust-Diagrammen. Dabei wurden auch unterschiedliche Kombinationen von Optionsgeschäften und mögliche Motive (Spekulations- und Versicherungszweck), die zum Kauf oder Verkauf von Optionen führen, untersucht.

Im nächsten Abschnitt wurde der Begriff der einfachen sowie der logarithmischen Rendite eingeführt sowie die Vorteile der logarithmischen Rendite gegenüber der einfachen Rendite herausgestellt. In diesem Zusammenhang verglichen die Schüler auch die Renditen aus dem Optionskauf mit den Renditen des äquivalenten Aktienkaufs und entdeckten damit die Hebelwirkung, die besagt, dass Renditen aus dem Optionskauf sowohl im positiven als auch im negativen Fall viel höher sind als die Renditen aus dem Aktienkauf.

Anschließend untersuchten wir mit Excel die Verteilung von historischen Tagesrenditen verschiedener Aktien über einen Zeitraum von einem Jahr und beschrieben die Normalverteilung verbal. Anschließend wurden die Begriffe Drift und Volatilität als zwei wichtige Kenngrößen von Aktien eingeführt und in Bezug auf Aktienkursentwicklungen interpretiert.

In der nächsten Phase erarbeiteten sich die Schüler selbstständig mit einem Fachtext das Random-Walk-Modell zur „Prognose" künftiger Aktienkursentwicklungen. Im Mittelpunkt der Modellierung künftiger Aktienkurse mit dem Random-Walk-Modell stand dabei die kritische Auseinandersetzung mit den Modellannahmen und die Diskussion von Vor- und Nachteilen dieses Modells. Nach Einführung der Pfadregeln für mehrstufige Zufallsexperimente wurden zudem die Wahrscheinlichkeiten dafür, dass bestimmte Aktienkurse auftreten, ermittelt.

Das Random-Walk-Modell begegnete uns erneut in der Bestimmung von Optionspreisen. Als grundlegendes Prinzip hierfür diente das No-Arbitrage-Prinzip, aus dem das Prinzip des Äquivalenzportfolios abgeleitet wurde. Das No-Arbitrage- und das Äquivalenzportfolio-Prinzip setzten die Schüler in der Herleitung des Einperiodenmodells für Call-Optionen zunächst anhand von Beispielen, später allgemein, um. Durch Zerlegung eines 2- und 3-Perioden-Binomialmodells und Rückwärtsarbeiten gelang es den Schülern, jeweils eine allgemeine Formel für den Preis einer Call-Option in diesen Modellen zu entwickeln. Anschließend untersuchten wir die Struktur der Preisformel für verschiedene n-Perioden-Binomialmodelle und leiteten daraus eine allgemeine Preisformel im n-Perioden-Binomialmodell ab. Mit dieser berechneten wir mit Excel verschiedene Optionspreise und verglichen sie mit den Preisen der an Börsen gehandelten Optionen. Abschließend wurde das Modell hinsichtlich seiner Modellannahmen kritisch hinterfragt.

Eine kleine Befragung der Schüler zum Ende der Arbeitsgemeinschaft bestätigte unseren Eindruck, dass die Schüler das Thema als spannend und abwechlungsreich empfanden. Sie bewerteten insbesondere die praxisnahe und gleichzeitig mathematisch anspruchsvolle Arbeit als positiv.

Alle Schüler würden erneut eine Arbeitsgemeinschaft besuchen, die sich mit finanzmathematischen Inhalten auseinandersetzt. Während der Erarbeitung der einzelnen Themen traten kaum Probleme auf, lediglich der Übergang vom Einperiodenmodell zum 2-Perioden-Binomialmodell verursachte bei einigen Schülern Schwierigkeiten. Das Interesse an der Thematik ging z. T. weit über die gemeinsame Arbeit im Kurs hinaus. So schrieben beispielsweise einige Schüler kleinere Computerprogramme bzw. Makros für Excel, um die Preise von Optionen schnell berechnen zu können.

Zusammenfassend lässt sich feststellen, dass die Bearbeitung finanzmathematischer Themen in der Arbeitsgemeinschaft als gelungen zu bezeichnen ist. Es zeigte sich, dass Schüler der 11. bis 13. Jahrgangsstufe die Themen Aktien und Optionen mit großem Interesse verfolgen und im Rahmen eines außerunterrichtlichen Projekts auch erfolgreich bearbeiten können. Es ist jedoch zu erwähnen, dass alle Schüler als mathematisch sehr interessiert, z. T. auch als mathematisch begabt, einzustufen sind und die in der Arbeitsgemeinschaft vorherrschenden Bedingungen somit nicht vergleichbar sind mit den Bedingungen des „normalen" Mathematikunterrichts.

10.2   Projekt 2: Sommerschule „Lust auf Mathematik"

Unter dem Arbeitstitel „Die zufällige Irrfahrt einer Aktie" beschäftigten sich im Zeitraum vom 23.06.03 bis zum 28.06.03 sechs Berliner Schüler im Rahmen der dritten Sommerschule „Lust auf Mathematik" im Jugendbildungszentrum Blossin e. V. mit finanzmathematischen Themen. Unterstützt wurden sie dabei von der Autorin und einer weiteren wissenschaftlichen Mitarbeiterin der Humboldt-Universität zu Berlin. Die Gruppe setzte sich aus drei Schülerinnen und drei Schülern einer 12. Klasse zusammen. Keiner der Schüler verfügte aus dem bisherigen Mathematikunterricht über Kenntnisse aus dem Bereich der Stochastik. Ebenso waren kaum ökonomische Grundlagen zur Thematik bekannt. Inhaltlich orientierte sich das Projekt an den in den Kapiteln 7 und 8 beschriebenen Unterrichtsvorschlägen. Auf den Einsatz der dort vorgeschlagenen Arbeitsmaterialien wurde jedoch verzichtet.

Die Gruppe beschäftigte sich zunächst mit zufälligen Irrfahrten im Kontext von Spielen sowie gestoppten Spielen und erarbeitete sich dabei den Wahrscheinlichkeitsbegriff, sowie den Erwartungswert und die Varianz einer Zufallsgröße und untersuchte dabei deren Eigenschaften. Ausgehend von einer Serie von maximal fünf fairen Einzelspielen, die zu einem beliebigen Zeitpunkt gestoppt werden konnte, wurde die Frage untersucht, ob das gestoppte Spiel fair ist. Anschließend stellten wir uns die Frage, mit welcher Wahrscheinlichkeit eine zufällige Irrfahrt irgendwann erstmalig einen gegebenen Wert erreicht. Dabei lernten die Schüler das Spiegelungsprinzip als ein nützliches Werkzeug kennen. Nach einer Vertiefungsphase zu den neu gelernten stochastischen Begriffen wendeten wir uns der eigentlichen Thematik zu.

Im Mittelpunkt des nächsten Abschnitts stand die Frage „Was sind Aktien?". Neben der Klärung wichtiger Begriffe rund um dieses Thema lernten die Schüler die Rendite als ein Maß für die Kursänderung von einem Zeitpunkt t_1 zu einem späteren Zeitpunkt t_2 kennen. Dabei wurden die Eigenschaften der einfachen und logarithmischen Renditen miteinander verglichen und die Vorteile der logarithmischen Rendite gegenüber der einfachen Rendite herausgestellt.

Die im ersten Abschnitt des Projekts erarbeiteten Irrfahrten wurden im Random-Walk-Modell zur „Prognose" künftiger Aktienkursentwicklungen erneut aufgegriffen. Die Parameter eines 5-Perioden-Modells für die Adidas-Aktie schätzten die Schüler dabei aus der beobachteten Drift und Volatilität dieser Aktie. Im Mittelpunkt der Modellierung künftiger Aktienkurse mit dem Random-Walk-Modell stand dabei die kritische Auseinandersetzung mit den Modellannahmen und die Diskussion von Vor- und Nachteilen dieses Modells. Den Abschluss der Betrachtungen zum Random-Walk-Modell bildete die Beschreibung des Grenzübergangs $n \to \infty$ im Random-Walk-Modell mit n Perioden und des daraus resultierenden Black-Scholes-Modells.

In der letzten Phase des Projekts beschäftigten sich die Schüler mit der Thematik „Optionen". Dabei wurden zunächst ökonomische Fragen geklärt, bevor wir uns dem Preisbildungsprozess von Call-Optionen widmeten. Als grundlegendes Prinzip diente dabei das No-Arbitrage-Prinzip. Zur Absteckung eines künftigen Aktienkursrahmens, auf dem der Preis einer Option beruht, wurde auf das bereits bekannte Random-Walk-Modell zurückgegriffen. Durch Zerlegung eines 3-Perioden-Binomialmodells und Rückwärtsarbeiten gelang anschließend die Herleitung einer allgemeinen Formel für den Preis einer Call-Option in diesem Modell. Die Untersuchung der Struktur der Preisformel für verschiedene n-Perioden-Binomialmodelle führte abschließend zu einer allgemeinen Preisformel im n-Perioden-Binomialmodell.

Das Projekt „Die zufällige Irrfahrt einer Aktie" stieß auf großes Interesse seitens der Schüler. Sie hielten den Schwierigkeitsgrad für angemessen, bei der Erarbeitung der einzelnen Inhalte gab es keine größeren Probleme. Diese Einschätzung, die auf unserer eigenen Wahrnehmung beruht, spiegelt sich auch im Abschlussbericht wider, den die Schüler zur Präsentation der Ergebnisse ihrer einwöchigen Arbeit selbstständig verfassten.[1]

Das folgende interessante Erlebnis bestärkte uns darin, an der Entwicklung der Unterrichtseinheiten mit finanzmathematischen Schwerpunkten festzuhalten, um so einen Beitrag zur finanziellen Allgemeinbildung (siehe Abschnitt 3.2) zu leisten. Ein Schüler erwartete, dass er nach der Projektarbeit in der Lage sein wird, Aktienkurse sicher zu prognostizieren. Nachdem er bei der Bearbeitung des Random-Walk-Modells realisierte, dass lediglich Wahrscheinlichkeitsaussagen zu künftigen Kursentwicklungen möglich sind, stand ihm die Enttäuschung ins Gesicht geschrieben. Seine Auffassung, dass von Finanzexperten „sichere Anlagetipps" erwartet werden können, teilten auch andere Teilnehmer der Sommerschule, die sich mit weiteren

---

[1] Siehe `http://didaktik.mathematik.hu-berlin.de/Netzwerk/2003.html` (Stand: 10.10.08).

Themen auseinandersetzten und mit Spannung den Kurzvortrag zur Vorstellung der finanzmathematischen Themen erwarteten. Insbesondere zwei Schüler lieferten sich mit den Vortragenden eine heftige Diskussion, sie vertrauten den Ausführungen der vortragenden Schüler nicht und verteidigten ihren Standpunkt, dass Aktienkurse prognostizierbar sind.

Zusammenfassend lässt sich feststellen, dass das Projekt im Rahmen der Sommerschule gelungen ist. Wir möchten aber einschränken, dass in der Sommerschule mit einer Kleingruppe von sechs mathematisch interessierten bzw. begabten Schülern ideale Bedingungen herrschten, die keineswegs mit Unterrichtsversuchen im „normalen" Mathematikunterricht zu vergleichen sind. Die gemachten Erfahrungen geben dennoch Anlass zur Hoffnung, dass sich Schüler der Sekundarstufe II problemlos mit der Thematik „Optionen" auseinandersetzen können. Die Thematik ist in jedem Fall in außerunterrichtlichen Projekten realisierbar, die Umsetzbarkeit im Unterricht bleibt offen.

Kapitel 11

Zusammenfassung

Die Durchführungen der Unterrichtsversuche haben gezeigt, dass die in diesem Buch vorgestellten Unterrichtseinheiten gut realisierbar sind. Dabei ist besonders zu betonen, dass die beiden Unterrichtseinheiten „Statistik der Aktienmärkte" bzw. „Die zufällige Irrfahrt einer Aktie" erfolgreich im Unterricht der Sekundarstufen I bzw. II erprobt wurden. Die dort gemachten Erfahrungen sollten zu einem weiteren Einsatz im regulären Mathematikunterricht ermutigen. Die Unterrichtsreihe „Optionen mathematisch bewertet" stellte sich bisher nur in außerunterrichtlichen Projekten für Schüler als ansprechend und bearbeitbar heraus. Die außerunterrichtlichen Erfolge geben Anlass zur Hoffnung, dass in der Sekundarstufe II die Unterrichtseinheit „Optionen mathematisch bewertet" realisierbar ist. Inwieweit diese Hoffnung berechtigt ist, müssen schulpraktische Erprobungen zeigen.

Das Interesse der Schüler und Lehrer an den vorgestellten Unterrichtseinheiten, das in allen Unterrichtsversuchen und in den außerunterrichtlichen Projekten zu spüren war, veranlasst uns, einem weiteren Einsatz positiv gegenüber zu stehen. Hierfür sprechen zudem die folgenden Gründe:

- Die Unterrichtsvorschläge lassen sich gut in bestehende Rahmenpläne integrieren, wodurch traditionelle Themen anwendungsbezogener unterrichtet werden können. Das Argument, neue Inhalte können nur in den Rahmenplan aufgenommen werden, wenn andere dafür gestrichen werden, ist somit hinfällig. Bereits in der 9. Klasse kann die Unterrichtseinheit „Statistik der Aktienmärkte" erfolgreich bearbeitet werden. Die Fähigkeiten der Schüler reichen aus, um das Random-Walk-Modell anhand von Beispielen zu entwickeln. Die stochastische Modellierung künftiger Aktienkursentwicklungen mittels Normalverteilung hingegen lässt sich beispielsweise im Stochastikunterricht der Sekundarstufe II integrieren. Mit einem stufenweisen Unterrichten finanzmathematischer Themen – angedeutet durch die angeführten Beispiele – findet das in der Schule bewährte Spiralprinzip von Bruner weiterhin Anwendung (siehe Abschnitt 3.2.3).

– In den vergangenen Jahren ist die Bedeutung der individuellen Vorsorge (z. B. Rente, Berufsunfähigkeit, Krankheit) ständig gestiegen. Im gleichem Maße werden immer neue und komplexere Produkte auf den Finanzmarkt gebracht. Aus diesem Grund wird es immer wichtiger, dass bereits in der Schule ein Beitrag zur finanziellen Allgemeinbildung geleistet wird (siehe Abschnitt 3.2). Mit einem kontrollierten Umgang mit finanzmathematischen Themen im Rahmen des Mathematikunterrichts können die Schüler zu einem vernünftigen Umgang mit Finanzprodukten und so genannten „Expertenaussagen" angeregt werden.

– Eine Aufbereitung der stochastischen Finanzmathematik für die Schule führt zu schülergerechten Modellen, in denen die Kernideen der Finanzmathematik erhalten bleiben. Die dabei zu nutzenden Denk- und Argumentationsweisen der im Unterricht zu vermittelnden Elemente der stochastischen Finanzmathematik leisten einen wesentlichen Beitrag zum Erlernen von Techniken zur Modellierung komplexer Anwendungssituationen (siehe Abschnitt 4). Durch Beschaffen von konkreten Daten aus der Aktienwelt lassen sich die Ergebnisse der Modellierung unmittelbar mit der Realität vergleichen, wodurch mithilfe geeigneter Beispiele die Grenzen mathematischer Modellierung aufgezeigt werden können. Die zu unterrichtenden finanzmathematischen Themen tragen somit im besonderen Maß zu der von der Gesellschaft der Didaktik der Mathematik geforderten Aufgabenkultur bei, „die weniger ein einfaches Kalkül als vielmehr die mathematische Durchdringung und Modellierung von Problemen betont." (GDM 2001).

– Die Unterrichtsvorschläge verbinden den anwendungsorientierten, datenorientierten und klassischen Aufbau der Stochastik miteinander. So werden die Vorteile der einzelnen Konzepte für den Zugang zur Stochastik miteinander verbunden und Nachteile dieser Konzepte kompensiert (siehe Abschnitt 5.1). Darüber hinaus lassen sich die Unterrichtsvorschläge durch die Verbindung der einzelnen Zugänge in die bestehenden individuellen Konzepte der Lehrer integrieren.

– In unserer heutigen Gesellschaft zählt Medienkompetenz zu den so genannten Schlüsselqualifikationen. Die stochastische Finanzmathematik ermöglicht dabei das Erlernen von Arbeitstechniken wie Datenverarbeitung (Berechnung von Mittelwerten, Standardabweichung) oder Recherche im Internet zur Beschaffung von Informationen (siehe Abschnitt 5.4). Dabei ist zu betonen, dass zur Verarbeitung der Daten das an vielen Schulen existente Tabellenkalkulationsprogramm Excel ausreicht. Die Anschaffung von spezieller Software ist nicht nötig.

– Die stochastische Finanzmathematik ist ein junges Gebiet der Mathematik. Aufgrund der zunehmenden Verflechtung von Finanz- und Versicherungsprodukten (z. B. fondsgebundene Lebensversicherungen) und neuer Finanzderivate (z. B. Optionen) hat es in den letzten Jahren eine rasante Entwicklung der Mathematik auf diesem Gebiet gegeben. Spätestens seit der Verleihung des Nobelpreises für Ökonomie im Jahr 1997 an die Wirtschaftswissenschaftler Myron Scholes und Robert Merton bildet die von ihnen – zusammen mit Fisher Black – entwickelte Theorie der mathematischen Bewertung von Finanzderivaten die Grundlage für die Bewertung und den Handel mit Optionen aller Art. Durch Integration von aktuellen mathematischen Themen erfahren die Schüler, dass die Mathematik eine lebendige Wissenschaft ist. Gleichzeitig erhalten die Schüler Einblicke in das Forschungsgebiet „Finanzmathematik", womit mögliche berufliche Perspektiven aufgezeigt werden.

Abschließend bleibt es uns nur zu wünschen, dass sich unsere Begeisterung für finanzmathematische Themen auch auf andere Unterrichtende überträgt, so dass die Finanzmathematik Einzug in den regulären Mathematikunterricht der allgemeinbildenden Schulen halten wird.

Literaturverzeichnis

ADELMEYER, M. Call & Put. orell füssli, 2000.

ADELMEYER, M. Aktien und ihre Kurse. Mathematik lehren **134**, 2006, 52–58.

ADELMEYER, M./WARMUTH, E. Finanzmathematik für Einsteiger. Vieweg-Verlag, 2003.

AK STOCHASTIK. Empfehlungen zu Zielen und zur Gestaltung des Stochastikunterrichts. Stochastik in der Schule **23(3)**, 2003, 21–26.

ATHEN, H. Zur Einführung. Mathematische Unterrichtspraxis **6(3)**, 1960, 5–6.

BAPTIST, P./WINTER, H. Überlegungen zur Weiterentwicklung des Mathematikunterrichts in der Oberstufe des Gymnasiums. In: TENORTH, H.-E. (Hrsg.), *Kerncurriculum Oberstufe: Mathematik – Deutsch – Englisch*, 54–76. Beltz, 2001.

BAUMERT, J. et al. (Hrsg.). PISA 2000: Basiskompetenzen von Schülerinnen und Schülern im internationalen Vergleich. Leske + Budrich, 2001.

BAXTER, M./RENNIE, A. Financial calculus: An introduction to derivative pricing. Cambridge University Press, 1996.

BEIGEWUM. Vom Pensionär zum Aktionär: Private Pensionsvorsorge, Finanzmärkte und Politik. Kurswechsel **4(3)**, 1998, 118–134.

BEIKE, R./SCHLÜTZ, J. Finanznachrichten lesen, verstehen, nutzen. Schäffer-Poeschel, 2001.

BENDER, P. Grundvorstellungen und Grundverständnisse für den Stochastikunterricht. Stochastik in der Schule **17(1)**, 1997, 8–33.

BENDER, P. Der effektive Zinssatz. In: MÜLLER, G. N./STEINBRING, H./WITTMANN, E. C. (Hrsg.), *Arithmetik als Prozess*, 350–361. Kallmeyersche Verlagsbuchhandlung, 2004.

BIERMANN, H. Im Geschäft sind die viel teurer. Mathematik lehren **134**, 2006, 14–17.

BLUM, W. Anwendungsorientierter Mathematikunterricht in der didaktischen Diskussion. Mathematische Semesterberichte **32(2)**, 1985, 195–232.

BLUM, W. Anwendungsbezüge im Mathematikunterricht. In: Trends und Perspektiven – Beiträge zum 7. Internationalen Symposium zur Didaktik der Mathematik in Klagenfurt, 15–38. Hölder-Pichler-Tempsky, 1996.

BLUM, W. Die Bildungsstandards Mathematik: Einleitung. In: BLUM, W. et al. (Hrsg.), *Bildungsstandards Mathematik: konkret*, 14–32. Cornelsen Scriptor, 2006.

BLUM, W./KAISER-MESSMER, G. Einige Ergebnisse von vergleichenden Untersuchungen in England und Deutschland zum Lehren und Lernen von Mathematik in Realitätsbezügen. Journal für Mathematik-Didaktik **14(3–4)**, 1993, 269–305.

BLUM, W./NISS, M. Applied mathematical problem solving, modelling, applications and links to other subjects – state, trends and issues in mathematics instruction. Educational Studies in Mathematics **22(1)**, 1991, 37–68.

BORNELEIT, P. et al. Expertise zum Mathematikunterricht in der gymnasialen Oberstufe. Journal für Mathematik-Didaktik **22(1)**, 2001, 73–90.

BOYCE, S. J./POLLATSEK, A./WELL, A. D. Understanding the effects of sample size on the mean. Organizational Behavior and Human Decision Processes **47**, 1990, 289–312.

BREILINGER, K./SCHLESINGER, W. Rechnen mit Prozenten. Mathematik lehren **1**, 1983, 44–47.

BROST, M./ROHWETTER, M. Das große Unvermögen: Warum wir beim Reichwerden immer wieder scheitern. Beck Juristischer Verlag, 2005.

BUSCH, B./HÖLZNER, A. Aktien und Börsen – 61 Antworten für Einsteiger. Cornelsen, 2001.

CLATWORTHY, N./GALBRAITH, P. Beyond standard models – meeting the challenge of modelling. Educational Studies in Mathematics, 1990, 137–163.

CLAUS, H. J. Einführung in die Didaktik der Mathematik. Wissenschaftliche Buchgesellschaft, 1989.

COMMERZBANK-AG. Pressemitteilung „Bildungsnotstand in Finanzfragen", Juni 2003. www.commerzbanking.de (Stand: 02.01.07).

DAMEROW, P./HENTSCHKE, G. Anwendungsorientiertheit der Stochastik – die Rolle der Verwendungssituation. Zentralblatt für Didaktik der Mathematik **14(2)**, 1982, 67–79.

DÖHRMANN, M./EUBA, W. Vom Aktienkurs zum Random Walk. In: GESELL-
SCHAFT FÜR DIDAKTIK DER MATHEMATIK (Hrsg.), *Beiträge zum Mathematikunterricht*, 185–189. Verlag Franzbecker, 2003.

DUNNE, T. A. Mathematical modelling in years 8 to 12 of secondary school. In:
GALBRAITH, P. et al. (Hrsg.), *Mathematically modelling: Teaching and assessment
in a technology-rich world*, 29–37. Horwood Publishing, 1998.

EBENHÖH, W. Mathematische Modellbildung – Grundgedanken und Beispiele. Mathematische Unterrichtspraxis **36(4)**, 1990, 5–15.

ENGEL, A. Mathematisches Programmieren mit dem PC. Klett, 1991.

ENGEL, J. Perspektiven des Stochastikcurriculums: Zur Erklärung des AK Stochastik in der Schule. In: GESELLSCHAFT FÜR DIDAKTIK DER MATHEMATIK (Hrsg.),
Beiträge zum Mathematikunterricht, 205–208. Verlag Franzbecker, 2003.

ENGEL, J. Stochastisches Modellieren in computerunterstützten Lernumgebungen.
In: BIEHLER, R./ENGEL, J./MEYER, J. (Hrsg.), *Neue Medien und innermathe-
matische Vernetzungen in der Stochastik: Anregungen zum Stochastikunterricht:
Band 2*, 169–184. Verlag Franzbecker, 2004.

EULER, H./KIPP, H./STEIN, G. Lohn – Sozialabgaben – Steuern: Eine Unterrichtseinheit zur Prozentrechnung für Klasse 9. Mathematische Unterrichtspraxis **6(3)**,
1985, 23–27.

FISCHBEIN, E./MARINO, S. M./NELLO, S. M. Factors affecting probabilistic jud-
gements in children and adolescents. Educ. Stud. Math. **22(6)**, 1991, 5234–549.

FISCHER, R./MALLE, G. Mensch und Mathematik: Eine Einführung in didaktisches
Denken und Handeln. BI Wissenschaftsverlag, 1985.

FÖLLMER, H./SCHIED, A. Stochastic Finance: An Introduction in Discrete Time.
de Gruyter, 2004.

FÖRSTER, F. Vorstellungen von Lehrerinnen und Lehrern zu Anwendungen im
Mathematikunterricht – Darstellung und erste Ergebnisse einer qualitativen Fall-
studie. Der Mathematikunterricht **48(4–5)**, 2002, 45–47.

FÖRSTER, F./KUHLMAY, P. „The Box" – Ein Computerspiel hilft beim Verständnis
von Modellbildungsprozessen. In: GRAUMANN, G. et al. (Hrsg.), *Materialien für
einen realitätsbezogenen Mathematikunterricht 6*, 188–198. Verlag Franzbecker,
2000.

FÖRSTER, F./TIETZE, U.-P. Über die Bedeutung eines problem- und anwendungsorientierten Mathematikunterrichts für den Übergang zur Hochschule. Der Mathematikunterricht **42(4–5)**, 1996, 85–106.

FREUDENTHAL, H. Mathematik als pädagogische Aufgabe. Klett, 1973.

FÜHRER, L. Pädagogik des Mathematikunterrichts. Vieweg-Verlag, 1991.

GALBRAITH, P./STILLMAN, G. Assumptions and context: Pursuing their role in modelling activity. In: MATOS, J. F. et al. (Hrsg.), *Modelling and Mathematics Education, Ictma 9: Applications in Science and Technology*, 300–310. Horwood Publishing, 2001.

GDM. PISA: Presseerklärung der GDM zur Veröffentlichung der Testergebnisse, 2001. http://www.didaktik.mathematik.uni-wuerzburg.de/gdm/aktuelles/pisa.html (Stand: 02.04.07).

GNANADESIKAN, M. et al. An Activity-Based Statistics Course. Journal of Statistics Course **5(2)**, 1997.

GÖTTGE, S./HÖGER, C. Bahntarife spielerisch erleben. Mathematik lehren **134**, 2006, 8–10.

GRAY, M. W./STERLING. The Effect of Simulation Software on Students. Journal of Computers in Mathematics and Science Teaching **10(4)**, 1991, 51–56.

GREEN, D. R. Der Wahrscheinlichkeitsbegriff bei Schülern. Stochastik in der Schule **5(2)**, 1983, 25–38.

GRUND, T./ZAIS, K. H. Grundpositionen zum anwendungsorientierten Mathematikunterricht bei besonderer Berücksichtigung des Modellierungsprozesses. Mathematische Unterrichtspraxis **37(5)**, 1991, 4–17.

HAINES, C./CROUCH, R./DAVIES, J. Understanding students' modelling skills. In: Matos, J. F. (Hrsg.), *Modelling and Mathematics Education, Ictma 9: Applications in Science and Technology*, 366–380. Horwood Publishing, 2001.

HEFENDEHL-HEBEKER, L. Perspektiven für einen künfigen Mathematikunterricht. In: BAYRHUBER, H. et al. (Hrsg.), *Konsequenzen aus PISA – Perspektiven der Fachdidaktiken: Internationale Tagung der Gesellschaft für Fachdidaktik*, 141–189. Studienverlag Innsbruck, 2005.

HENN, H.-W. Durchblick im Steuerdschungel. Mathematik lehren **134**, 2006, 22–51.

HENZE, N. Stochastik für Einsteiger. Vieweg-Verlag, 2. Auflage, 2000.

HERGET, W./SCHOLZ, D. Die etwas andere Aufgabe. Kallmeyersche Verlagsbuchhandlung, 1998.

HESTERMEYER, W. Wer mit Schulden leben will, muss rechnen können: Beispiele zur Prüfung von Effektivzinsangaben nach der Preisangabenverordnung. Mathematik lehren **20**, 1987, 44–47.

HEYMANN, H. W. Allgemeinbildung und Mathematik. Beltz, 1996.

HODGSON, T. On the use of open-ended, real-world problems. In: HOUSTON, K. et al. (Hrsg.), *Teaching and learning mathematical modelling*, 211–218. Albion publishing limited, 1997.

HRADIL, S. Statement Pressekonferenz „Allgemeinbildung oder Einbildung?", 2003. www.commerzbanking.de (Stand: 01.01.07).

HULL, John, C. Options, Futures, and other Derivative Securities. Prentice-Hall, 1998.

HUMENBERGER, H. Anwendungsorientierung im Mathematikunterricht – erste Resultate eines Forschungsprojekts. Journal für Mathematik-Didaktik **18(1)**, 1997, 3–50.

HUMENBERGER, J./REICHEL, C. Fundamentale Ideen der angewandten Mathematik. BI Wissenschaftsverlag, 1995.

JABLONKA, E. Was sind „gute" Anwendungsbeispiele? In: MAASS, J./SCHLÖGLE-MANN, W. (Hrsg.), *Materialien für einen realitätsbezogenen Mathematikunterricht 5*, 65–74. Verlag Franzbecker, 1999.

JAHNKE, T./WUTTKE, H. (Hrsg.). Mathematik: Analysis. Cornelsen, 2002.

JANNACK, W. Planung einer Klassenfahrt. Mathematik lehren **126**, 2004, 17–20.

KAISER, G. Realitätsbezüge im Mathematikunterricht – Ein Überblick über die aktuelle und historische Diskussion. In: GRAUMANN, G. et al. (Hrsg.), *Materialien für einen realitätsbezogenen Mathematikunterricht 2*, 66–84. Verlag Franzbecker, 1995.

KAISER-MESSMER, G. Anwendungen im Mathematikunterricht, 2 Bände. Verlag Franzbecker, 1986.

KEUNE, M. Niveaustufenorientierte Herausbildung von Modellbildungskompetenzen. In: GESELLSCHAFT FÜR DIDAKTIK DER MATHEMATIK (Hrsg.), *Beiträge zum Mathematikunterricht*, 289–292. Verlag Franzbecker, 2004.

KIRSCH, A. Effektivzins- und Renditeangaben verstehen und nachprüfen. PM Praxis der Mathematik in der Schule **41(6)**, 1999, 241–246.

KLEINE, M. Wie lassen sich mathematische Kompetenzstufen inhaltlich beschreiben? In: GESELLSCHAFT FÜR DIDAKTIK DER MATHEMATIK (Hrsg.), *Beiträge zum Mathematikunterricht*, 293–296. Verlag Franzbecker, 2004.

KMK (Hrsg.). Einheitliche Prüfungsanforderungen in der Abiturprüfung Mathematik: Beschluss vom 01.12.1989 i.d.F. vom 24.05.2002. Wolters Kluwer, 2002.

KMK (Hrsg.). Bildungsstandards im Fach Mathematik für den Mittleren Schulabschluss: Beschluss vom 04.12.2003. Wolters Kluwer, 2004.

KMK (Hrsg.). Bildungsstandards im Fach Mathematik für den Hauptschulabschluss: Beschluss vom 15.10.2004. Wolters Kluwer, 2005a.

KMK (Hrsg.). Bildungsstandards im Fach Mathematik für den Primarbereich: Beschluss vom 15.10.2004. Wolters Kluwer, 2005b.

KÖHLER, H. Ermöglichung von Allgemeinbildung im Mathematikunterricht. In: KÖHLER, H./RÖTTEL, K. (Hrsg.), *Mehr Allgemeinbildung im Mathematikunterricht*, 81–104. Polygon-Verlag, 1993.

KORN, E./KORN, R. Optionsbewertung und Portfolio-Optimierung. Vieweg-Verlag, 1999.

KRENGEL, U. Einführung in die Wahrscheinlichkeitstheorie und Statistik. Vieweg-Verlag, 2000.

KUHN, J. Prozente und Proportionen – veranschaulicht mit dem Computer. Mathematik lehren **114**, 2002, 48–52.

KÜTTING, H. Stochastik im Mathematikunterricht – Herausforderung oder Überforderung. Der Mathematikunterricht **36(6)**, 1990, 3–19.

KÜTTING, H. Didaktik der Stochastik. BI Wissenschaftsverlag, 1994.

LEINERT, J. Finanzieller Analphabetismus in Deutschland: Schlechte Voraussetzungen für eigenverantwortliche Vorsorge, 2004. www.bertelsmann-stiftung.de (Stand: 02.01.07).

LEUDERS, T./MAASS, K. Modellieren – Brücken zwischen Welt und Mathematik. PM Praxis der Mathematik in der Schule **47(3)**, 2005, 1–7.

MAASS, K. Mathematisches Modellieren im Mathematikunterricht: Ergebnisse einer empirischen Studie. Verlag Franzbecker, 2004.

MACKIE, D. An evaluation of computer-assisted learning in mathematics. International Journal of Mathematical Education in Science and Technology **23(5)**, 1992, 731–737.

MATTHÄUS, W.-G. Skandal in der Bank. PM Praxis der Mathematik in der Schule **34(4)**, 1992, 145–147.

MEHLHASE, U. Informations- und kommunikationstechnische Grundbildung in einem forschenden Mathematikunterricht. Verlag Franzbecker, 1994.

MICHAELIS, H. Projekt zum Thema: „Prozent- und Zinsrechnung". PM Praxis der Mathematik in der Schule **43(4)**, 2001, 170–172.

MOORE, D. S. New Pedagogy and New Content: The Case of Statistics. International Statistical Review **2**, 1997, 123–165.

MOSS, C. Aktieninstitut fordert Einführung des Schulfachs Ökonomie. Handelsblatt **186**, 2004, k05.

MÜLLER, H. Lexikon der Stochastik. Akademie-Verlag, 1975.

NEUBRAND, M. PISA: 'Mathematische Grundbildung'/'mathematical literacy' als Kern einer internationalen und nationalen Leistungsstudie. In: KAISER, G. et al. (Hrsg.), *Leistungsvergleiche im Mathematikunterricht: Ein Überblick über aktuelle nationale Studien*, 177–194, 2001.

OECD. Recommendation on Principles and Good Practices for Financial Education and Awareness, 2005. `http://www.oecd.org/dataoecd/7/17/35108560.pdf` (Stand: 23.12.06).

PFANNKUCH, M./WILD, C. Statistical Thinking in Empirical Enquiry. Internal Statistical Review **67(3)**, 1999, 249–266.

PFEIFER, D. Zur Mathematik derivater Finanzinstrumente: Anregungen für den Stochastikunterricht. Stochastik in der Schule **20(2)**, 2000, 26–30.

PLISKA, S. R. Introduction to Mathematical finance. Blackwell Publishers, 1997.

POTARI, D. Mathematisation in a Real-live Investigation. In: LANGE, d. I. et al. (Hrsg.), *Innovation in math education by modelling and applications*, 235–243. Ellis Horwood, 1993.

RADE, L./SPEED, T. Teaching of Statistics in the Computer Age. Goch Bratt Institut, 1985.

REIFNER, U. et al. Finanzielle Allgemeinbildung in Schulbüchern: Eine exemplarische inhaltliche und didaktische Analyse von zwanzig ausgewählten Schulbüchern der Sekundarstufe I in Mathematik, Wirtschafts- und Gesellschaftslehre. Institut für Finanzdienstleistungen e.V., 2004.

RENYI, A. Briefe über die Wahrscheinlichkeit. Deutscher Verlag der Wissenschaften, 1969.

SACHS, L. Einführung in die Stochastik und das stochastische Denken. Verlag Harri Deutsch, 2006.

SCHEID, H. Stochastik in der Kollegstufe. BI Wissenschaftsverlag, 1986.

SCHEUERER, R. Wieviel Geld kann Familie Schneider sparen? Das Lösen von Sachaufgaben. Grundschulmagazin **14(5)**, 1999, 23–24.

SCHMIDT, G. Computer im Mathematikunterricht. Der Mathematikunterricht **34(4)**, 1988, 4–18.

SCHULZ, W./STOYE, W. (Hrsg.). Stochastik. Volk und Wissen, 1997.

SCHUPP, H. Anwendungsorientierter Mathematikunterricht in der Sekundarstufe I zwischen Tradition und neuen Impulsen. Der Mathematikunterricht **34(6)**, 1988, 5–16.

SCHUPP, H. Computereinsatz im Stochastikunterricht. Mathematica Didacitca **15(1)**, 1992, 96–104.

SENATSVERWALTUNG FÜR BILDUNG, JUGEND UND SPORT IN BERLIN. Rahmenplan für Unterricht und Erziehung in der Berliner Schule: Mathematik, gymnasiale Oberstufe, 1996a. Nicht mehr verfügbar.

SENATSVERWALTUNG FÜR BILDUNG, JUGEND UND SPORT IN BERLIN. Vorläufiger Rahmenplan für Unterricht und Erziehung in der Berliner Schule Klassen 9 und 10 Gymnasium. Wahlpflichtfach Mathematik, 1996b. Nicht mehr verfügbar.

SENATSVERWALTUNG FÜR BILDUNG, JUGEND UND SPORT IN BERLIN. Rahmenlehrplan für die gymnasiale Oberstufe, 2005. `www.senbjs.berlin.de/schule/rahmenplaene/pdf/sek2_mathematik.pdf` (Stand: 29.06.06).

SILL, H.-D. Zum Zufallsbegriff in der stochastischen Allgemeinbildung. Zentralblatt für Didaktik der Mathematik **25(2)**, 1993, 84–88.

SINUS SOCIOVISION. Die Psycholgie des Geldes: Qualitative Studie für die Commerzbank AG: Präsentation der Studienergebnisse, 2004. `www.commerzbanking.de` (Stand: 01.01.07).

STADLER, U. K. SMS und Handy-Tarife: zu teuer für's Taschengeld? – Modellieren, Kalkulieren und Simulieren: neue Erkenntnisse durch das Experimentieren mit Excel. Computer und Unterrich **13(51)**, 2003, 14–15.

STOCKBURGER, D. W. Evaluation of Three Simulation Exercises in an Introductory Statistics Course. Contemporary Educational Psychology **7**, 1982, 365–370.

STRICK, H. K. Einführung in die Beurteilende Statistik. Schroedel, 1998.

SZEBY, S. Die Rolle der Simulation im Finanzmanagment. Stochastik in der Schule **22(3)**, 2002, 12–22.

THIES, S. Kapitalentwicklungen – ein Beispiel für diskrete Wachstumsprozesse. Mathematik lehren **129**, 2005, 47–49.

TIETZE, U.-P. Der Mathematiklehrer in der Sekundarstufe II – Bericht aus einem Forschungsprojekt. Verlag Franzbecker, 1986.

TIETZE, U.-P./KLIKA, M./WOLPERS, H. (Hrsg.). Mathematikunterricht in der Sekundarstufe II: Didaktik der Stochastik. Vieweg-Verlag, 2002.

USZCZAPOWSKI, I. Optionen und Futures verstehen. Deutscher Taschenbuch Verlag,
1999.

VON HENTIG, H. Bildung. Wissenschaftliche Buchgesellschaft, 1996.

WAGENHÄUSER, R. Welchen Handy-Tarif soll ich wählen? oder Wie Funktionen helfen, Entscheidungen zu treffen. In: WEIGAND, H.-G. (Hrsg.), *Wie die Mathematik
in die Umwelt kommt!*, 30–34. Schroedel, 2001.

WARMUTH, E./WARMUTH, W. Elementare Wahrscheinlichkeitsrechnung. B.G.
Teubner, 1998.

WEIGAND, H.-G./WETH, T. Computer im Mathematikunterricht: Neue Wege zu
alten Zielen. Spektrum Akademischer Verlag, 2002.

WEINERT, F. E. Vergleichende Leistungsmessung in Schulen – eine umstrittene
Selbstverständlichkeit. In: WEINERT, F. E. (Hrsg.), *Leistungsmessung in Schulen*,
17–31. Beltz, 2001.

WINTER, H. Geld und Brief – Kursbestimmung an der Aktienbörse. Mathematik
lehren **22**, 1987, 8–11.

WINTER, H. Lernen für das Leben: Die Lebensversicherung. Der Mathematikunterricht **35**, 1989, 44–66.

WINTER, H. Mathematikunterricht und Allgemeinbildung. Mitteilungen der Gesellschaft für Didaktik der Mathematik **61**, 1995, 357–46.

WITTMANN, E. C. Grundfragen des Mathematikunterrichts. Vieweg-Verlag, sechste
Auflage, 1997.

WOLLRING, B. Ein Beispiel zur Konzeption von Simulationen bei der Einführung
des Wahrscheinlichkeitsbegriffs. Stochastik in der Schule **12(3)**, 1992, 2–25.

ZIEZOLD, H. Die formale Beschreibung von Zufallsexperimenten durch mengentheo-
retische Begriffe als Vorstadium stochastischen Denkens. Der mathematische und
naturwissenschaftliche Unterricht **35**, 1982, 201–206.

Stichwortverzeichnis: Fachwissenschaft

Stichwortverzeichnis: Fachdidaktik

Tabelle zur Normalverteilung

Normalverteilung: $\Phi_{0,1}(x) = \frac{1}{\sqrt{2\pi}} \cdot \int_{-\infty}^{x} e^{-0,5t^2}\, dt$

x	0	1	2	3	4	5	6	7	8	9
0,0	0,5000	0,5040	0,5080	0,5120	0,5160	0,5199	0,5239	0,5279	0,5319	0,5359
0,1	5398	5438	5478	5517	5557	5596	5636	5675	5714	5753
0,2	5793	5832	5871	5910	5948	5987	6026	6064	6103	6141
0,3	6179	6217	6255	6293	6331	6368	6406	6443	6480	6517
0,4	6554	6591	6628	6664	6700	6736	6772	6808	6844	6879
0,5	0,6915	0,6950	0,6985	0,7019	0,7054	0,7088	0,7123	0,7157	0,7190	0,7224
0,6	7257	7291	7324	7357	7389	7422	7454	7486	7517	7549
0,7	7580	7611	7642	7673	7703	7734	7764	7794	7823	7852
0,8	7881	7910	7939	7967	7995	8023	8051	8078	8106	8133
0,9	8159	8186	8212	8238	8264	8289	8315	8340	8365	8389
1,0	0,8413	0,8438	0,8461	0,8485	0,8508	0,8531	0,8554	0,8577	0,8599	0,8621
1,1	8643	8665	8686	8708	8729	8749	8770	8790	8810	8830
1,2	8849	8869	8888	8907	8925	8944	8962	8980	8997	9015
1,3	9032	9049	9066	9082	9099	9115	9131	9147	9162	9177
1,4	9192	9207	9222	9236	9251	9265	9279	9292	9306	9319
1,5	0,9332	0,9345	0,9357	0,9370	0,9382	0,9394	0,9406	0,9418	0,9429	0,9441
1,6	9452	9463	9474	9484	9495	9505	9515	9525	9535	9545
1,7	9554	9564	9573	9582	9591	9599	9608	9616	9625	9633
1,8	9641	9649	9656	9664	9671	9678	9686	9693	9699	9706
1,9	9713	9719	9726	9732	9738	9744	9750	9756	9761	9767
2,0	0,9772	0,9778	0,9783	0,9788	0,9793	0,9798	0,9803	0,9808	0,9812	0,9817
2,1	9821	9826	9830	9834	9838	9842	9846	9850	9854	9857
2,2	9861	9864	9868	9871	9875	9878	9881	9884	9887	9890
2,3	9893	9896	9898	9901	9904	9906	9909	9911	9913	9916
2,4	9918	9920	9922	9925	9927	9929	9931	9932	9934	9936
2,5	0,9938	0,9940	0,9941	0,9943	0,9945	0,9946	0,9948	0,9949	0,9951	0,9952
2,6	9953	9955	9956	9957	9959	9960	9961	9962	9963	9964
2,7	9965	9966	9967	9968	9969	9970	9971	9972	9973	9974
2,8	9974	9975	9976	9977	9977	9978	9979	9979	9980	9981
2,9	9981	9982	9982	9983	9984	9984	9985	9985	9986	9986
3,0	9987	9987	9987	9988	9988	9989	9989	9989	9990	9990
3,1	9990	9991	9991	9991	9992	9992	9992	9992	9993	9993
3,2	9993	9993	9994	9994	9994	9994	9994	9995	9995	9995
3,3	9995	9995	9996	9996	9996	9996	9996	9996	9996	9997
3,4	9997	9997	9997	9997	9997	9997	9997	9997	9997	9998

Hinweis: Es gilt $\Phi_{0,1}(-x) = 1 - \Phi_{0,1}(x)$.

Das Buch zur Mathematikkolumne der WELT

Behrends, Ehrhard
Fünf Minuten Mathematik
100 Beiträge der Mathematik-Kolumne der Zeitung DIE WELT
2., aktual. Aufl. 2008. Mit einem Geleitwort von Norbert Lossau. XVI,
256 S. Mit 145 Abb. Geb. EUR 22,90   ISBN 978-3-8348-0577-5

Inhalt: 100 mal fünf abwechslungsreiche Minuten über Mathematik:
von der Reiskornparabel über Lotto bis zur Zahlenzauberei,
von Mathematik und Musik, Paradoxien, Unendlichkeit, Mathematik
und Zufall, dem Poincaré-Problem und Optionsgeschäften bis zu
Quantencomputern, und vielem mehr. In einem breiten Spektrum
erfährt der Leser: Mathematik ist nützlich, Mathematik ist faszinie-
rend, ohne Mathematik kann die Welt nicht verstanden werden.

Das Buch enthält einen Querschnitt durch die moderne und alltägliche
Mathematik. Die 100 Beiträge sind aus der Kolumne „Fünf Minuten
Mathematik" hervorgegangen, in der verschiedene mathematische
Gebiete in einer für Laien verständlichen Sprache behandelt wurden.
Diese Beiträge wurden für das Buch überarbeitet, stark erweitert und
mit Illustrationen versehen. Der Leser findet hier den mathematischen
Hintergrund und viele attraktive Fotos zur Veranschaulichung der
Mathematik. Die in vielen Details verbesserte Neuauflage erscheint
zum "Jahr der Mathematik".

„Wer wissen möchte, was Mathematik mit Lottospielen, Computer-
tomografen, CD-Spielern oder Hedgefonds zu tun hat und wer sich von
mathematischen Fachbegriffen und Formeln nicht gleich einschüchtern
lässt, der ist mit dem 100 mathematischen Wissenshäppchen in dem
ansprechend aufgemachten Buch sehr gut bedient."

ekz-Informationsdienst, ID 49/06

**VIEWEG+
TEUBNER**
Abraham-Lincoln-Straße 46
65189 Wiesbaden
Fax 0611.7878-400
www.viewegteubner.de

Stand Juli 2008.
Änderungen vorbehalten.
Erhältlich im Buchhandel oder im Verlag.

Was hat Mathematik mit Sport zu tun?

Ludwig, Matthias

Mathematik+Sport

Olympische Disziplinen im mathematischen Blick

2008. X, 165 S. mit 97 Abb. Geb. EUR 22,90
ISBN 978-3-8348-0477-8

Inhalt: Einleitung - Die Mathematik der Zehnkampfpunkteformel - Die Mathematik des Elfmeters - Die Mathematik der Feldspieler - Die Mathematik der Weltrekorde - Mathematik des Kugelstoßens - Die Mathematik des Freiwurfs - Mathematik des weißen Sports - Mathematik der Spielfelder - Mathematik des Baseballfeldes - Mathematik der Bälle - Mathematik der 400-Meter-Bahn - Mathematik am Rad - Mathematik des Olympiastadions - Mathematisch modellieren

Wann laufen Frauen schneller als Männer? Geht das überhaupt? Warum ist das Elfmeterschiessen beim Fußball reine Nervensache? Weshalb wird in den Vorschriften zum Errichten eines Baseballspielfeldes der Satz des Pythagoras verwendet? Weshalb kann man mit Mathematik die Anzahl der Feldspieler bei Mannschaftssportarten (wie z.B. Fußball) begründen? Wie kehrt man am schnellsten die Linien auf einem Tennisplatz? Gibt es den perfekten Wurf beim Basketball? Wie berechnet man die Punkte beim Zehnkampf? Mit diesen und weiteren Fragen schafft es der Autor, auf heitere Art zu zeigen, dass Mathematik eine ganze Menge mit Sport zu tun hat, dass mathematisches Wissen für den erfolgreichen Sportler bzw. für seinen Trainer unentbehrlich ist. Und erfolgreiche Trainer wissen das längst und handeln danach. Mathematik und Sport: Diese Kombination erzeugt bei vielen oft nur ein Achselzucken, nach der Lektüre dieses Buchs wird es anders sein.

Ein eigener Abschnitt ist den in herkömmlichen Lehrbüchern eher stiefmütterlich behandelten Differentialspielen gewidmet.

**VIEWEG+
TEUBNER**

Abraham-Lincoln-Straße 46
65189 Wiesbaden
Fax 0611.7878-400
www.viewegteubner.de

Stand Juli 2008.
Änderungen vorbehalten.
Erhältlich im Buchhandel oder im Verlag.

Mathematikunterricht wird zum Erlebnis!

Hußmann, Stephan / Lutz-Westphal, Brigitte (Hrsg.)
Kombinatorische Optimierung erleben
In Studium und Unterricht
2007. XVI, 311 S. Mit 204 Abb. zahlreichen mehrfarbigen
Abbildungen Br. EUR 29,90 ISBN 978-3-528-03216-6

Inhalt: Kürzeste Wege - Minimale aufspannende Bäume -
Das chinesische Postbotenproblem - Das Travelling-Salesman-
Problem - Färbungen - Kombinatorische Spiele - Matchings -
Flüsse in Netzwerken - Das P-NP Problem -
Kombinatorische Optimierung für die Landwirtschaft

Kombinatorische Optimierung ist allgegenwärtig: Ob Sie elektronische
Geräte oder Auto-Navigationssysteme verwenden, den Mobilfunk
nutzen, den Müll von der Müllabfuhr abholen lassen oder die Produkte
einer effizient arbeitenden Landwirtschaft konsumieren, immer steckt
auch Mathematik dahinter. Dieses Buch gibt eine Einführung in die
wichtigsten Themen der kombinatorischen Optimierung. Alle diese
Themen werden problemorientiert aufbereitet und mit Blick auf
die Verwendung im Mathematikunterricht vorgestellt. So wird
Lehrerinnen und Lehrern, Studierenden im Grundstudium und
anderen Interessierten der Zugang zu einem angewandten Gebiet
der modernen Mathematik ermöglicht, das sich an vielen Stellen
im Alltag wieder findet.

Die Autoren (Stephan Hußmann, Brigitte Lutz-Westphal, Andreas
Brieden, Peter Gritzmann, Martin Grötschel, Timo Leuders) zeigen in
diesem Lehr-, Lern- und Arbeitsbuch, wie Mathematik zum Erlebnis
werden kann, in Schule, Studium oder Selbststudium.

**VIEWEG+
TEUBNER**

Abraham-Lincoln-Straße 46
65189 Wiesbaden
Fax 0611.7878-400
www.viewegteubner.de

Stand Juli 2008.
Änderungen vorbehalten.
Erhältlich im Buchhandel oder im Verlag.